今日から
モノ知り
シリーズ

トコトンやさしい

プレス加工の本

山口文雄

プレス加工は、主に金属の板に力を加えて望む形のものを正確にたくさん作る技術です。用途は幅広く、電子部品の小さなものから自動車のボディなどのような大きなものまで、多岐にわたっていて、“モノづくり日本”の基盤を支えています。

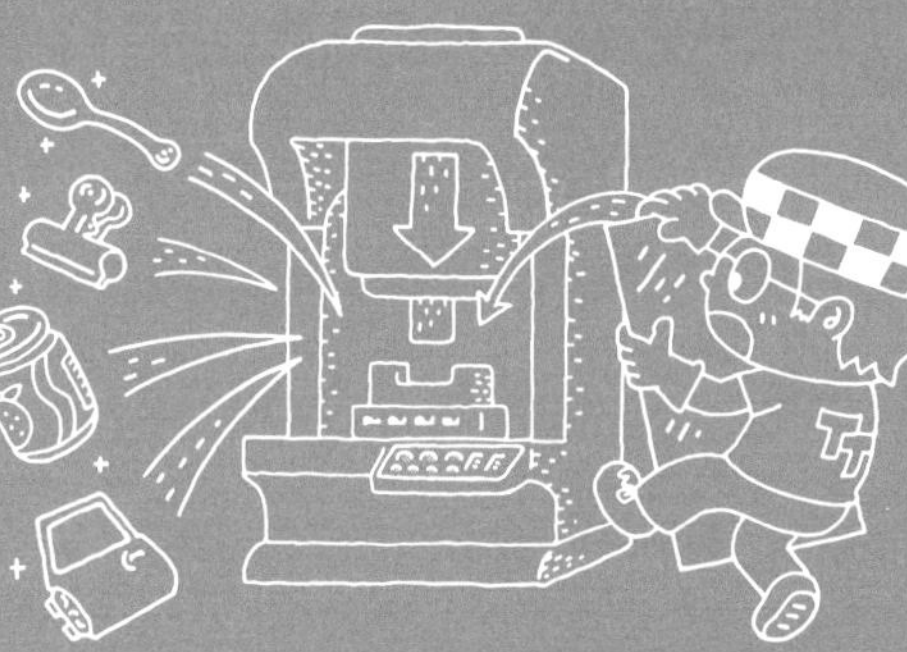

B&Tブックス
日刊工業新聞社

はじめに

プレス加工は主に金属の板材を加工して形状を作ります。そして、その用途は非常に広く電子部品の小さなものから、自動車のボディのような大きなものまであります。分野で見ると、自動車、事務機、精密機器、家電・電気製品、電子部品・機器、事務用品、農機具、雑貨とあらゆる分野を網羅しているといっても過言ではありません。

しかし、あまり目にすることは少ないです。それは商品を構成する部品として、内部に使われることが圧倒的に多いからです。

プレス加工では互換性の高い部品を効率よく、適正なコストで生産できるところが魅力です。このことから、プレス加工部品なくしては成り立つことが難しいと考えられる商品はたくさんあるように思います。

プレス加工は分野が広いため、電子部品を加工するプレス工場と大型の自動車部品のプレス工場を同じプレス加工をする工場と見ることに違和感を覚えるかもしれませんが、プレス加工の基本は同じです。発展の仕方が違っただけです。

この本では、プレス加工とはからはじめて、プレス加工でできることから、よいことばかりはありませんよということで不具合についても解説しています。

プレス加工では金型やプレス機械が大事です。主要な金型およびプレス機械と周辺設備についても解説しています。

日常目にすることが少ないプレス加工のため、取っ付きにくいことがあるかもしれませんがプレス加工を知ると、プレス部品を見つけると、どのように作っているのだろうとか、これは○○加工でできているといったことに目がいくようになることを期待し、できればさらにプレス加工に深く入り込むきっかけになることを期待しています。

2012年4月

山口文雄

トコトンやさしい

プレス加工の本

目次

目次 CONTENTS

第1章 プレス加工ってどんなもの？

第2章 プレス加工で何ができるの？

第3章 プレス加工の不具合現象も知りたい

第4章 プレスでの製品の作り方を知りたい

第5章 プレス金型で使う金型にはどんなものがあるの?

第6章 プレス機械以外に必要な設備は何？（プレス機械と周辺機器）

第7章 プレス金型を使って製品を作る作業を知りたい（プレス作業）

第1章 プレス加工ってどんなもの?

1 プレス加工がなかったら

自動車もテレビもなかったかも知れない

プレス加工は主に金属の板材から形を作る加工方法です。

私たちの身の回りを見渡して、金属の板材でできているものが見つかったら、それはプレス加工で作られていると見て間違いありません。

プレス加工では、金型を使い製品を作ります。金型内に作りたい形状を作りこんでおき、その形状を材料に転写して製品を作る加工なのです。

そのことにより同じ形状、品質の製品を短時間に作ることができるのです。

このことは、量産に適し、安いコストで生産を可能にする最適な手段といえます。

もし、プレス加工がなかったら、はさみや鋸で材料を切り、やすりで形状を整えることが想像できます。立体的な形状を作るには、小さなハンマーで板材をたたくと少しずつ変形することを利用して、形を作っているかもしれません。このような加工を打ち出し加工とか手工板金と呼んでいます。

この方法は考えてみてもわかりますが、ひとつの製品を作るのに時間がかかります。同じ形状、品質のものを作ることは難しいです。

私たちの身近なものに自動車があります。自動車はプレス加工製品のかたまりといえます。手工板金でも車のボディを作ることはできますが、大変高価なものになるでしょう。そして、その車を運悪くどこかにぶつけてしまい、部品を交換しようとしたとき、すぐにはできないでしょう。プレス加工で作られたボディであれば、形状も品質も安定していますから比較的安価に部品の交換ができます。

私たちの日常を便利に快適に過ごすために必要な多くの商品は量産効果によって安価に提供されています。その商品の外側や見えない部分にも使われて活躍しているのがプレス加工で作られた部品です。

要点BOX

- ●プレス加工は金属の板材から形を作る
- ●プレス加工は金型を使い
- ●互換性の高い製品が作れる

量産に適するプレス加工

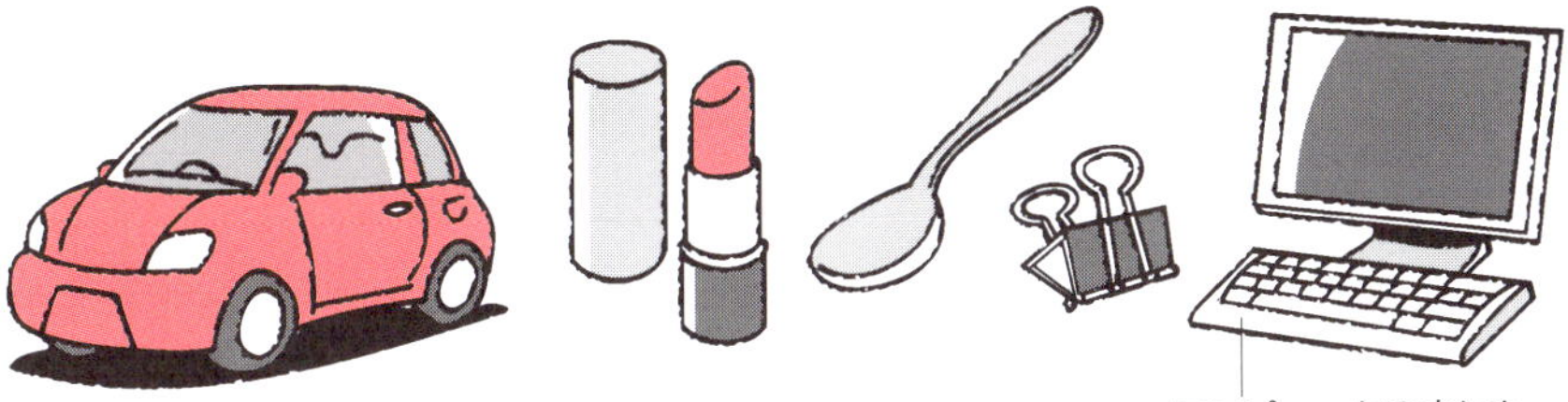
コンピュータの中にも

身の周りの多くの金属製品はプレス加工品

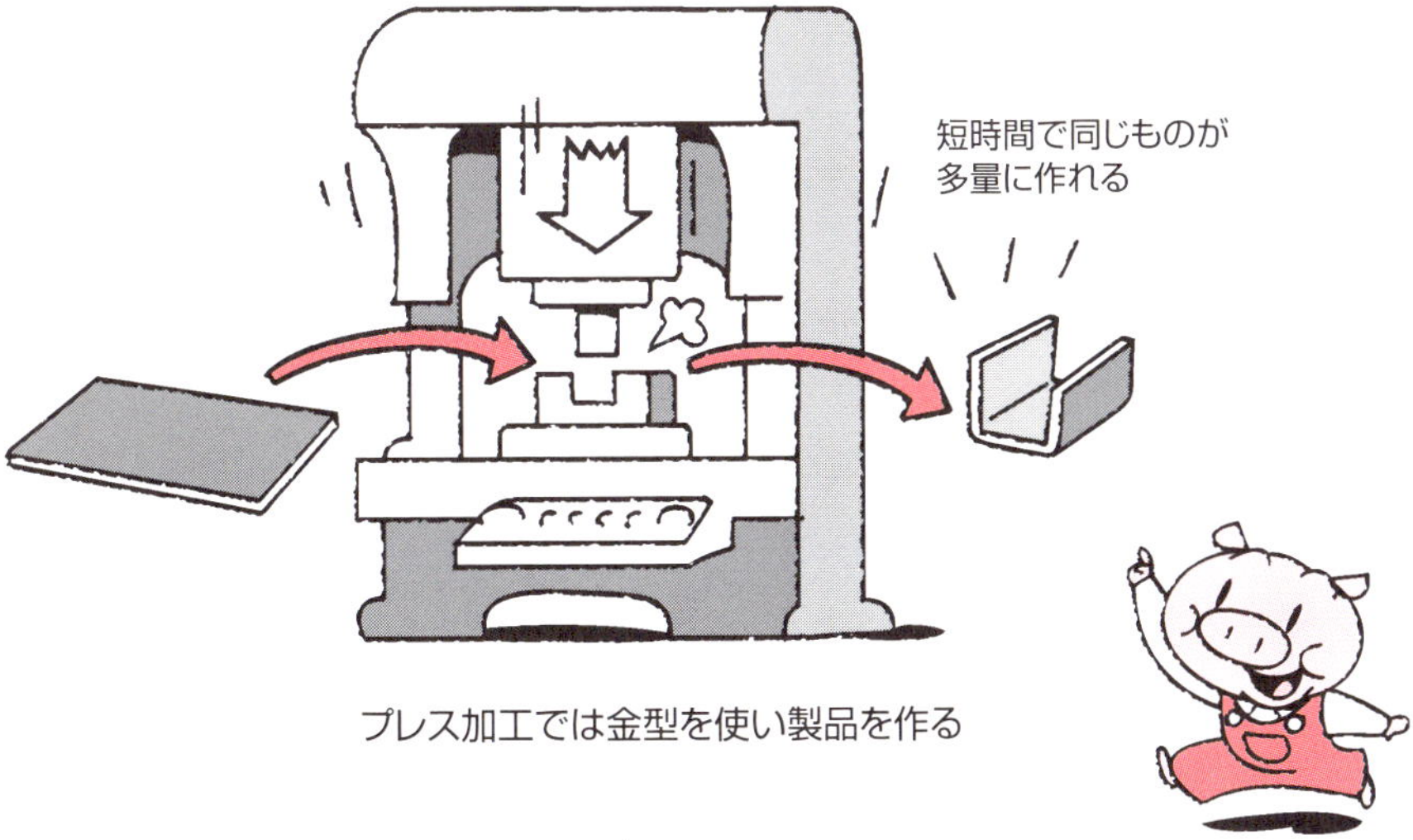
短時間で同じものが
多量に作れる

プレス加工では金型を使い製品を作る

ひとつひとつ手作りでは大変なコストと時間がかかる

2 プレス加工で形状を作る

作りたい形状を工具に作る

刻印は作りたい形をたがねに彫りこみます。そのたがねを材料に当て、押し付けるかハンマーでたがねの頭部をたたくことでたがねに彫られた形状を材料に転写して刻印します。この作業を繰り返せば同じ形状の刻印をいくつでも作ることができます。これがプレス加工の原理といえます。

プレス加工の実際は、作りたい製品形状の加工に必要な工具を作ります。この工具は製品と同じ形の二つの凹凸形状に作ります。

同時に、製品形状を平板な状態にした板材を用意します。これをブランクと呼びます。製品形状を平板なブランクにすることをブランク展開と呼びます。

ブランクを二つの凹凸形状工具の間に置きます。そして、材料を挟んだ状態で工具を閉じ、工具上方より加圧して工具形状を材料に転写します。これで材料は加工され、製品は出来上がります。しかし、作業を考えたとき、上下の工具の位置合わせ、およびブランクと工具の位置合わせも難しいです。

そのため、上下の工具の位置が狂わないように補助部品を追加して位置合わせをして固定します。同時に、下側の工具上に置くブランクの位置決めも作ります。このようにすることで安定した加工ができるようになります。このように工具をまとめたものを金型と呼びます。このとき、ブランクを置く下の工具をダイと呼び、上から押しつける工具をパンチと呼びます。

プレス加工では金型を使い製品形状を作ります。今までの説明では立体的な形状を作る成形加工を説明しました。成形加工に必要なブランクも製品形状に合わせて作る必要があります。そのための金型も用意する必要があります。このように、プレス加工ではひとつの金型のみで加工できることは少なく何工程かを要して製品形状が作られることが一般的です。

要点BOX
- ●プレス加工は転写加工である
- ●加工前の板をブランクと呼ぶ
- ●転写工具を使いやすくまとめると金型になる

材料への形状転写

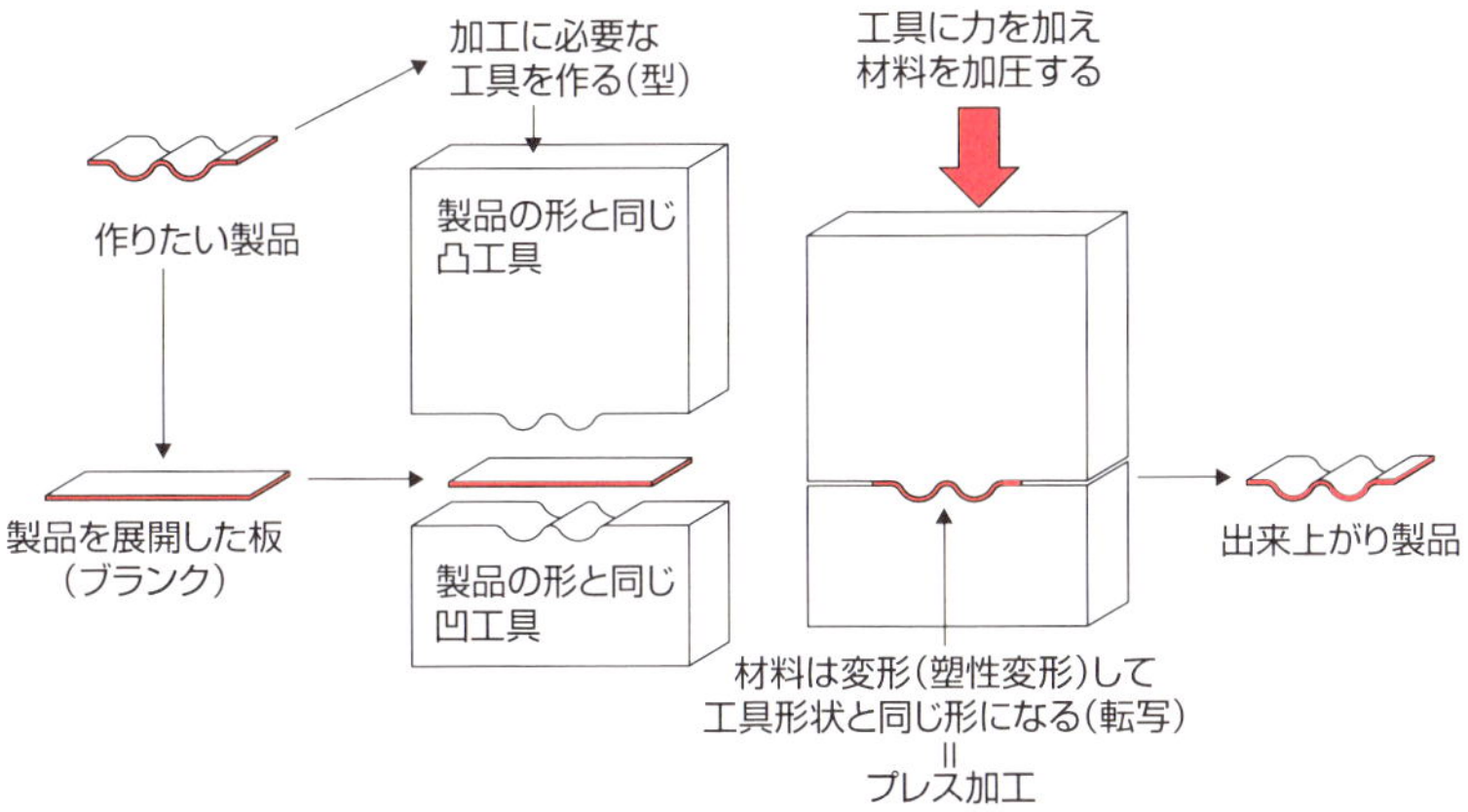

パンチとダイを使いやすくまとめる=金型

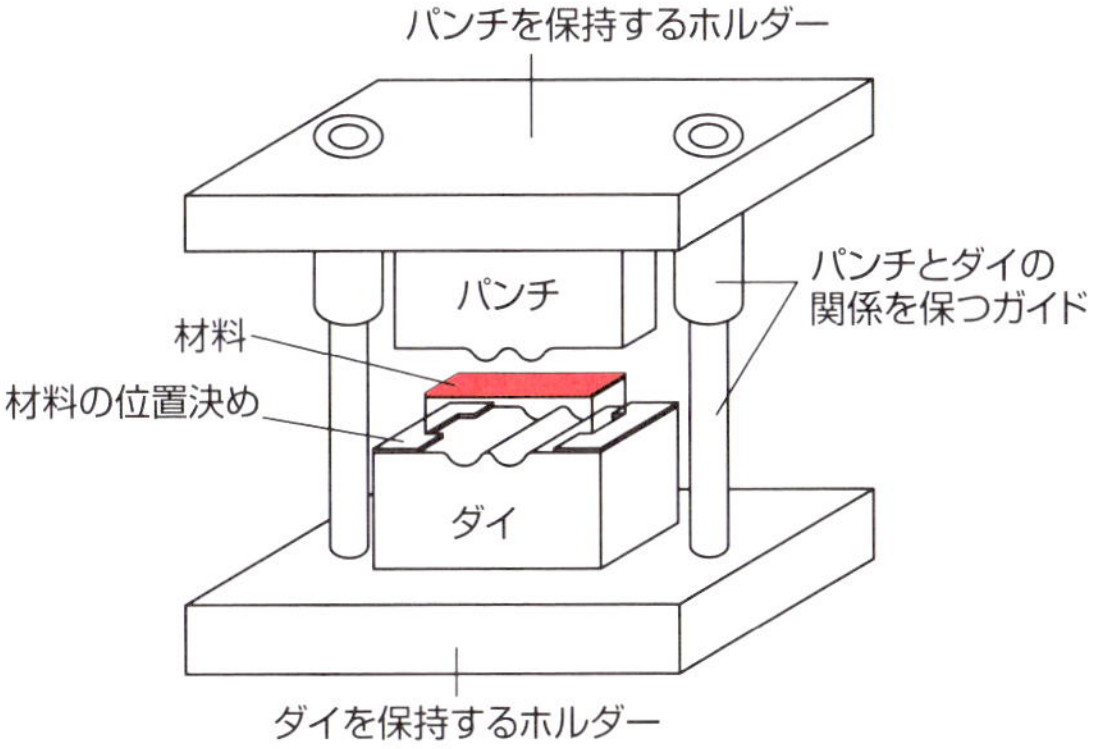

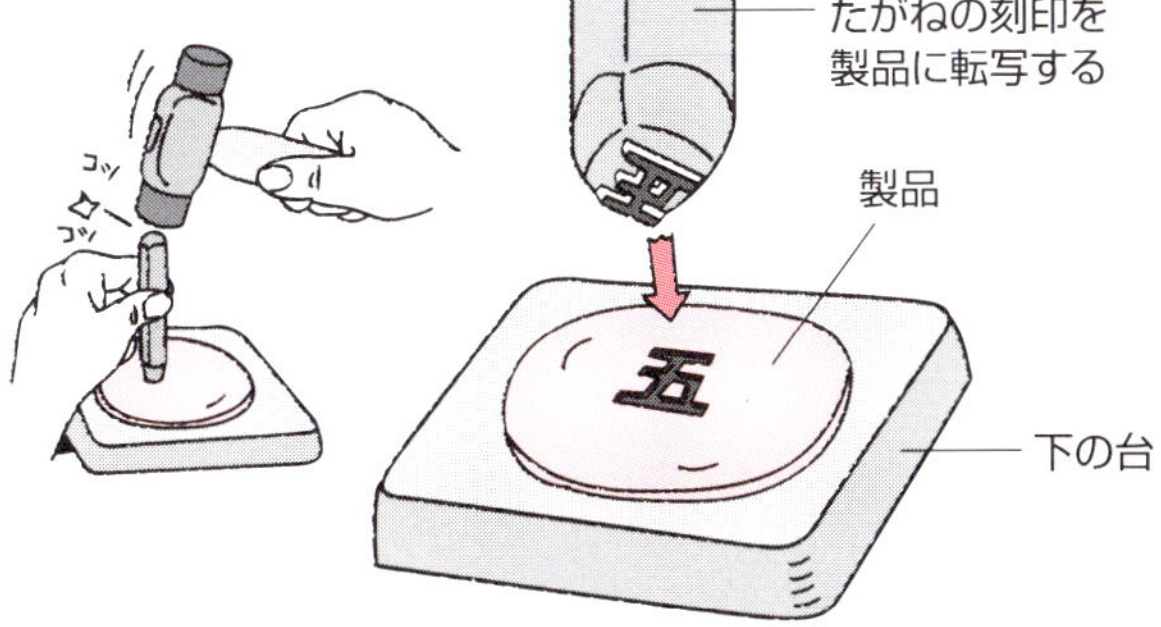

たがねでの刻印加工がプレス加工の原理

3 材料はなぜ変形し、形が作れるのか

弾性と塑性

スプリングは力を加えると縮みますが、力を抜くと元に戻ります。材料に力を加え作られたプレス加工製品は変形したまま形を残します。両者共に金属です。

金属材料に力を加え、力を除くと元に戻る性質を弾性、力を加えて形状がそのまま残る性質を塑性と呼びます。金属材料は、この二つの性質を持ち合わせています。

力と変形の関係を図に表すと、弾性変形域は直線となります。あるところからカーブしていきます。この変化点を降伏点（耐力）と呼びます。降伏点以降のカーブした部分を塑性変形域と呼びます。

スプリングは材料変形を弾性変形域内に留めて使うようにしている製品です。プレス加工製品は変形を塑性変形域まで進め形状を作っています。このことから、プレス加工は塑性加工と呼ばれます。力と変形の形をもう少し詳しく見てみます。

力を（A）まで加えると変形は（B）となります。力を除くと（C）の変化で元に戻ります。

力（D）を加えると変形は（E）となります。力を除くと、弾性変形の傾きと平行に戻り、（F）の変形を残します。

これはパンチ、ダイの工具形状を（E）の寸法で作ると製品寸法は少し変化して、ほしい寸法から外れてしまうかも知れないことを意味しています。

プレス加工では材料の塑性を利用して形状を作ります。工具（パンチ、ダイ）の形状がそのまま製品形状に反映されればよいのですが、わずかに変化します。その変化が製品の形状や品質を悪くします。この変化をスプリングバックと呼びますが、これをコントロールして正確な形状、精度を保つことがプレス加工の難しさのひとつとなっています。

スプリングバックは曲げ特有の現象に見られがちですが、絞りをはじめとした成形加工には発生します。

要点BOX
- ●金属材料の弾性・塑性2つの性質
- ●変化点を降伏点（耐力）と呼ぶ
- ●加工した製品は型から外れると少し変化する

材料の弾性を利用した部品（コイルスプリング）

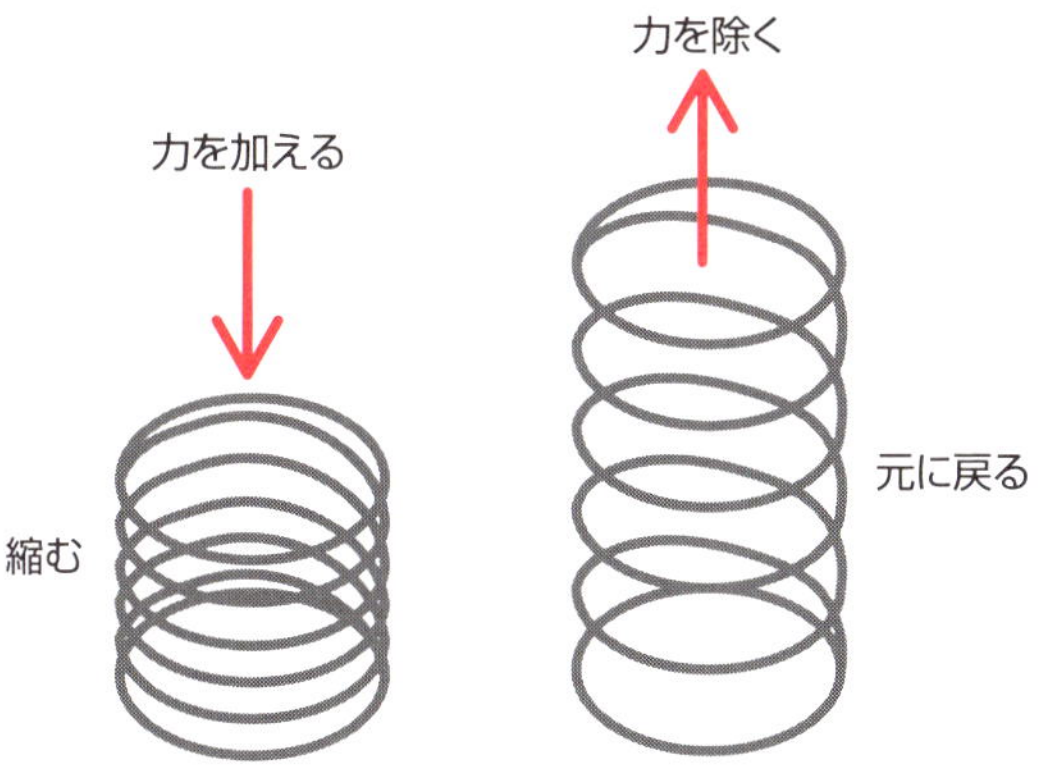

材料の塑性を利用して形状を作る

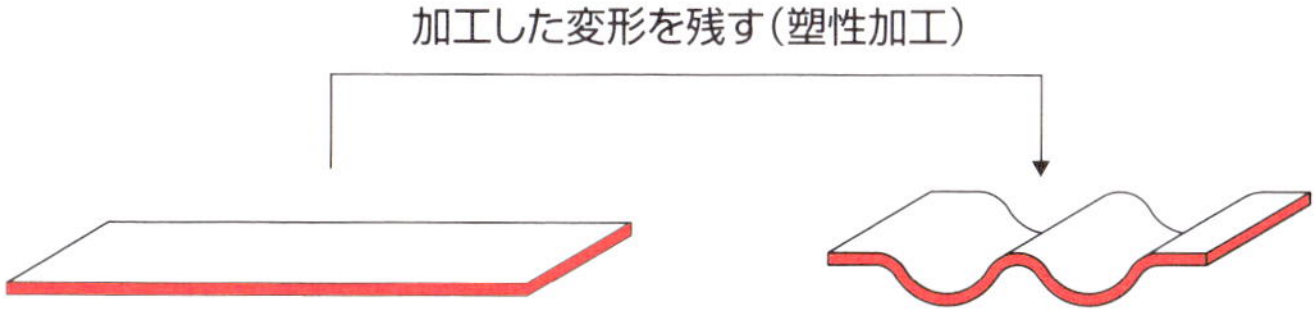

金属材料の性質（弾性と塑性）

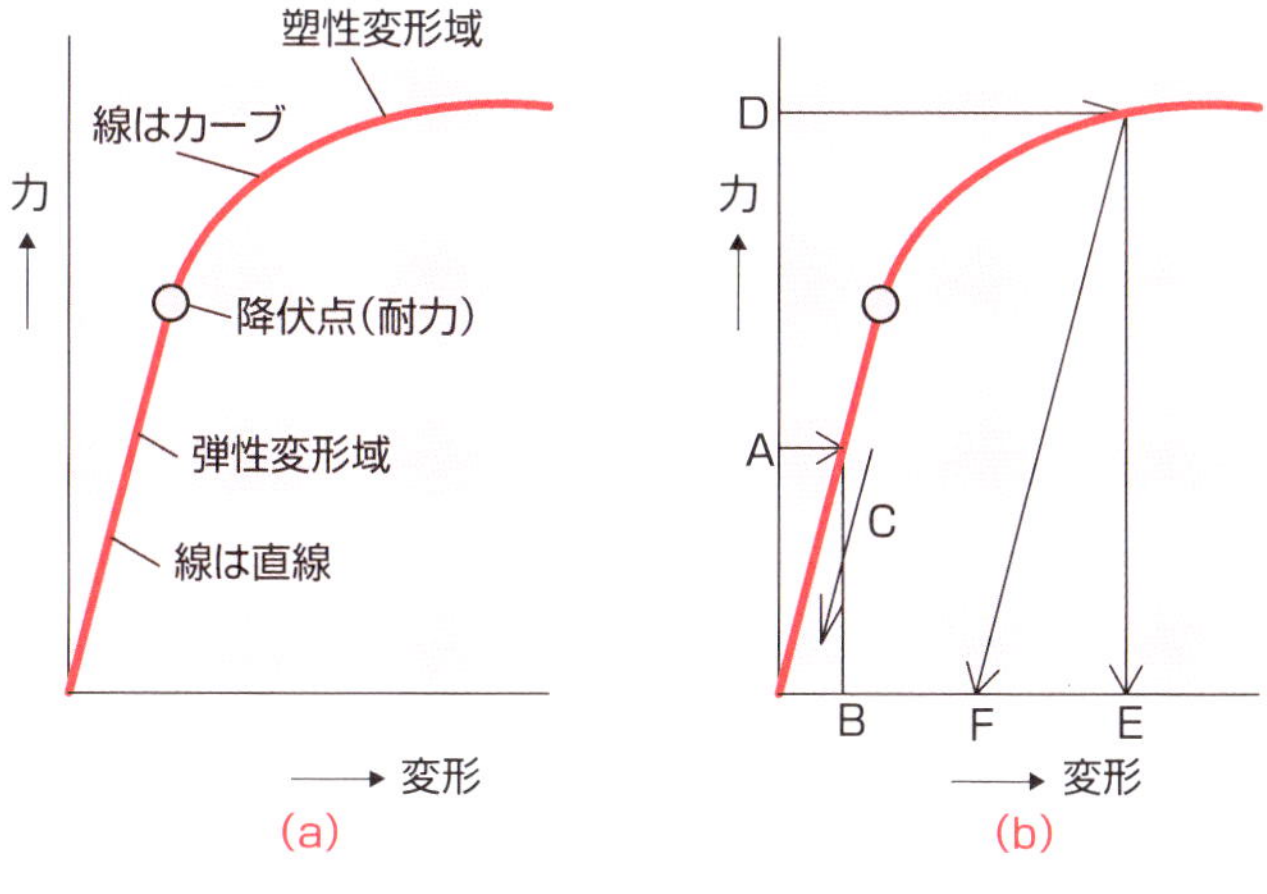

4 プレス加工で使われる材料はどんなもの

被加工材質と形状

プレス加工製品に使われる材料で最も多いのは、軟鋼板と呼ばれる鋼材です。軟鋼板には、冷間圧延鋼板と熱間圧延鋼板があります。

冷間圧延鋼板はきれいな表面をしていることから、家電製品や精密機器などに多く利用されています。熱間圧延鋼板は主に自動車部品に使われています。自動車部品では軽量化を図るため、強度の大きな材料が求められ軟鋼板より強度の優れた高張力鋼板の採用が増えつつあります。

錆を嫌う製品にはステンレス鋼やアルミニウムとその合金や銅とその合金などが使われます。

アルミニウムとその合金、銅とその合金のグループを非鉄材料と呼びます。アルミニウムは軽く、表面がきれいに仕上がることから、化粧品用のケースなどにも使われています。アルミニウムや銅は電気をよく通すことから電気部品の用途が多くなっています。

鋼材は錆びやすいことから、めっきや塗装をして使用することがあります。プレス加工後にこのような処置をすることを省くため、材料段階でめっきや塗装が施された材料もあります。

このような各種の材料は、コイル材、定尺材（ていじゃくざい）および切り板の三つの形でプレス加工に使われています。

コイル材は製品の必要幅に切られ巻き取られている材料で量産向きです。条材（JISの呼び方）、フープ材と呼ばれることもあります。

定尺材は所定の寸法に切られたシート材です。手のひらサイズ程度までの大きさの製品で少量生産するときに定尺材を所定の幅に裁断して使用します。

切り板は大きな製品に採用する材料です。製品のブランク寸法に合わせて裁断した購入材料をいいます。

板材の他にも丸や角の断面を持った線材を使うこともあります。

要点BOX
- ●鋼材と非鉄材
- ●コイル材・定尺材・切り板の形がある
- ●線材をプレス加工することもある

主な材料と用途

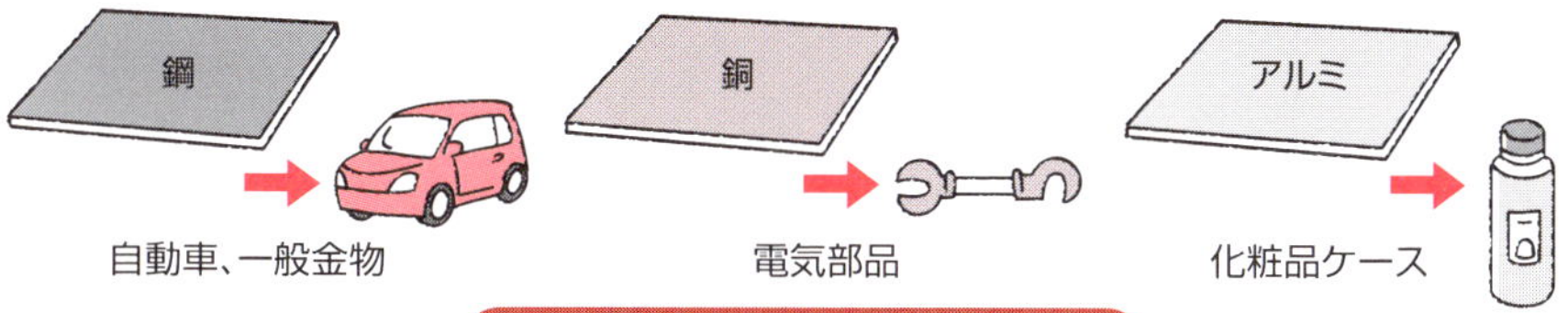

用途で使い分けられる材料の形

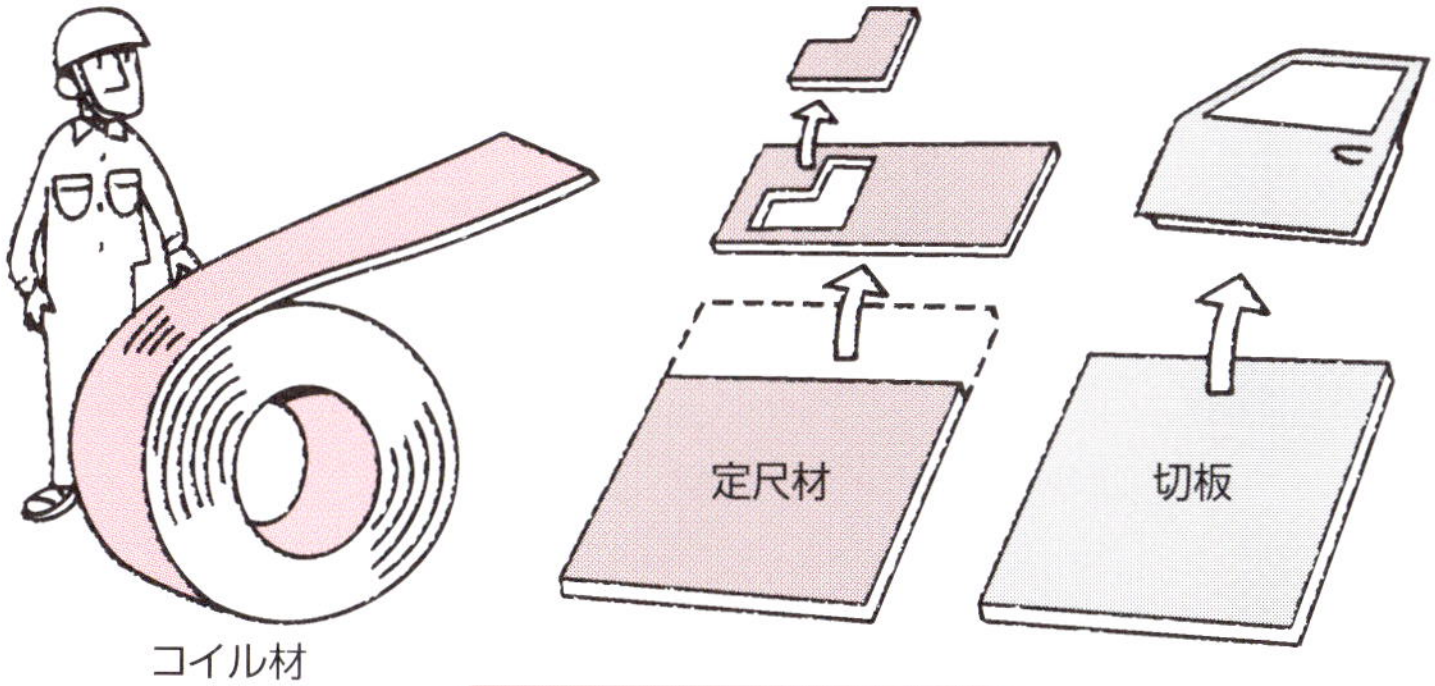

主な鋼材と特徴

JIS	材料名称	材料記号	特　徴
G3131	熱間圧延軟鋼板	SPH	一般、絞り加工用材料、引張強さ270N/㎟以上、板厚1.2～14㎜
G3113	自動車構造用熱間圧延鋼板	SAPH	加工性のよい構造用材料、引張強さ310～440N/㎟、板厚1.6～14㎜
G3134	自動車用加工性熱間圧延高張力鋼板	SPFH	主に自動車などに用いる材料、引張強さ490～590N/㎟、1.6～6㎜
G3141	冷間圧延鋼板	SPC	表面のきれいな一般、絞り加工用材料、引張強さ270N/㎟、板厚3.2㎜以下
G3135	自動車用加工性冷間圧延高張力鋼板	SPFC	表面のきれいな抗張力鋼板、引張強さ340～980N/㎟、板厚2.3㎜以下
G3302	溶融亜鉛めっき鋼板	SG	両面溶融亜鉛めっきをした鋼板、引張強さ270～570N/㎟、板厚6㎜以下
G3313	電気亜鉛めっき鋼板	SE	めっき厚が安定した鋼板、引張強さ270～980N/㎟、板厚4.5㎜以下
G3314	溶融アルミニウムめっき鋼板	SA	耐熱用部品などに用いる材料、標準厚さ0.4～2.3㎜
G4304	熱間圧延ステンレス鋼板	SUS-HP	多くの種類がある。強度も鋼板より強い。
G4305	冷間圧延ステンレス鋼板	SUS-CP	表面がきれい。多くの種類がある。強度も鋼板より強い

非鉄材料と特徴

銅および銅合金		
合金記号	材料名称	特色および用途
C1020	無酸素銅	導電性･熱伝導性・展延性・絞り加工性に優れる。 溶接性・耐食性がよい。電気用など
C1100	タフピッチ銅	導電性・熱伝導性・展延性・絞り加工性に優れる。 溶接性・耐食性がよい。電気用など
C1200	りん脱酸銅	熱伝導性・展延性・絞り加工性に優れる。 溶接性・耐食性がよい。ふろがま、湯沸器など
C2000	丹　銅	色沢が美しい・展延性・絞り加工性がよい。装身具・化粧品ケースなど
C2600	黄　銅	展延性・絞り加工性がよい。 端子コネクタ・配線器具部品・計器類・スナップボタンなど
C5000	りん青銅	展延性･耐疲労性･耐食性がよい。 スイッチ・コネクタ・電子・電気機器用ばねなど
C7000	洋　白	光沢が美しく、展延性・耐疲労性・耐食性がよい。 水晶振動子ケース・装飾品・洋食器など

アルミニウムおよびアルミニウム合金		
合金記号	材料名称	特色および用途
A1000	純アルミニウム	強度は低い。成形性・耐食性・溶接性がよい。 照明器具・導電材・装飾品など
A2000		強度が高い。 各種構造材・航空機用など
A3000		純アルミより若干強度が高い。 一般用器物・各種容器・飲料缶
A5000		耐食性・成形性・溶接性がよい。 飲料缶建築用材など

5 プレス製品に使われる材料特性と加工への影響

被加工材の機械的性質の影響

材料には、引張り強さ、降伏点(耐力)、伸び、硬さといったものを持っています。これらを材料の機械的性質と呼びます。このそれぞれの性質がプレス加工にどのような影響を与えるかを知っておくことも必要です。

引張り強さを簡単にいうと、引張力によって破断するときの単位面積あたりの荷重の大きさです。

形を作るときの成形力は引張り強さに比例します。引張り強さが大きいと材料と型面との接触圧力が大きくなり、製品にかじりキズが入りやすくなります。また、材料のパンチ、ダイとのなじみも悪くなり形状がきれいに仕上がらない要因にもなります。

降伏点は弾性変形から塑性変形に移る変化点であると同時に、この点での応力(降伏応力)をも言っています。降伏点が高くなると一般的には成形性は悪くなります。

伸びは材料の成形性を見るうえで重要な特性です。材料の伸びが大きいほど、張り出し加工やバーリングなどの伸びフランジ加工での問題発生が少なくなります。また、局部伸びが大きい材料は曲げ加工には有利になります。伸びが大きいと思われているアルミニウム合金で曲げ割れがでやすいのは、局部伸びが小さいことが原因となっています。

伸びは抜きバリにも関係します。伸びが大きい材料ほど抜きの切り口面はきれいに加工できますが、バリは発生しやすくなります。バリを小さくしたいときには、伸びの小さな材料を使うとよい結果が得られます。硬さは伸びとの関係が大きく、伸びの小さいもろい材料ほど硬さは大きくなる傾向にあります。軟らかい材料はその逆です。プレス加工現場で、成形で割れがでやすいときには材料を軟らかく、バリとの関係では硬くしようと表現することがあります。これは、伸びを硬さで表現しているのです。

要点BOX
- ●材料の機械的性質
- ●引張り強さ
- ●硬さと伸び

材料の引張りテスト

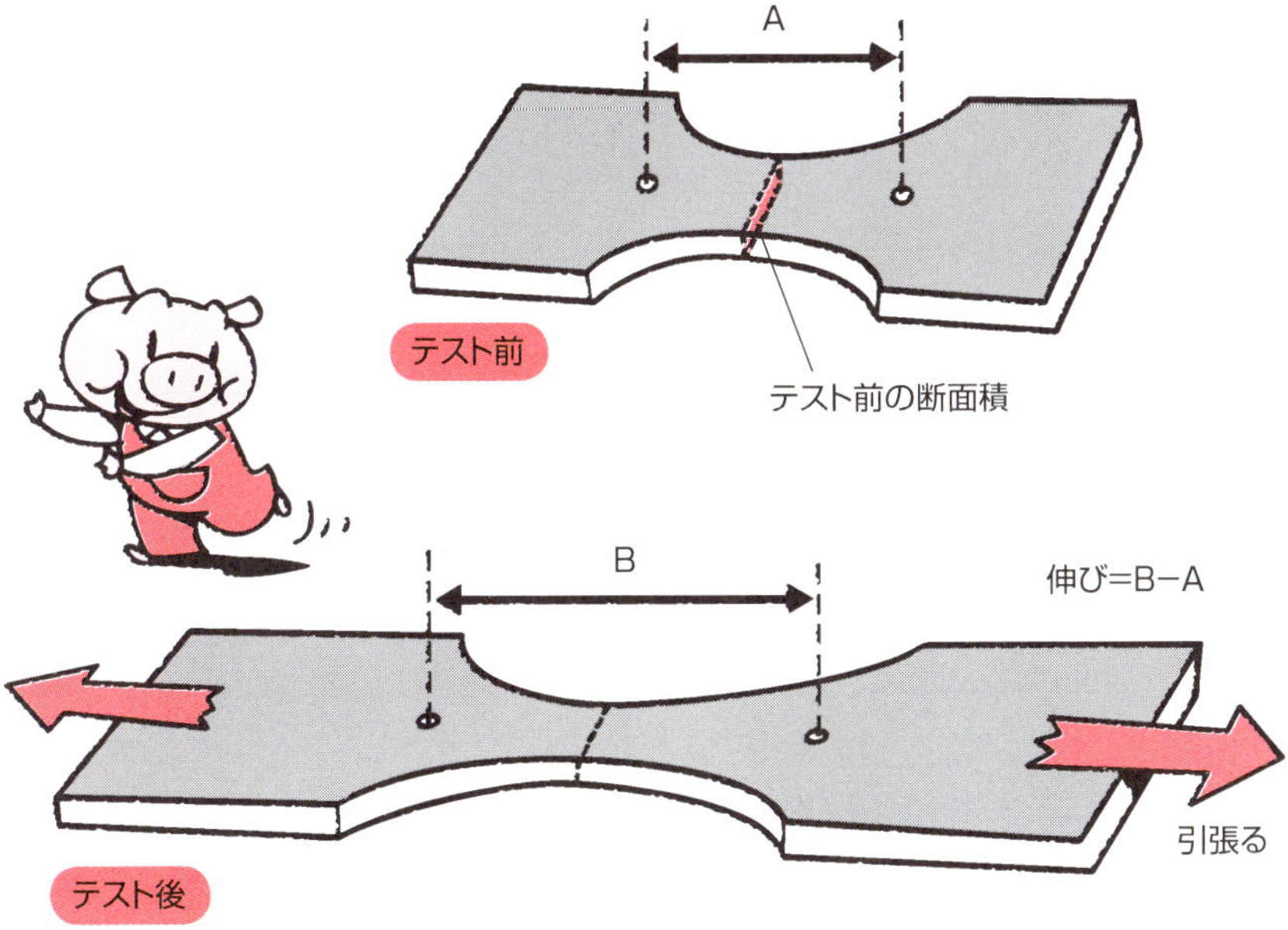

材料の伸びと引張り強さ

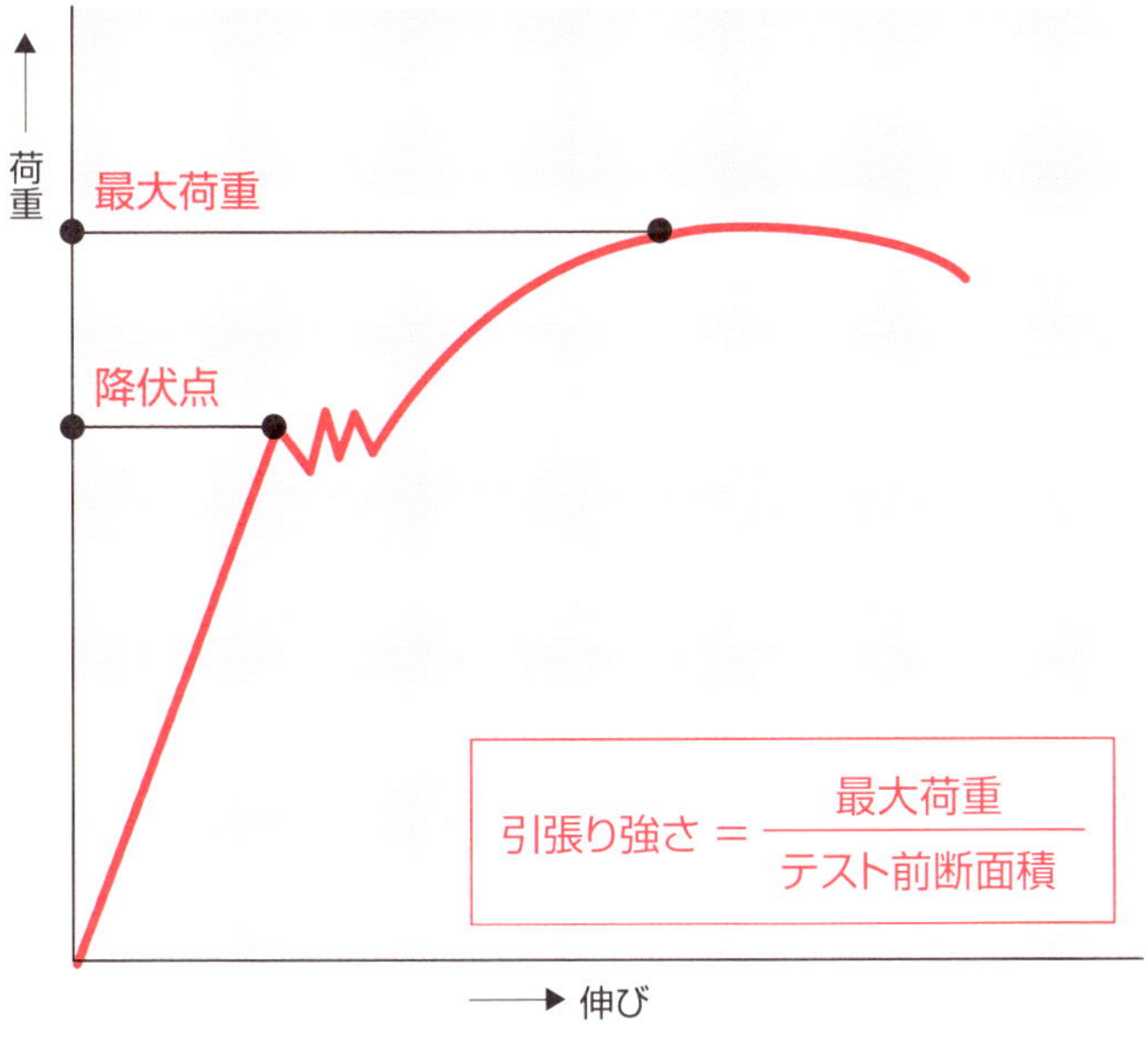

6 プレス製品に必要な力

プレス加工力とプレス機械

金属材料を加工するには大きな力が必要です。プレス加工で材料を切る加工では、材料の引張り強さの八割ほどの力が必要とされています。これをせん断抵抗と呼んでいます。成形加工では降伏点以上の力を必要とします。この力は加工する形状の長さと板厚に比例します。余程、小さな製品でない限り人間の力だけで加工することは難しいです。

そこで、加工力を発生する機械を使い仕事をします。その機械をプレス機械と呼びます。プレス機械には機械的運動によって動く機械プレスと液圧によって動く液圧プレスが主なものです。圧倒的に多く使用されているのが機械プレスです。その中でもクランクプレスと呼ばれる機械が最も多く使われています。

使い方は、工具(金型)の一方を下に固定します。これを下型と呼びます。もう一方をプレス機械の上下運動するスライドと呼ばれる部分に取りつけます。これを上型(うわがた)と呼びます。

この取りつけられた下型の上に材料を置き、プレス機械を運転して上型を下降させ材料を加工します。

プレス加工では、加工に必要な工具である金型、金型を取りつけ金型に必要な力を与えるプレス機械および製品となる材料をプレス加工の3要素と呼びます。この3要素のバランスが取れていて、これらをうまく運用する人がいてプレス加工は成り立っています。

金型はプレス加工の要となる要素ですが、金型さえよければ良い製品ができることにはならないのです。加工に必要な加工力を発生するプレス機械も製品精度とバランスした性能を持ったものである必要があります。このプレス加工に使うプレス機械の選択は金型を使う人が選択します。

プレス加工では、金型を作る技術と金型を使って仕事をする技術のバランスも必要なのです。

要点BOX
- ●機械プレスと液圧プレス
- ●金型とプレス機械の関係
- ●プレス加工の3要素

加工力は大きな力を必要とする

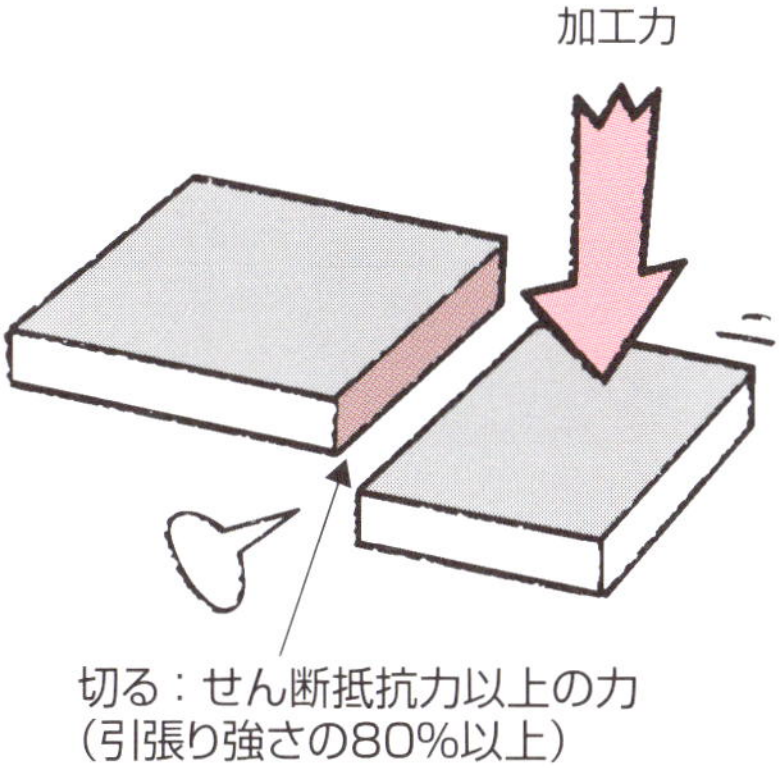

プレス機械はエネルギーを蓄え、加工力として放出する

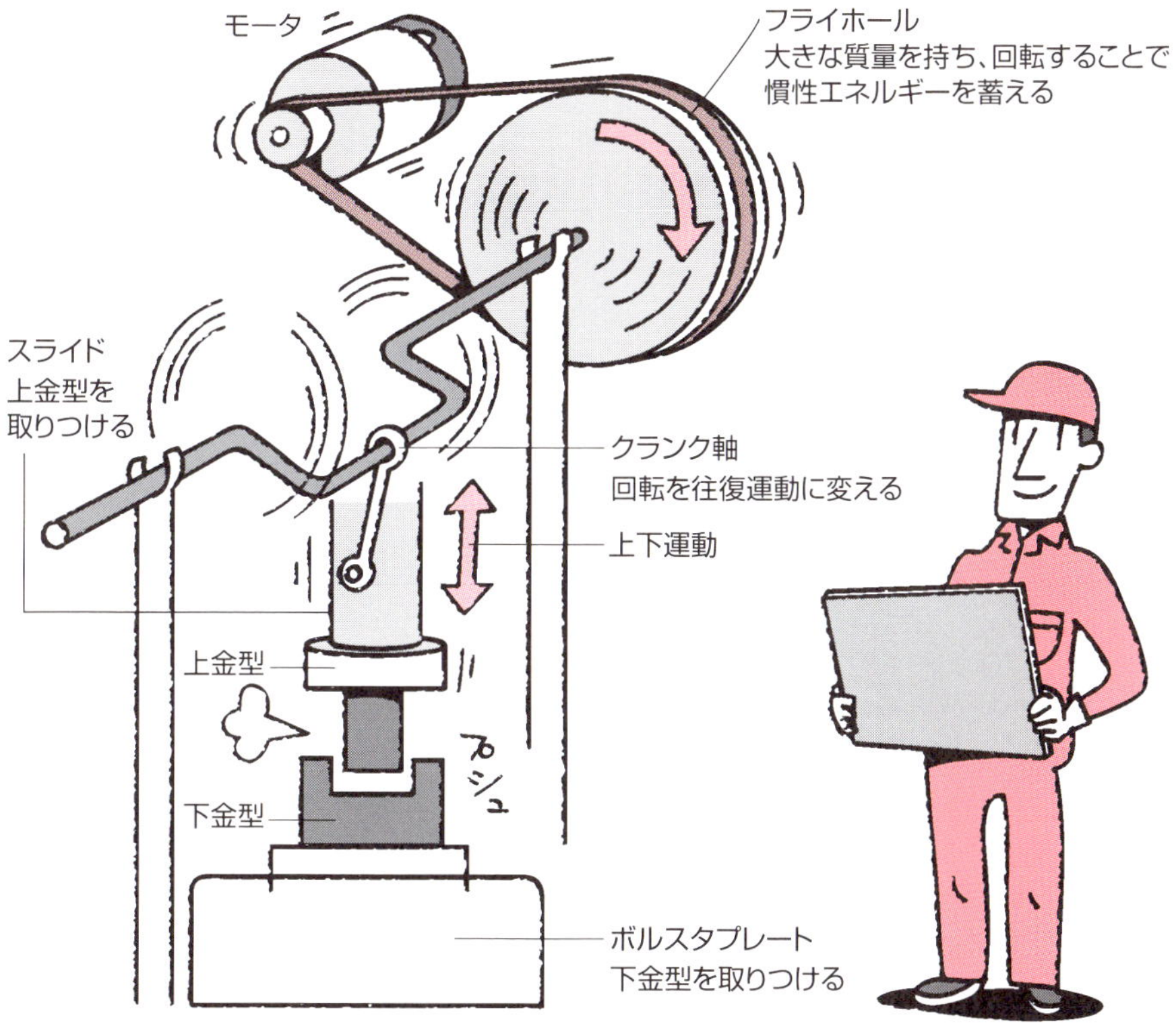

7 プレス関連の後加工

洗浄・バリ取り・めっき・塗装ほか

プレス加工では材料に力を加え形状を作ります。その際に材料と工具の間に摩擦が生じ、発熱やキズを作ることがあります。そのため、材料と工具の間に油で保護膜を作り加工することが多いです。また、切る加工では切り口面にバリと呼ぶギザギザした薄肉の凸形状が発生します。このバリはプレス加工の欠点のひとつとなっています。

製品についた油を取り、バリを取りきれいな製品とするための処置をプレス加工後の後加工として行うことがあります。

洗浄は加工に使った油を除去する作業です。洗浄剤を使って処理します。加工に使用する油によっては強力な洗浄剤が必要となることもあります。このような洗浄剤には健康に好ましくないものもあります。使用する油は洗浄のことも考えて選択されています。洗浄を必要としない、揮発性の高い加工油を使うこともあります。

抜きバリを取るバリ取り作業は、一般的にはバレル加工と呼ばれます。バリ取りをする製品と研磨材を樽のような容器に入れ、容器を回転させ製品と研磨材を攪拌することで、こすれあい、バリが除去されます。このときの樽のような容器をバレルと呼ぶことからバレル加工の呼び名はきています。これは基本的なバリ取りスタイルで、たらいのような容器に砂状の研磨材を入れ振動を与えて処置する振動バレルと呼ぶ方法などがあります。

洗浄やバリ取りをした後に、錆び対策や外観をよくするために、めっきや塗装を行うこともあります。めっきや塗装加工ではひとつずつ吊るして処理することが多いです。このときに、吊るす穴がなく困ることがあります。このような作業が想定されるときには、吊るし用の穴をプレス加工の段階で確保する必要があります。このようなプレス加工の後工程に対する注意も必要となります。

要点BOX

- ●プレス加工油の除去
- ●抜きバリ、キズの除去
- ●バリ取りはバレル加工で取る

洗浄加工

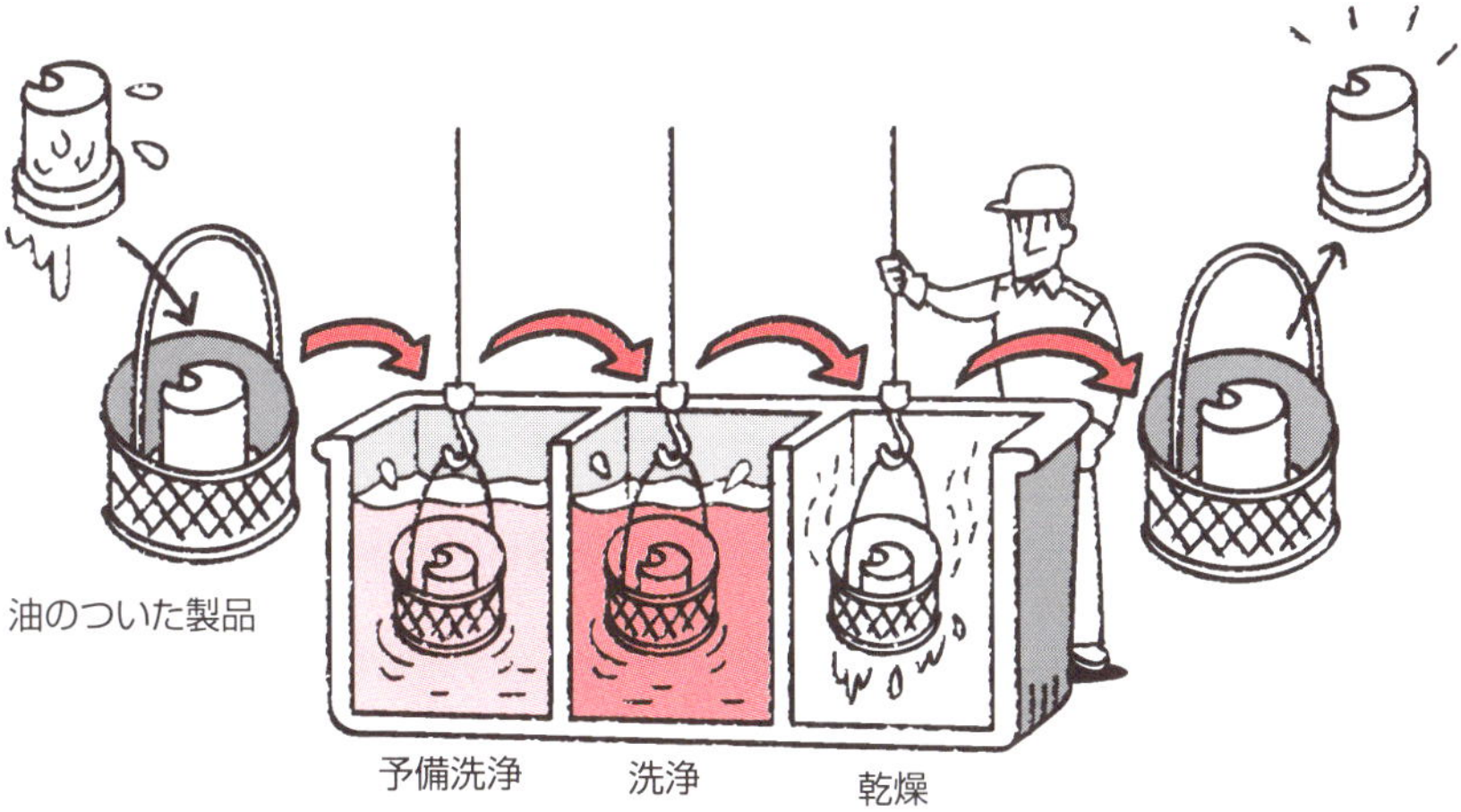

油のついた製品
予備洗浄
洗浄
乾燥

バリ取り加工

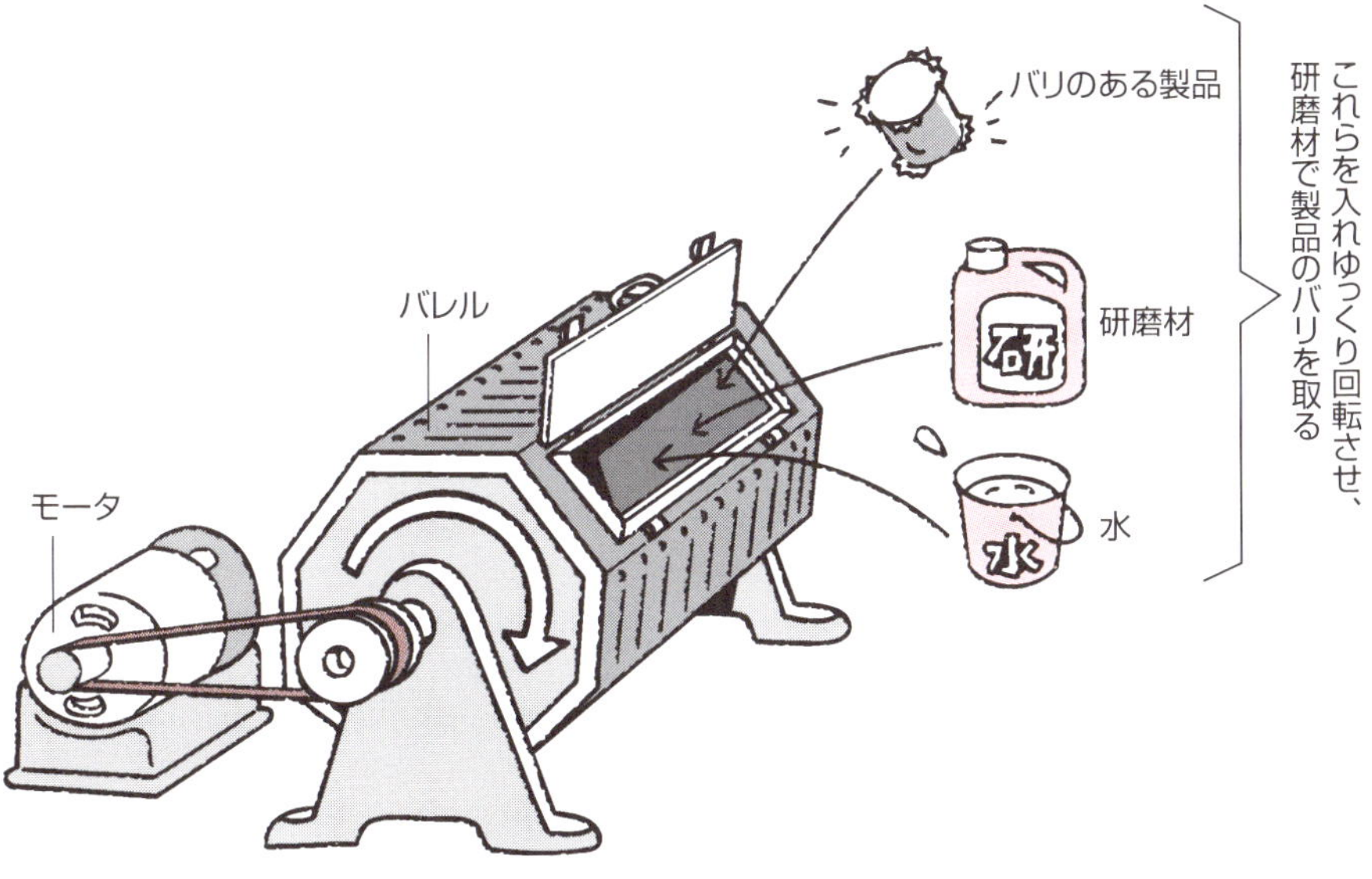

バリのある製品
研磨材
研
水
水
バレル
モータ
これらを入れゆっくり回転させ、研磨材で製品のバリを取る

8 プレス加工の兄弟たち

板金・鍛造・スピニング

プレス加工は塑性加工です。塑性加工の仲間にはほかに、板金加工、鍛造加工とスピニング加工と呼ぶものがあります。

板金加工はプレス加工に最も近い兄弟といえます。扱う材料は薄い金属の板材でプレス加工と同じです。違いは、板金加工では加工に専用の金型を使いません。抜き専用機械(タレットパンチプレス=タレパン)やレーザー加工機および曲げ専用機械(ベンディングマシン=ベンダー)を用いて形状加工を行います。生産量が少なく、比較的形状が大きな製品の加工に適しています。

鍛造加工は材料に圧縮力を働かせて形状を作る加工です。圧縮力により、材料の組織が緻密になり強度の大きな製品を作ることができます。加工方法には自由鍛造、赤めた金属をハンマーでたたき形状を作る鍛冶屋さんのイメージです。もうひとつは、型鍛造と呼ばれるもので、プレス加工のように金型を使って加工します。

加工作業では、金属を赤めて軟らかくして加工する熱間鍛造、常温で加工する冷間鍛造、熱間と冷間の中間の温間鍛造があります。生産効率ではプレス加工に劣ります。

スピニング加工はへら絞りとも呼ばれる加工です。薄い金属の板材を回転させ、棒状の工具(これを「へら」と呼ぶ)を回転する材料に押し当て、その押し力を加減することで材料に変形が起き容器状の形状に加工します。比較的小さな力で加工できるのが特徴です。パラボラアンテナのお皿状の部分や洗面器のようなもの、ロケットの先端などのような形状加工が代表的なイメージとなります。人がへらを操作する方法と専用機械にプログラムを組んで自動で加工する方法があります。専用機械で加工するものには、円盤状の板材からの加工と絞り加工した形状からのスピニング加工するものがあります。

要点BOX
- ●専用機械で加工する板金加工
- ●金属の塊を潰して加工する鍛造加工
- ●金属板を回転させて加工するスピニング

鍛造加工

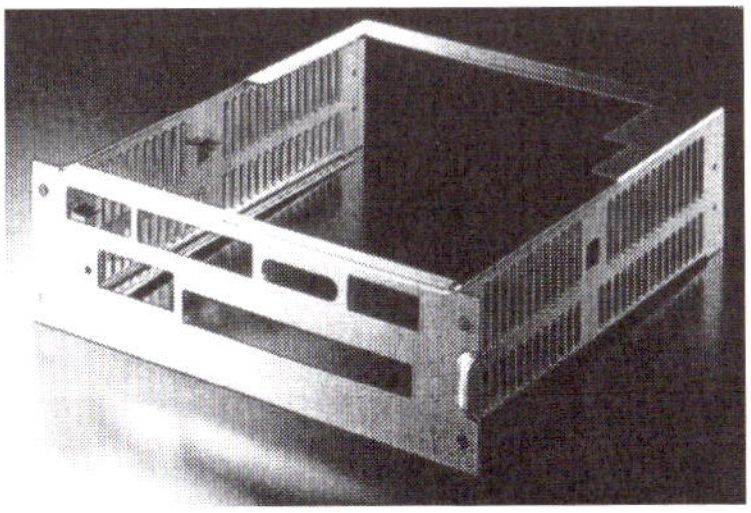

板金加工で作られた製品

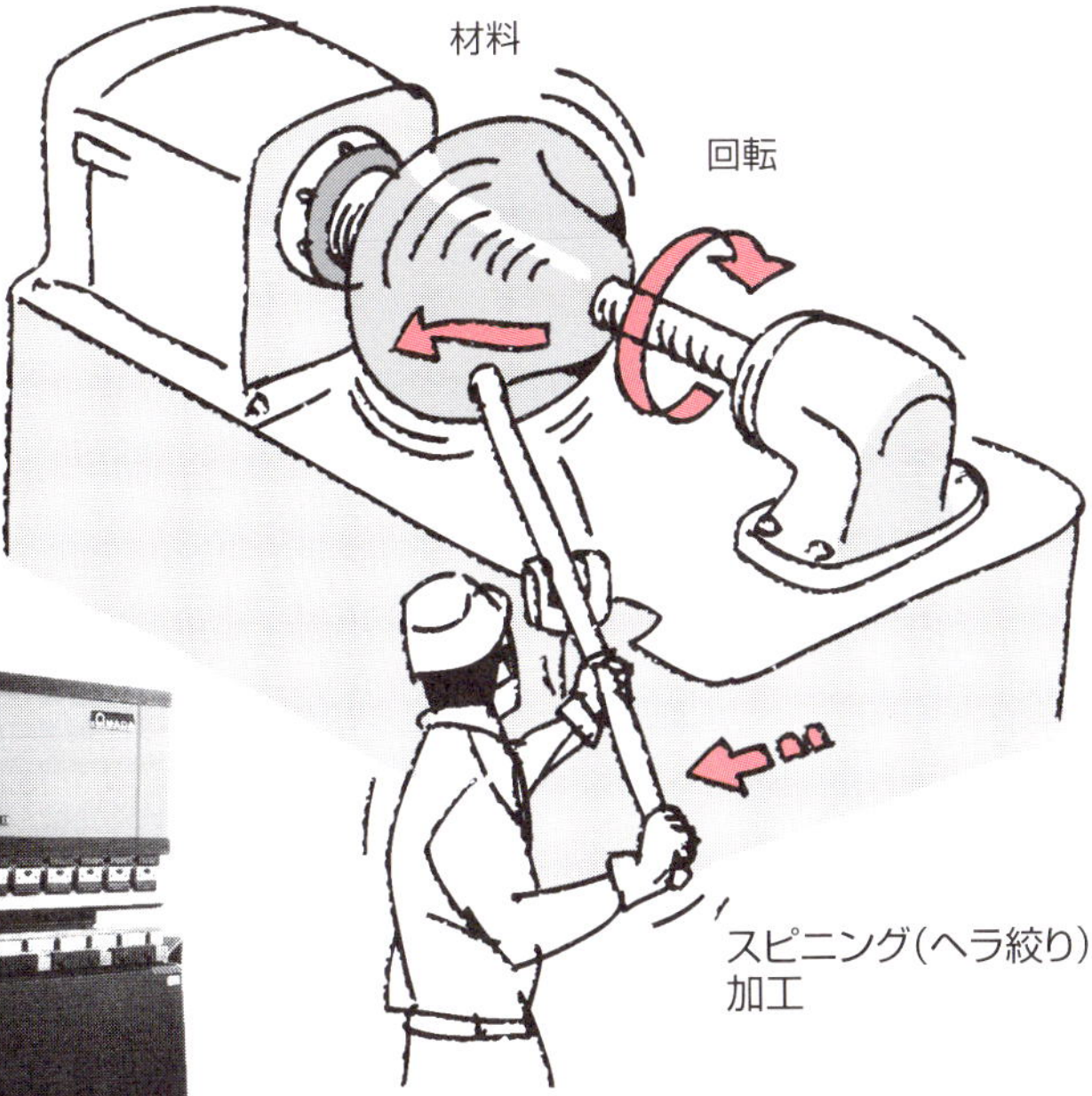

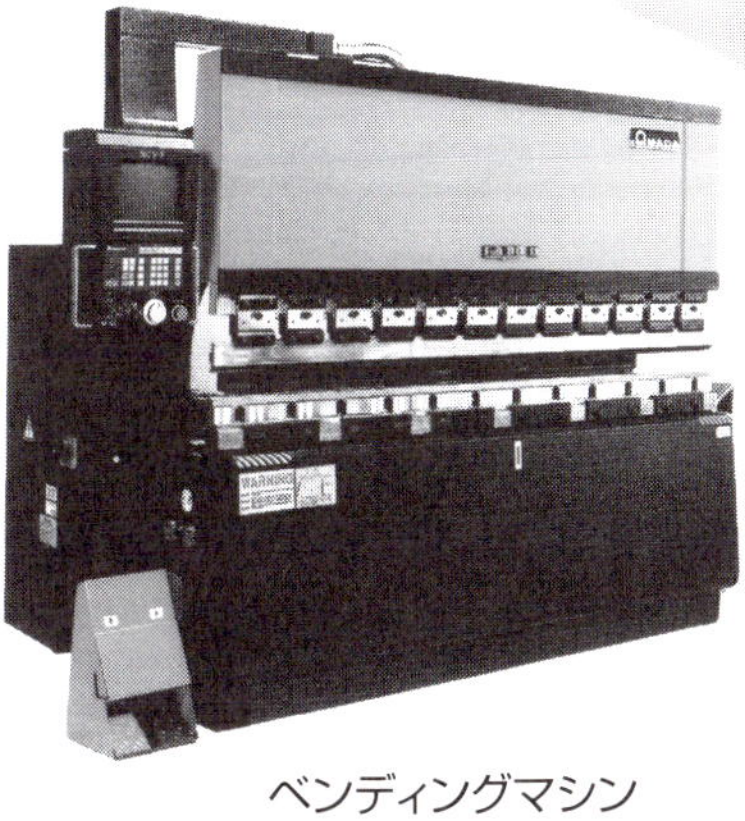

ベンディングマシン

9 プレス加工と他加工との比較

切削・鋳造

商品を構成する部品にはプレス加工で作られたもの以外に、プラスチック成形品や切削、鋳造などで作られた部品があります。このほかに「プレス加工の兄弟たち」のところで述べたものもありますが、この部分とプラスチック成形を除いて、金属材料で作られた部品の切削、鋳造について比較してみます。

切削加工はブロック状の材料から削り出す加工です。加工は、材料を固定して、回転する工具を動かして形状を削り出すフライス加工と材料を回転させ、固定した工具を動かして形状を作る旋削加工（旋盤加工）があります。切削加工は専用の工具を作ることはまれで、汎用の工具を使い加工しますから、この点ではプレス加工より有利です。しかし、形状を削り出すときに材料の繊維を切ってしまうため残り肉厚が薄くなるとプレス製品と比べ弱い場合があります。寸法精度的には切削加工のほうが優れています。生産性では金型を使い加工するプレス加工のほうが優れています。

鋳造加工は、鋳物と呼ばれる製品を作る加工です。鋳造は砂で作った砂型と金属で作った金型を使うものがあります。鋳造には、溶けた金属（湯と呼ぶ）を柄杓で汲んで流し込む自然鋳造と湯に圧力をかけて金型に流し込むダイキャストと呼ばれる方法があります。砂型は自然鋳造に使われ、製品の取り出しは砂型を壊して行うため、ひとつの製品に砂型1型が必要になります。工業製品はほぼ金型を使用してダイキャストで作られています。

鋳造は肉厚を薄くできない、寸法高精に限界がある、などの弱みがあります。また、湯を流し込み冷やすまで時間がかかりますからプレス加工と比較すると生産性は落ちます。

それぞれの加工法の長所を見出して、製品は作られています。ここでの比較はプレス製品と同じものを作ろうとしたときの比較です。

要点BOX
- 切削加工には旋削加工とフライス加工がある
- 自然鋳造とダイキャスト
- 鋳造加工では薄肉加工は難しい

代表的な切削加工例

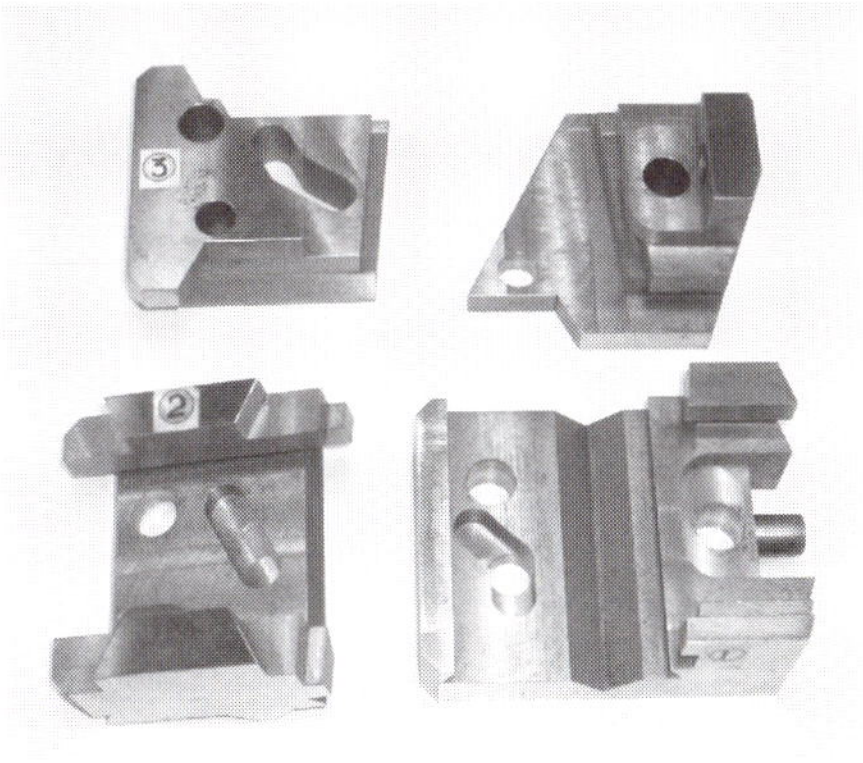

フライス加工製品

旋削加工製品

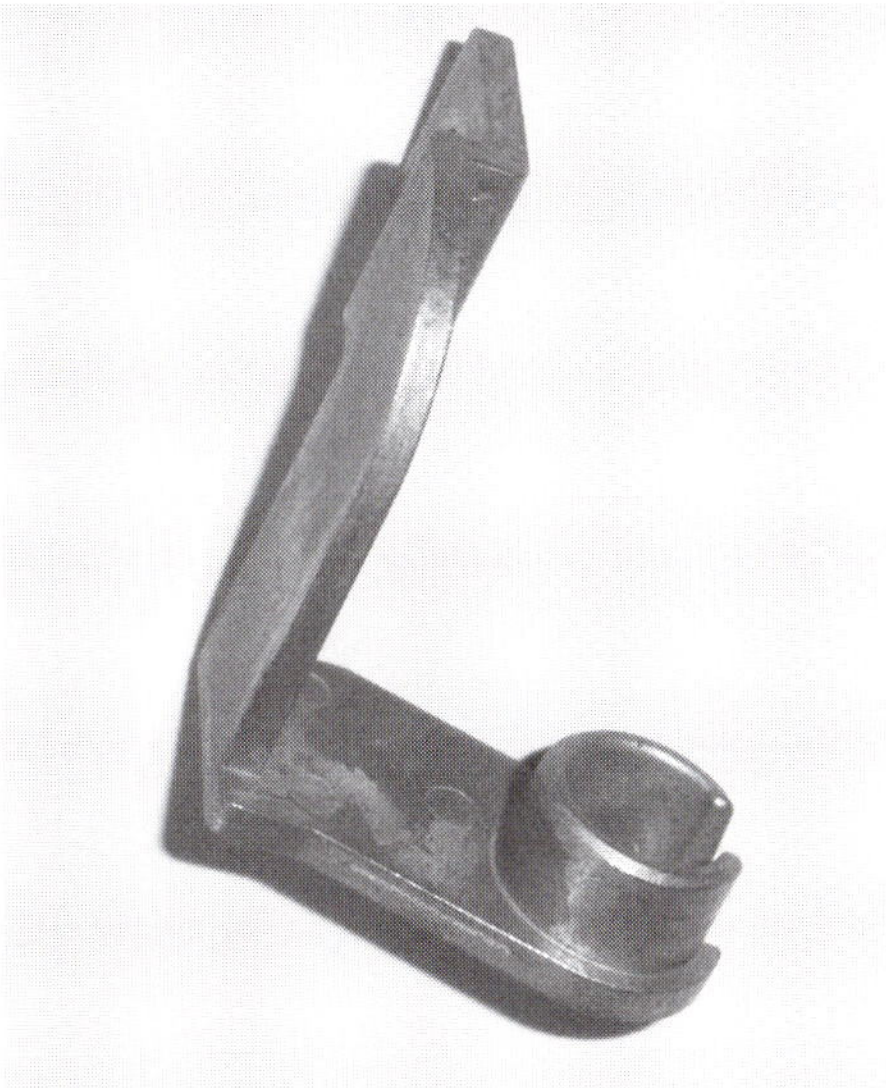

鋳造（ダイキャスト）加工例

10 プレス部品はどこに使われているの①

ハードディスク

パソコンやテレビの記憶装置として使われているハードディスク(HD)は高度なプレス加工技術が結集している製品です。

写真はカバーを開けた状態のHDと細部を示しています。記憶本体の円盤はガラスやアルミ製基盤に表面処理を施したものです。円盤に記録を書き込むヘッドは、サスペンションとアームで保持され、基盤と接触しないように空間を保ち、動きます。

サスペンションは髪の毛の太さより薄いステンレス材をバリのないように抜き、わずかに曲げてスプリング性を持たせています。そのばね特性は0・5グラム程度の誤差で管理されているようです。このような薄板をバリなしで抜き加工するのは大変難しく、パンチ、ダイを精密に機械加工で製作して、そのまま使用してもうまくいかず、さらに人手をかけ作り込みが必要なようです。

アームはサスペンションを支え、回転します。後部にコイルがつけられ、強力な磁石の間に置かれます。この部分はリニアモータで旋回駆動源となります。サスペンションは精密せん断で作られていることが多いです。多分、バリを嫌ってのことと思います。バリが落下して基盤の上に載り、ヘッドとの間に入るとHDを壊します。

リニアモータ部の強力磁石を保持して空間を作る部品は板鍛造などを使って作られています。強度が必要なのでその点への配慮です。

このHDは3・5インチです。外装ケースはアルミダイキャスト製ですが、2・5インチになると外装ケースもプレス加工品になります。

HDは精密機械です。カメラ、複写機などにも同様にプレス部品は使われています。

プレス加工では、このような精密機器に対応する高精度を要する構成部品に対応する能力も持っています。

要点BOX
●バリ対策に神経を使っている
●高度な管理がなされている
●多くの加工法が使われている

HDを構成するプレス部品

ハードディスク

ヘッド駆動部

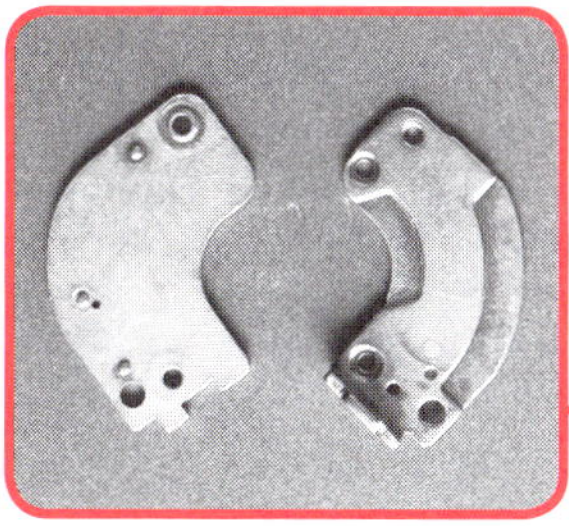

板鍛造

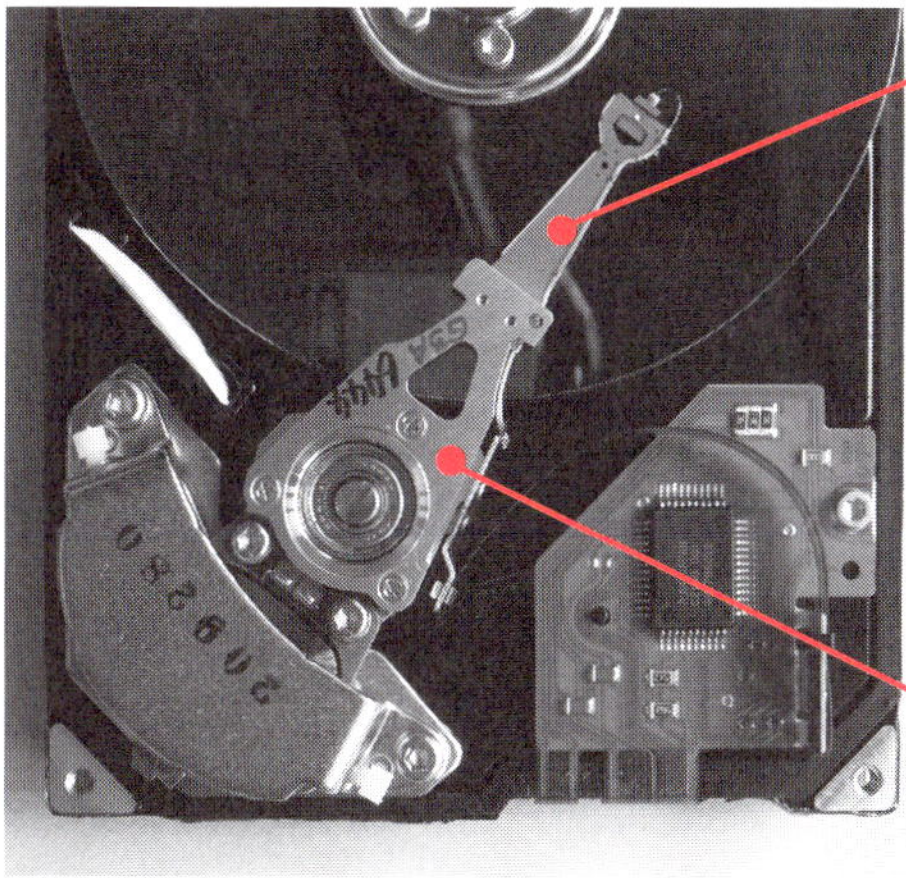

サスペンション
薄板の抜き・曲げ加工

アーム

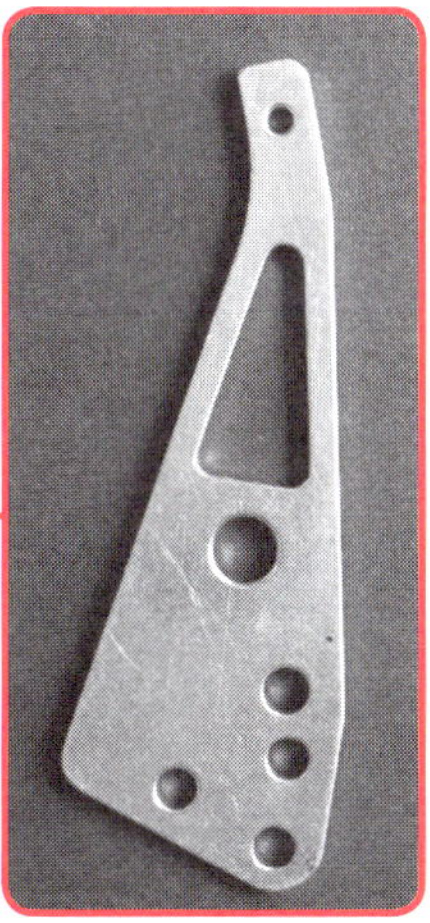

精密打ち抜き

11 プレス部品はどこに使われているの②

回路基盤

さまざまな電子機器の内部には回路基盤があり制御されています。写真はハードディスクを制御する基盤です。

基盤には多くの電子部品や外部と信号交換するための端子部分(コネクタ)が目につきます。この細かな部品の多くにプレス加工が関係しています。

集積回路は数千から数万のトランジスタを集積したもので、信号や情報を制御しています。この本体はシリコンチップですが、このチップを載せているものがリードフレームと呼ばれるプレス製品です。プレス抜き加工の極限を追及して出来上がっていると言えます。リードフレームの板厚は0・1ミリ前後です。そして、プレス加工での抜き幅は0・1ミリ以下のものも多いです。リードフレームは最終的には外部との信号をつなぐ端子となりますが、集積回路の製作過程では組立治具となる重要な部品です。

水晶振動子やコンデンサーでは絞りケースと板鍛造部品で外装ケースが作られていることが多いです。このような部品もプレス加工製品です。コンデンサーのような製品は大量に使われるため、安価です。そのため、順送り加工での多列取りで加工することが多いです。

外部とケーブルでつなぎ、信号をやり取りする部分をコネクタと呼ぶことが多いですが、見てもわかるようにたくさんのピンが並んでいます。このピンを大量に作る必要があります。受け側となるソケットももちろん同様です。このコネクタの加工は抜きと曲げが組み合わさった形状をしています。量が多いため、順送り加工で作られています。その加工スピードは1分間に800~2000spmで、長時間生産をします。金型には製品形状精度を保つとともに、長時間磨耗しないなどの安定した状態が保たれなければいけません。このような条件を確保してプレス加工の中で最も速い加工を行っているものと言えます。

要点BOX
- ●細かなプレス加工部品が使われている
- ●絞りや板鍛造品も使われている
- ●コネクタは高速プレス加工で作られる

電子部品にもプレス加工は使われている

集積回路（DIPタイプ）

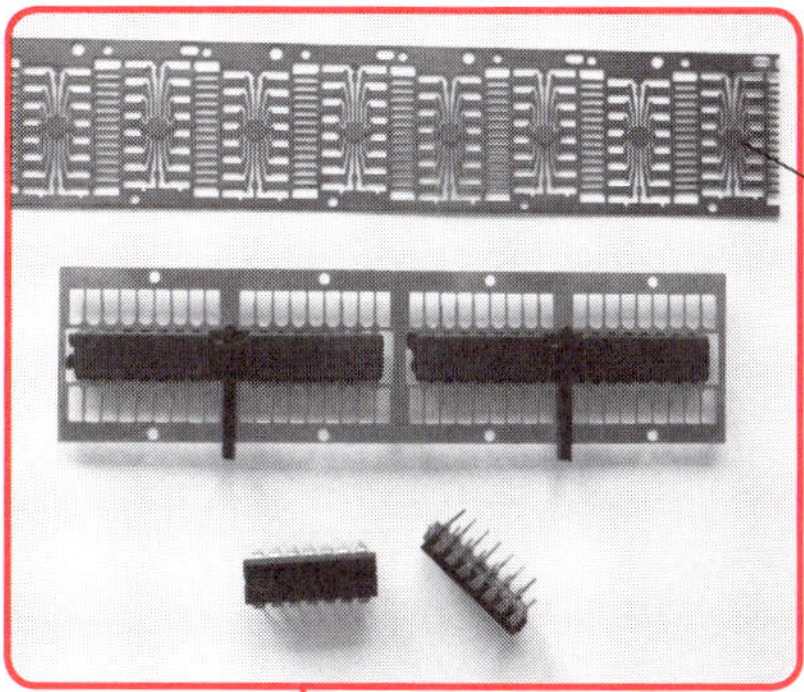

集積回路（フラットタイプ）

リード
フレーム

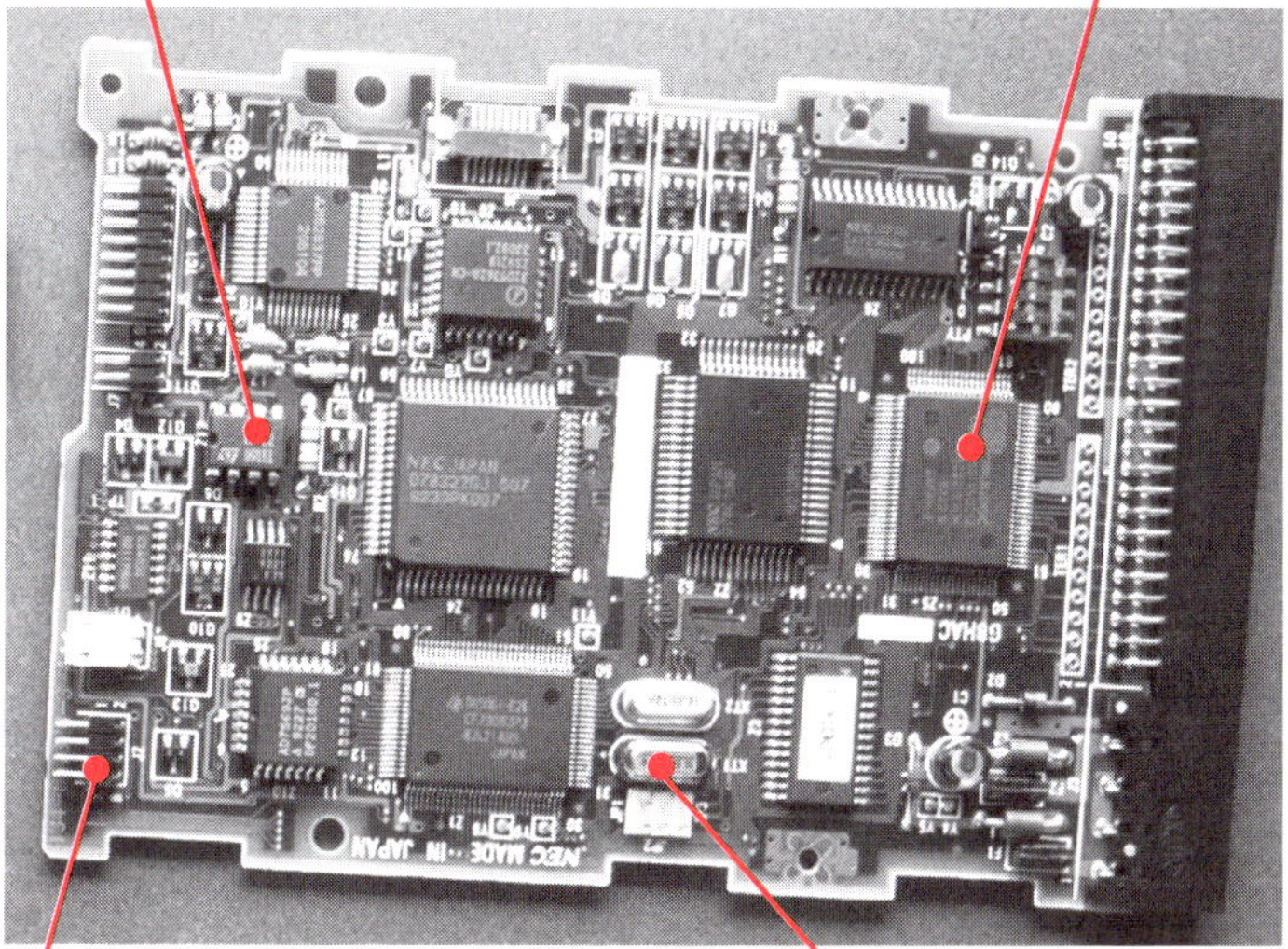

端子（コネクタ）

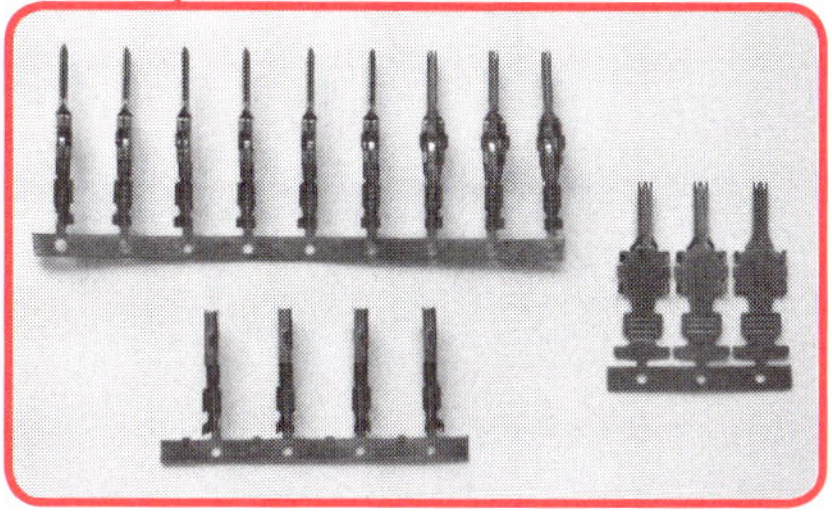

CANタイプ素子

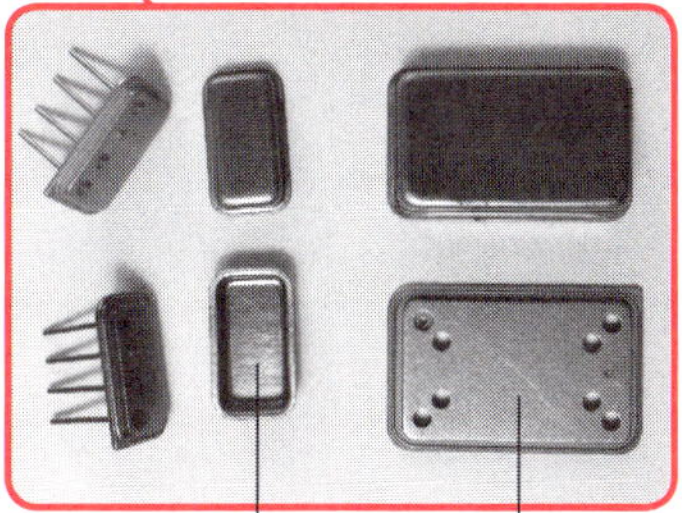

角絞り

板鍛造

12 プレス部品はどこに使われているの③

事務用品・機器

日常、身近にあるものを写真は示しています。これらはプレス加工で作られています。

ゼムクリップは製品設計のすばらしさの例です。線材を丸めてクリップにしたものです。このクリップは1890年頃にイギリスのゼム社で作られたといわれています。同じ機能で形状を変えた（写真にもある）ものがたくさん作られていますが一時的なもので、残っているのはゼムクリップというかたちのものです。このクリップはシンプルで作りやすく、機能もしっかりしているところがポイントのようです。

ダブルクリップも同様で、製品設計がすばらしいです。プレス加工しやすく材料の無駄がないクリップです。この製品が出る前は目玉クリップが主流でした。見てわかるようにダブルクリップは本体が一体で、取っ手をつけて完成しています。取っ手はてこを応用して口を開閉できるようにしています。そして、取っ手がぶらぶらしないように本体に形状の工夫があります。

ホチキスやパンチは全体がプレス部品で構成されている製品です。同時にプレス加工をうまく利用したものでもあります。パンチは穴抜き加工ですが、たくさん紙に穴をあけてもバリが出ません。ホチキスは針も線材をプレス加工して作られています。ホチキスで紙を綴じるのはプレス加工のカーリングが応用されています。針が紙を貫通し、綴じるまで針の側面はガイドされています。大事なのは下の受け部で目立ちませんが、ここの形状が悪いとうまく綴じることができません。ここの形状によって綴じ部の針は丸まっているのです。この膨らみが綴じたものを重ねたとき、厚みがでることから、丸みがない綴じ方をするフラットクリンチと呼ばれるものもでています。

事務用品の多くはプレス加工で作られています。その構成部品はプレス加工製品設計やプレス加工の参考となるものも多いです。

要点BOX
- ●事務用品の製品設計はすばらしい
- ●事務機器はプレス加工を使っている

事務用品に使われるプレス加工部品

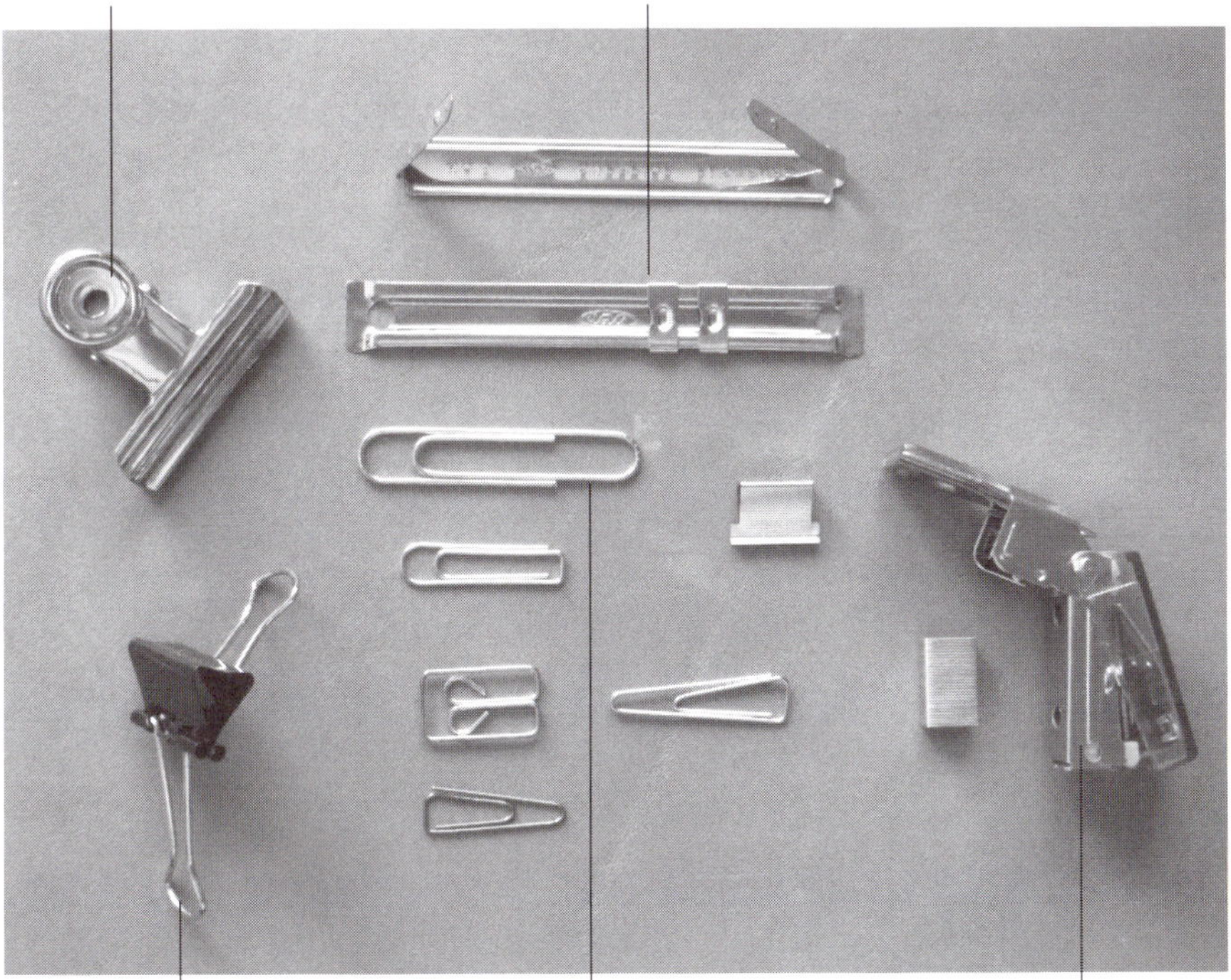

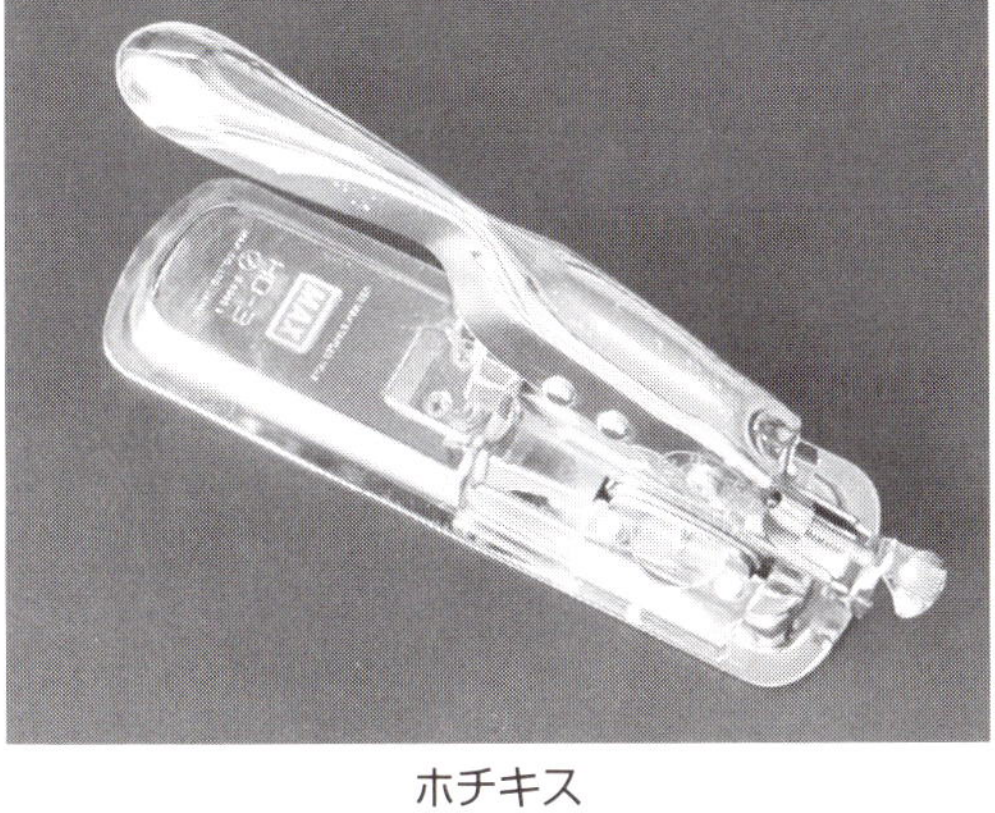

ホチキス

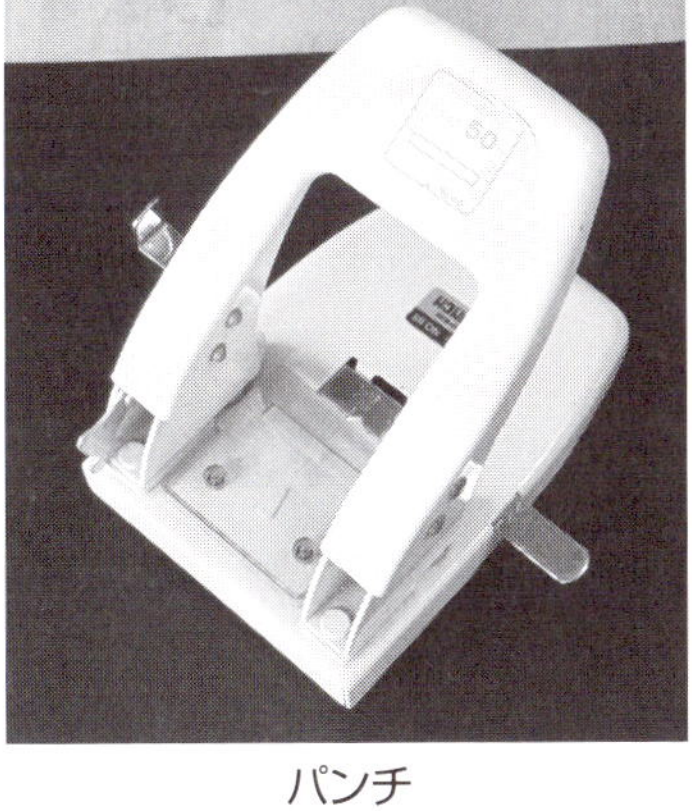

パンチ

Column

いろいろなプレス

プレスという言葉はプレス加工以外に報道やアイロンかけ、紅茶を入れるときに使うティープレスなどいろいろなところで使われています。

プレスという言葉は押さえつける、圧力をかけるといった意味です。

プレス加工はまさに圧力をかけて形状を作るものです。アイロンかけも押さえつけてしわを伸ばす、紅茶を入れるティープレスも上にある円盤をジワーッと押して茶葉を下に沈める動作はプレスらしく見えます。

では、報道や印刷をなぜプレスと呼ぶのかですが、これも押さえつけるところから来ているようです。

印刷をするとき版を作ります。その版にインキを塗り、その上に紙を載せてこすります。版画の版木に載せた紙の上をバレンでこするイメージです。そうすることで版の内容が紙に印刷（転写）される、この内容をプレスと呼び、これを語源として報道や印刷がプレスと呼ばれるようになったようです。版＝型と捉えれば、報道もプレス加工も転写することには変わりないことになります。

報道は版を使い情報を転写して広める方向に発展しました。そのことにより、多くの人に多くの情報が伝わり役立っています。

プレス加工は型で形状を転写するモノづくりとして発展しました。プレス加工の生産性のよさは、生活に必要なものの多くを提供するのに役立っています。

プレスという、押す、圧力をかけるといった動作から派生したものが、情報とモノづくりというまったく違った分野で発展し、共になくてはならない存在になっています。

第2章

プレス加工で何ができるの?

13 プレス加工の種類

プレス加工でできること（要素）

プレス加工は、切る加工（分離加工）、形を作る加工（成形加工）と組み立てる加工（接合加工）を行うことができます。

分離加工は普通せん断と精密せん断に分けられます。両者は切り口面の違いです。

さらに打ち抜き（ブランキング、外形抜きとも呼ばれる）、穴抜き、切断、切り欠きおよび分断、切り込み（ランシング、スリットとも呼ばれる）に分けられます。これらを単独または組み合わせて製品形状を作ります。

成形加工は材料板厚を大きく変化させないで形状を作る板成形と材料板厚を潰して形状を作る板鍛造に分けられます。

板成形は、曲げ、絞りおよび曲げや絞りに属さない形状加工する成形と細かく分けられます。

板鍛造は、据え込み、押し出し、押し込みおよびサイジング、刻印（マーキング）に分けられます。

接合加工は、材料の縁を折り曲げてつなぐ曲げ接合（はぜ折、シーミング）、フランジ部分を利用して接合するフランジ接合およびリベットや接合に適した形状を成形加工で作り、その部分を相手部品と合わせて、その後、リベット、成形形状部分を潰して（かしめて）接合するかしめ接合、穴にピンや成形で作った形状を押し込んで（圧入）、摩擦力接合する圧入接合があります。

これらのものが単独でプレス製品を構成することは少なく、いくつかのものが組み合わさってプレス製品となっていることが多いです。

ここで示したものは一般的にプレス加工の種類と呼ばれていますが、製品を構成する要素と考えたほうが製品加工を考えたとき、加工工程を考えやすいかもしれません。製品加工を考えるときには、常にこの内容を思い浮かべて使える方法を選択します。

要点BOX

- プレス加工の大分類は分離、成形、接合
- 分離加工は普通せん断と精密せん断がある
- 成形は曲げ、絞り、成形、板鍛造がある

プレス加工の種類

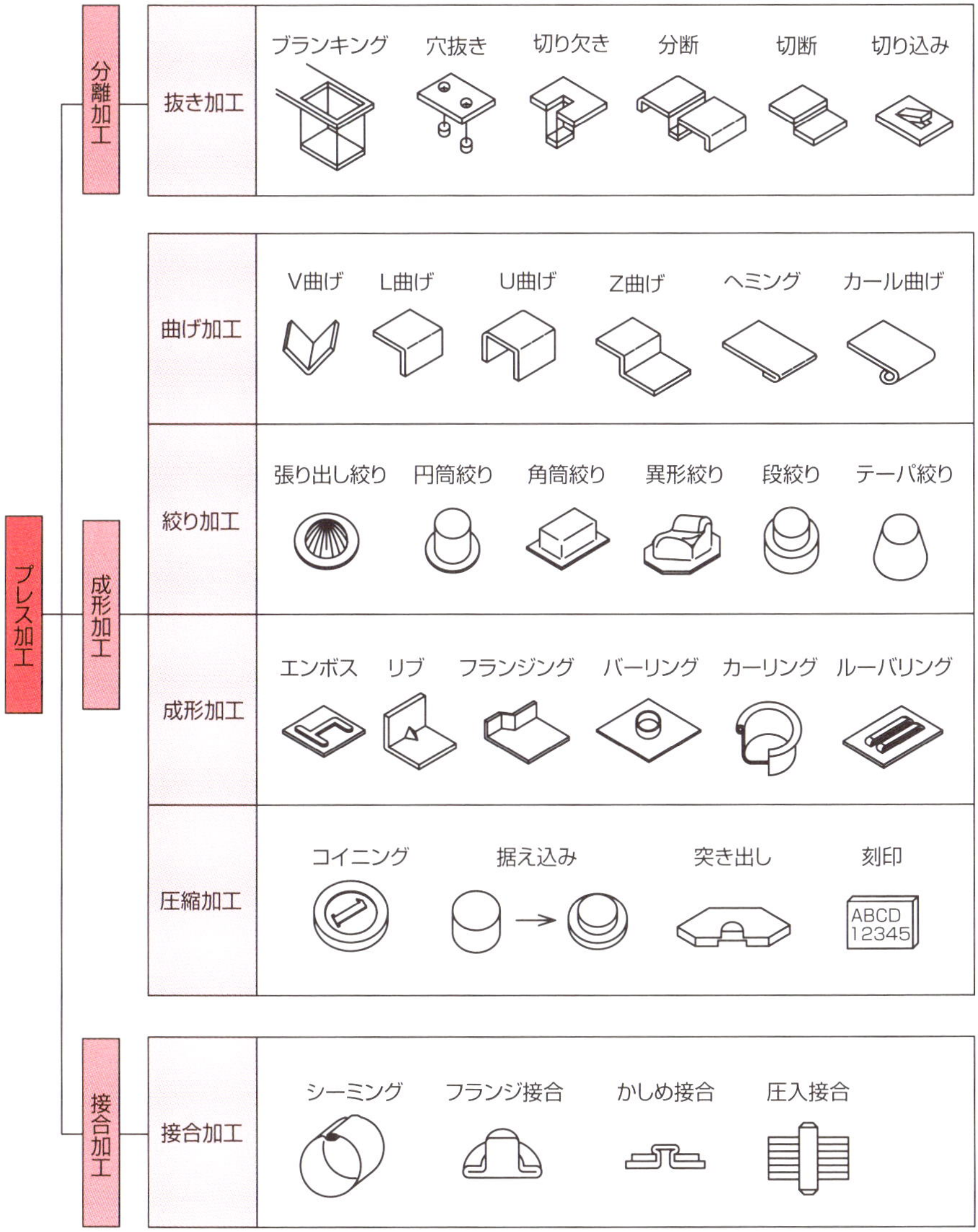

プレス加工
分離加工
抜き加工
ブランキング
穴抜き
切り欠き
分断
切断
切り込み
成形加工
曲げ加工
V曲げ
L曲げ
U曲げ
Z曲げ
ヘミング
カール曲げ
絞り加工
張り出し絞り
円筒絞り
角筒絞り
異形絞り
段絞り
テーパ絞り
成形加工
エンボス
リブ
フランジング
バーリング
カーリング
ルーバリング
圧縮加工
コイニング
据え込み
突き出し
刻印
ABCD
12345
接合加工
接合加工
シーミング
フランジ接合
かしめ接合
圧入接合

14 普通抜き加工

材料を切り、形を作る

材料を切ることで形を作る（輪郭形状を作る）代表的なものが打ち抜きです。この加工はブランク抜きとか外形抜きとも呼ばれます。そのまま製品の形状となるものもありますが、多くは成形加工の素材（ブランク）となります。打ち抜きのほかに、穴を加工する「穴抜き」、材料の一部を切り取る「切り欠き」、ある幅で切り分ける「分断」および一本の線で切り分ける「切断」、閉じた状態で切りすじを入れる「切り込み（スリット、ランシング）」があります。

抜き加工ではパンチとダイを求める抜き形状に作ります。そして、パンチとダイ間にはクリアランスと呼ぶ隙間を設け、パンチとダイの肩部は丸みのない角とします。ブランク抜きではブランク寸法をダイ寸法に取り、パンチはクリアランス分小さく形状を作ります。穴抜き、切り欠き、分断ではパンチ寸法を穴寸法などの求める寸法として、ダイをクリアランス分大きくします。

抜き加工した切り口面には、切削加工の切り口面とは違い、切り口面に「だれ」「せん断面」「破断面」「バリ」が現れるのが特徴で、このような切り口面となる抜き加工を普通せん断加工と呼びます。

輪郭形状の一部に細長い溝があるような製品では打ち抜きだけで形状を作ることが難しく（パンチの破損）、切り欠きを活用して溝部分を作ることがあります。このような加工では、打ち抜き輪郭と切り欠き輪郭の交点が二箇所できます。この部分をマッチングと呼びます。一筆書きで作られた形状とは外観が少し異なります。バリも大きくなりやすいです。大切な部分にはマッチング部がこないように加工するのが普通です。

普通抜き加工では、抜き力と共に曲げモーメントと側方力が働きます。打ち抜きでは曲げモーメントの影響で湾曲して平面度が悪くなることがあります。

要点BOX
- ●代表的なブランク加工
- ●パンチとダイの隙間をクリアランスと呼ぶ
- ●切り口は、だれ、せん断面、破断面、バリで構成

抜き加工の種類（抜き加工要素）

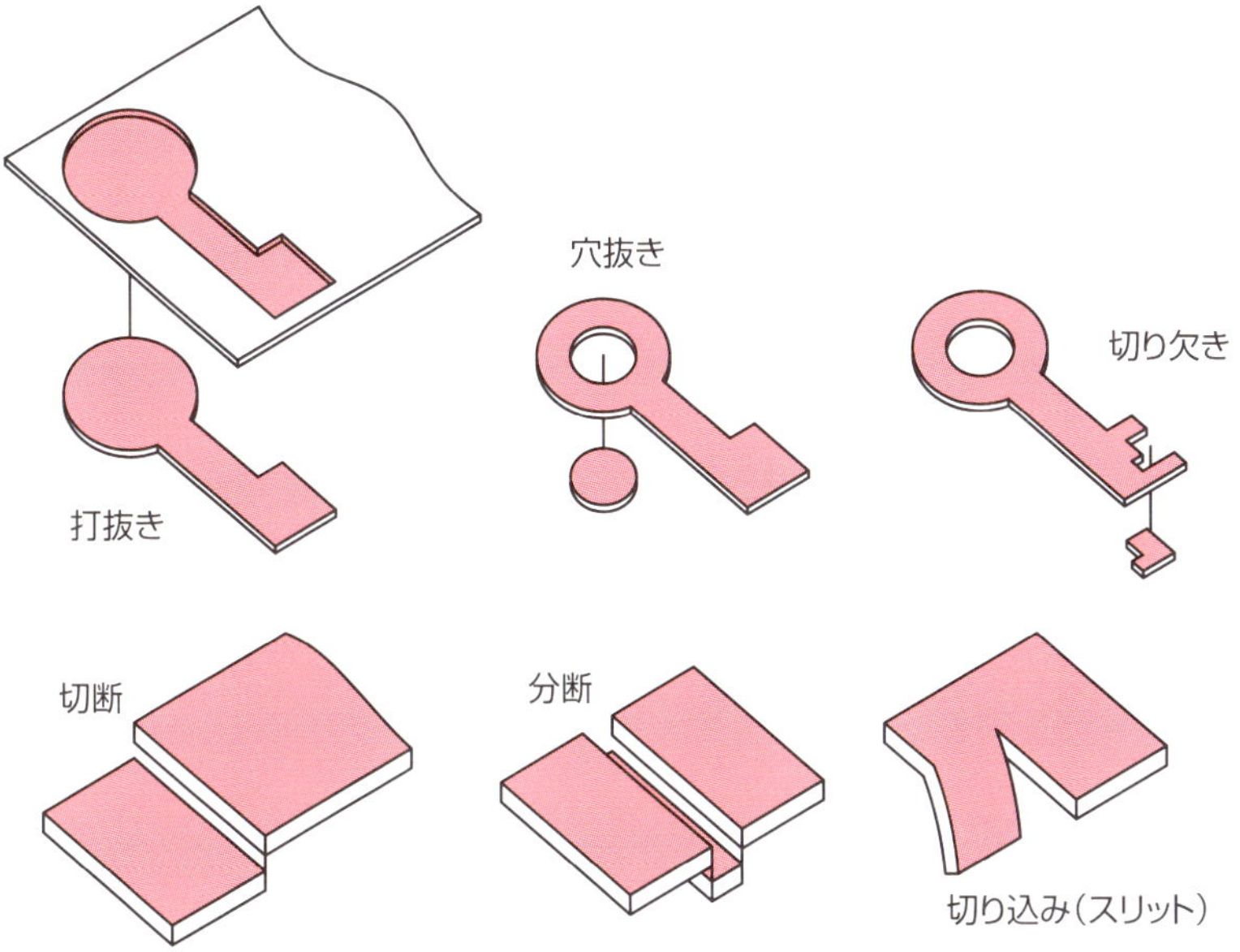

作りたい形状にパンチ、ダイを作り加工する

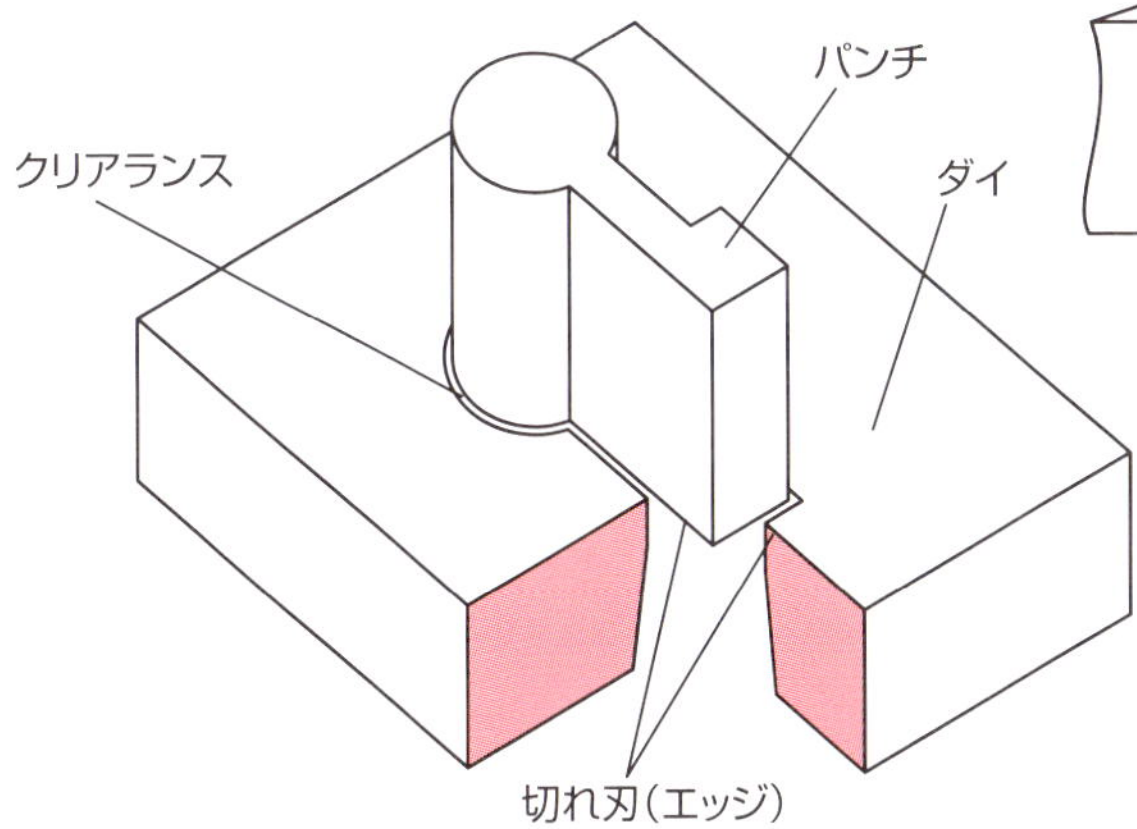

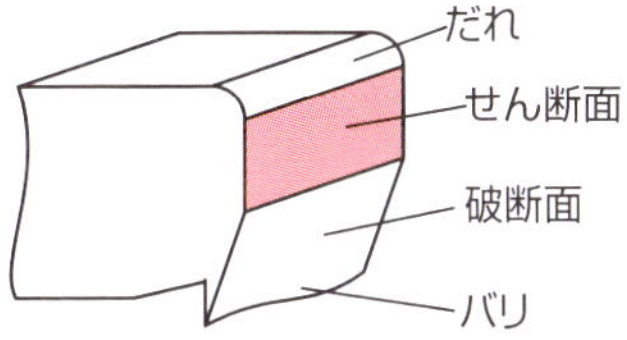

抜き加工の切り口面

15 精密せん断加工

きれいな切り口面を作る加工

プレス加工品(普通せん断品)の切り口面は切削加工や研削加工の面と比べるとだいぶ劣ります。この点を改善しようとするものが精密せん断加工です。精密せん断にはいくつかの方法があります。

代表的な加工法がシェービングです。この方法は普通せん断された切り口面を削り、面を改善する方法です。一回に削り取る量が多いと汚い面となるため、削り取る量に限界があり、厚板では複数回のシェービングが必要なこともあります。

普通せん断では、切る過程で材料内に割れが発生して切り口面を悪くします。この割れの発生を遅らせることできれいな切り口を得ようとするものが、仕上げ抜きやファインブランキングと呼ばれる加工方法です。この方法では、パンチとダイ間のクリアランスをできるだけ小さくし、パンチまたはダイの肩部に小さな丸みをつけること、および材料を強く押さえることで加工部分に圧縮応力が働くようにして材料の割れ発生を遅らせ材料内の滑り変形を増長して切り口面にせん断面を多く生成するようにした加工方法です。単にクリアランスだけを小さくして加工すると、二次せん断と呼ばれる不具合現象が発生してうまくいきません(銅などの軟質材ではよい結果が得られる)。

ファインブランキングは専用のプレス機械を必要とし、金型も高価なものになります。このようなことからいろいろな加工方法の工夫もなされています。たとえば、通常の抜き加工ではダイよりパンチは小さく、ダイの穴の中にパンチは入ります。この形を変え、パンチをダイより大きくすると、パンチはダイの中に入らなくなりますが、材料を加工するときには切り口部分に圧縮力が働くようになり、切り口(押し出された面)はきれいなものとなります。精密せん断では、各企業でいろいろな工夫を凝らしよい結果をノウハウとして保持している企業も多いです。

要点BOX
- ●削ってきれいにするシェービング
- ●拘束をかけて加工するファインブランキング
- ●ファインブランクは専用プレスを必要とする

シェービング加工

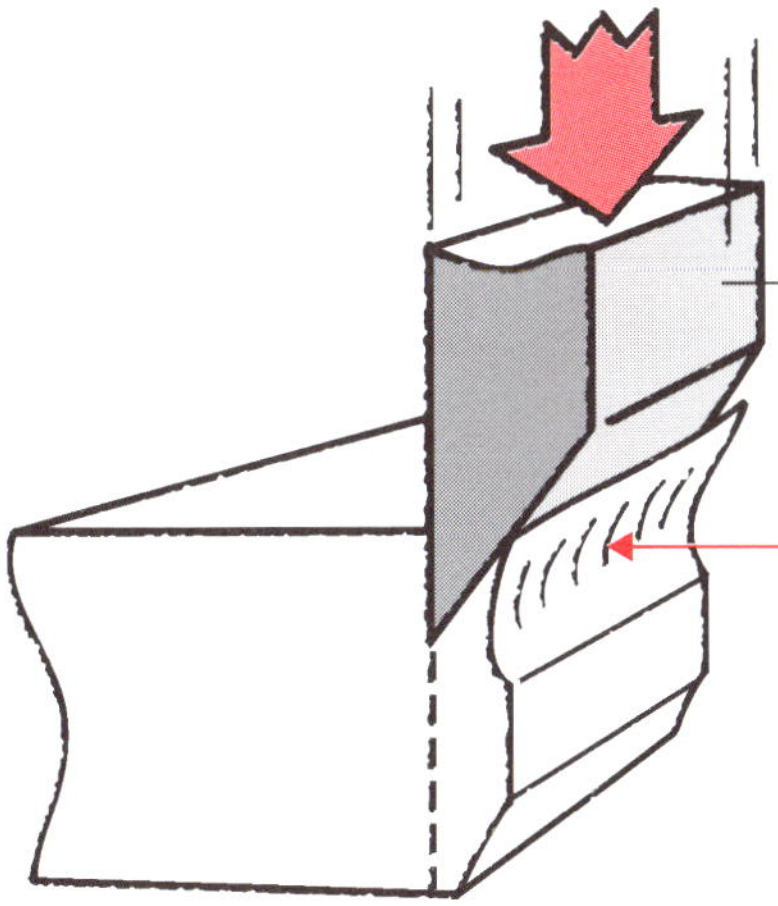

仕上げ抜き

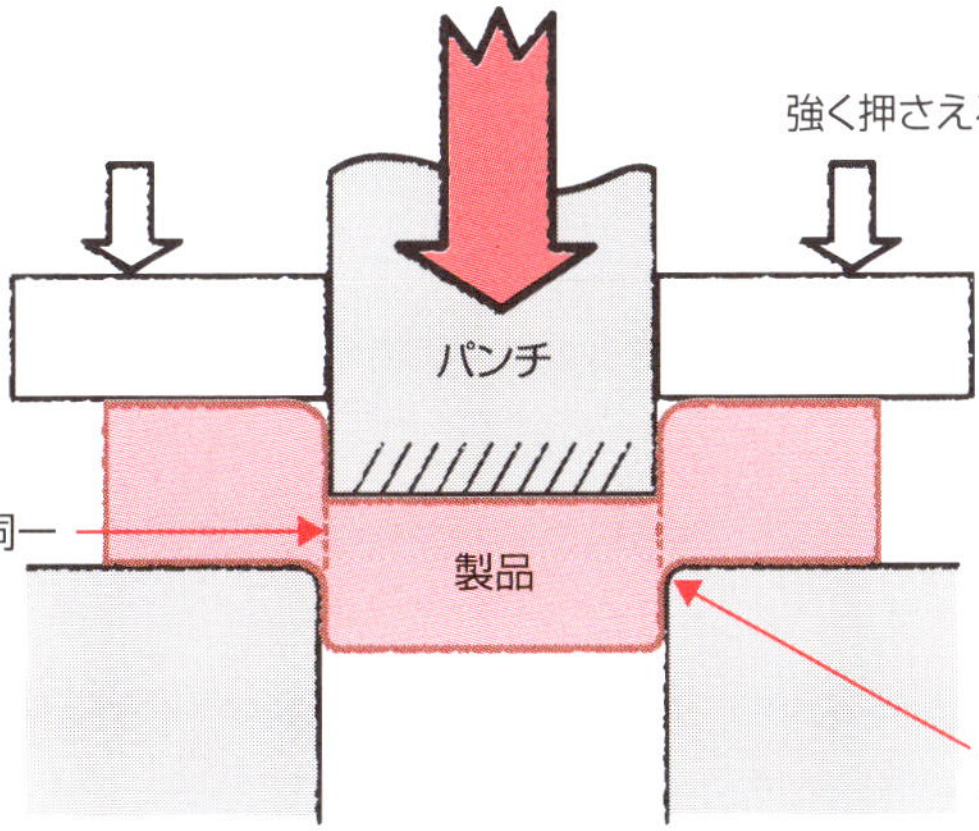

精密せん断加工例

16 曲げ加工

曲げ変形を利用して、立体形状を作る

曲げ加工は、板成形加工の中でもっともシンプルな加工法といえます。特徴は曲げ線が直線であることです。曲げ加工方法の基本的なものはいくつかあります。

突き曲げはV曲げに代表される形です。パンチ、ダイで支点と作用点を作り、曲げます。加工終点でパンチ、ダイで材料を押さえます。この状態まで行うとパンチ、ダイ形状が材料に転写されます。このような加工を突き曲げと呼びます。パンチを途中で止めると、任意の角度を作ることができます。このように突かない形で加工することを自由曲げと呼びます。

押さえ曲げはL曲げに代表される形です。ダイ上に材料を置き、その材料を押さえながらパンチで曲げます。材料はパンチで押され、パンチ肩につけられた肩の丸み（肩半径、パンチR）を滑りながら曲げられていきます。

製品形状によっては上下方向だけの加工では難しい形状もあり、上下以外の方向からの加工を行うことがあります。その代表的な加工方法がカムを使っての横からの加工です。

製品形状から適した加工法を単独または組み合わせて製品形状を作ります。

このようにして加工した形状は金型から離れると少し変化します。この変化をスプリングバックと呼びます。この角度変化を補正して求める角度にすることはスプリングバック対策と呼び、曲げと一体として行います。

曲げると曲げ部の内側では材料は圧縮され、外側では伸ばされます。伸び領域のほうが大きいため、この部分が割れることが曲げの欠点です。これは曲げ内側の丸み（曲げ半径）が影響します。割れが発生しない曲げ半径を最少曲げ半径と呼び、材料ごとに決まります。

要点BOX
- ●加工線が直線な成形加工
- ●上下方向ばかりでなく、横からの加工もある
- ●スプリングバック

曲げ加工

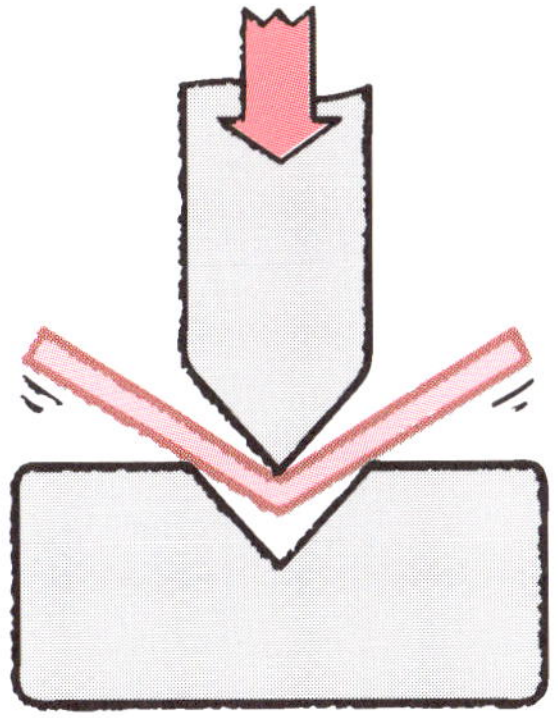

途中で止めると自由曲げとなる

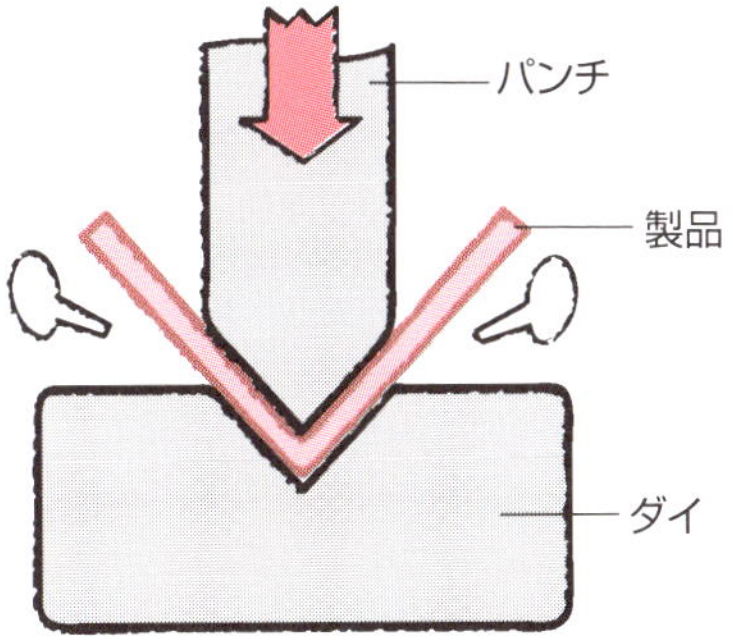

突き曲げ加工

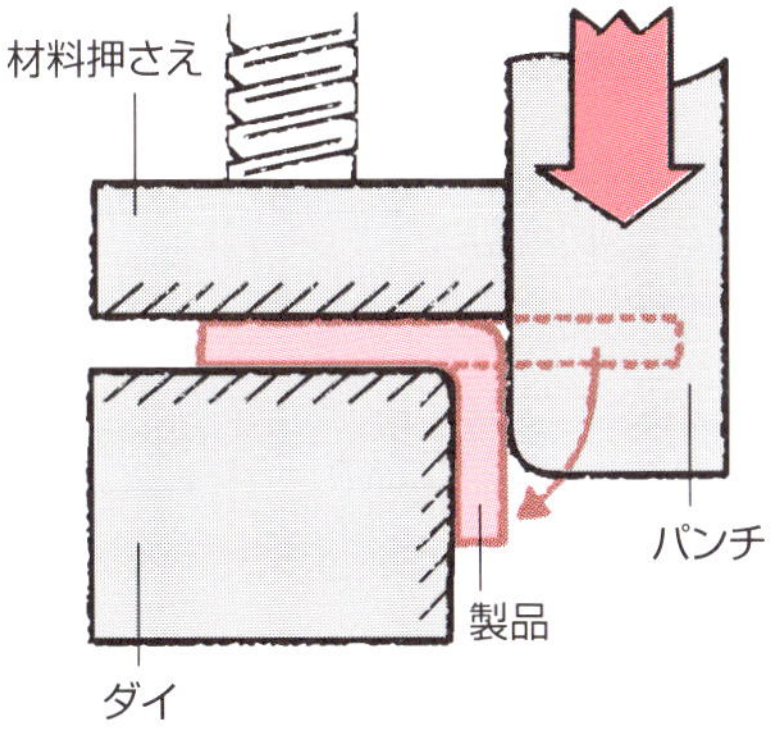

押さえ曲げ加工

曲げ製品

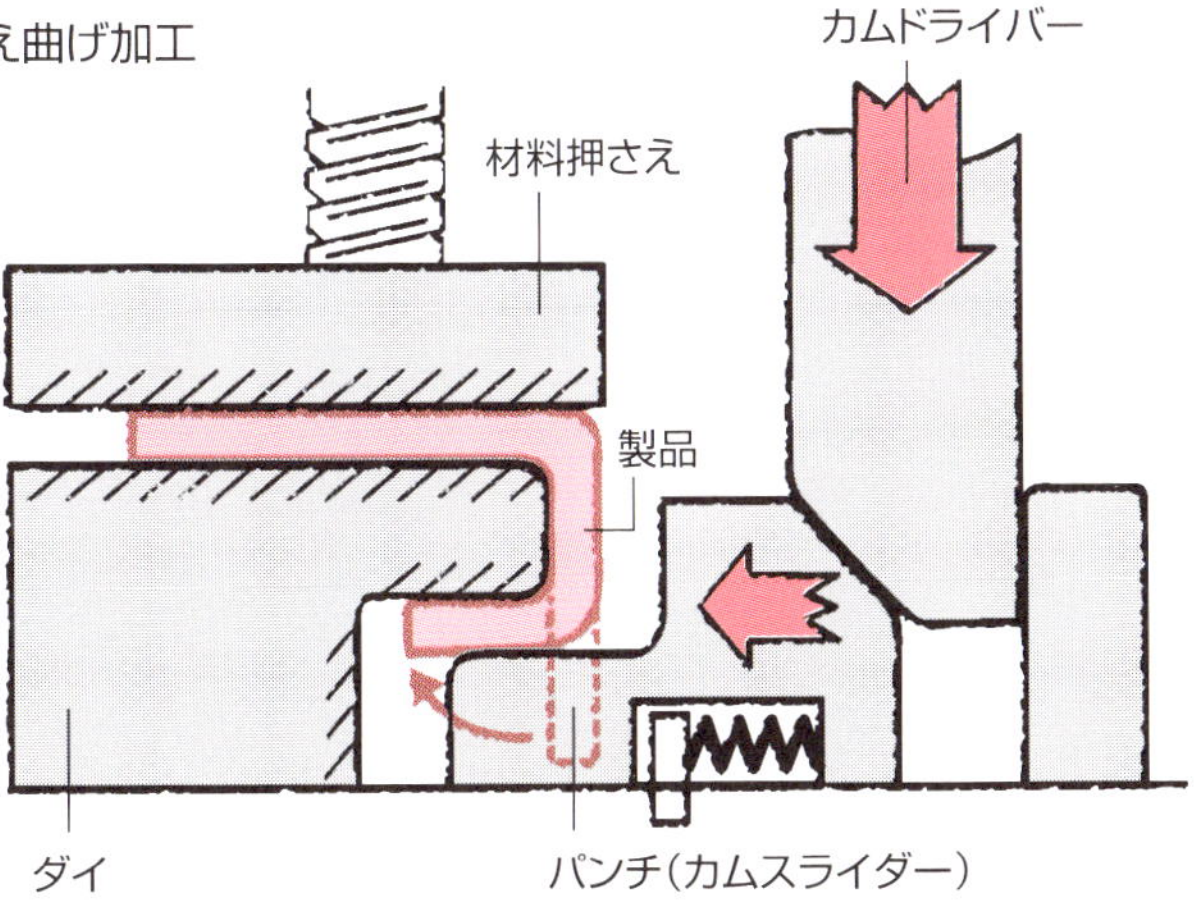

横から曲げることもある

17 円筒絞り加工

板からつなぎ目のない円筒容器を作る

絞り加工は板(ブランク)から外周を縮め容器を作る加工です。円筒絞りは絞り加工の基本となる加工です。外周を中心方向に引き込み形状を作ります。このとき得られる絞り径はブランク直径との関係で限界が決まります。これを限界絞り率または限界絞り比と呼びます。通常の製品径は一回の絞りで得られることは少なく、再絞りを何回か行い目的の径を作ることが多いです。絞られたブランクのふちは変形しています。そのため、ふちを切りなおすトリミング(縁切り)を行い絞り製品は完成することが多いです。

絞りの過程では、ブランクには周方向に圧縮力が働き、放置すると座くつしてしわを作ります。そのため、ブランクから加工するときには、パンチ、ダイのほかにしわの発生を押さえる「しわ押さえ」が一般的には必要となります。

材料をダイに引き込むのはパンチです。主にパンチ肩部(パンチR部)に引き込む力が大きく働きます。そのためこの部分に接する材料には大きな引張力が働き、材料は伸ばされ多少の板厚減少が生じます。これは正常な状態で絞り抵抗が大きいと、この部分が負けて破断します。しわと割れが絞り加工の代表的な不具合現象です。

円筒絞り形状の変化として、段絞り、テーパ絞りおよび半球絞りがあります。形状変化を加工の難易で比較すると、円筒絞りがもっとも容易で、段→テーパ→半球の順に加工の難しさは増します。ブランクから加工するときの円筒絞りは底部、側壁およびフランジが拘束されており、加工は意外と容易なのです。それに対して半球絞りとテーパ絞りは、加工途中では側壁部が拘束されないため、しわや割れが発生しやすいのです。絞りの引き込みはパンチの頭部(製品底形状)で行いますが、テーパ、半球は円筒に比べその部分が小さく、負担がかかり割れやすいです。

要点BOX
- ●絞り製品は絞り、再絞りを繰り返して形を作る
- ●最初の絞りでは、しわ対策が必要
- ●絞りの変化として、段、テーパ、半球絞りがある

円筒絞り加工のようす

絞り加工

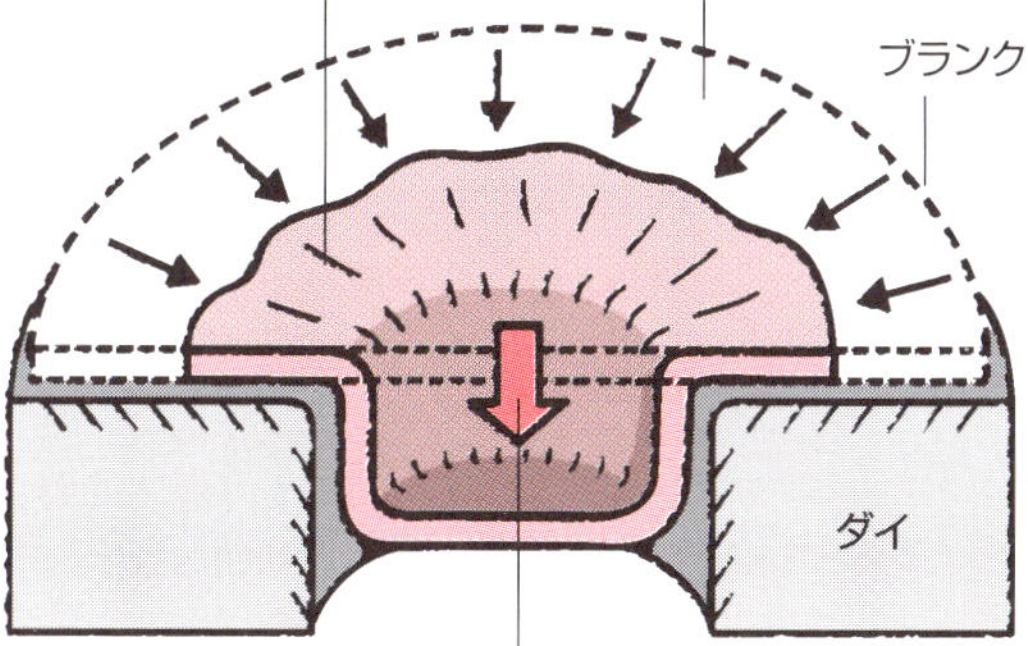

絞り用金型の構成

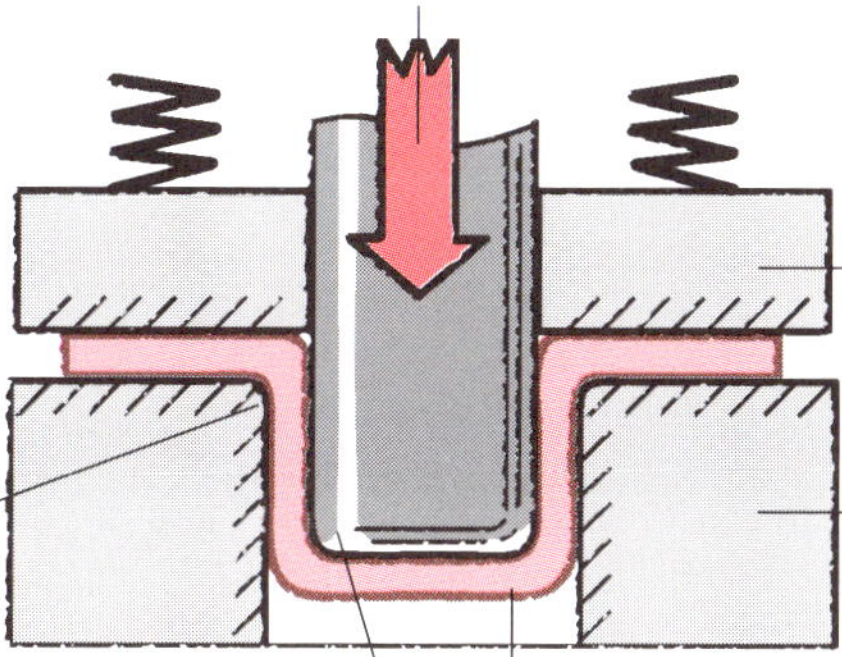

円筒絞りの変化

18 角筒絞り加工

板からつなぎ目のない角筒容器を作る

円筒絞りは側壁が均一の半径で構成されているので、全周が均等に加工変形します。それに対して、角筒絞りは直辺部とコーナー部から構成されています。直辺部は曲げ加工、コーナー部は絞り加工と見立てて加工を考えます。金型の構造は円筒絞りとほぼ同じと考えてよいです。加工過程では直辺部は材料の流れがよいためブランクは大きく引かれます。コーナー部は材料の動きが悪く、45度位置ではほとんど材料の動きがないこともあります。直辺側壁では材料の流れ込みがよいことから材料余りが生じて、たるみやペコつきと呼ぶ不具合が発生しやすく、コーナー部では割れが発生しやすくなります。

角筒絞りは正方形の絞りが基本となり、長方形に変化します。加工の難易は、正方形が容易で短辺と長辺の比が大きくなるほど加工は難しくなります。もうひとつの見方として、コーナーの丸み(コーナーR)の大きさがあります。この部分の丸みが大きいほうが加工は楽になります。目安として絞り高さがコーナーRの5倍以下であれば一回の絞りで加工できるとされています。

円筒絞りと一回で絞れる正方形絞りの絞り高さを比較すると正方形絞りのほうが高く絞ることができます。このことは角筒絞りのほうが絞り条件がよいことを意味しています。直辺部からの材料の流れ込みの影響と考えられます。角筒絞り(高さは短辺とほぼ同じとして、長方形絞りも同じ)のブランクは正方形では円形ブランクとなり、短辺と長辺の比が2程度の長方形ではブランクは小判形となります。携帯電話などに使われているバッテリー用のケースのように長短の比が大きく、高さも高くなるとブランクは楕円形から円形になっていきます。このように角筒絞りは形状の変化によって条件が変化し、プレス加工が難しくなります。

要点BOX

- ●角筒絞りの基本は正方形
- ●コーナー部と直辺部では材料の動きが違う
- ●コーナーの丸みが大きいほど加工が楽になる

角筒絞りの変化

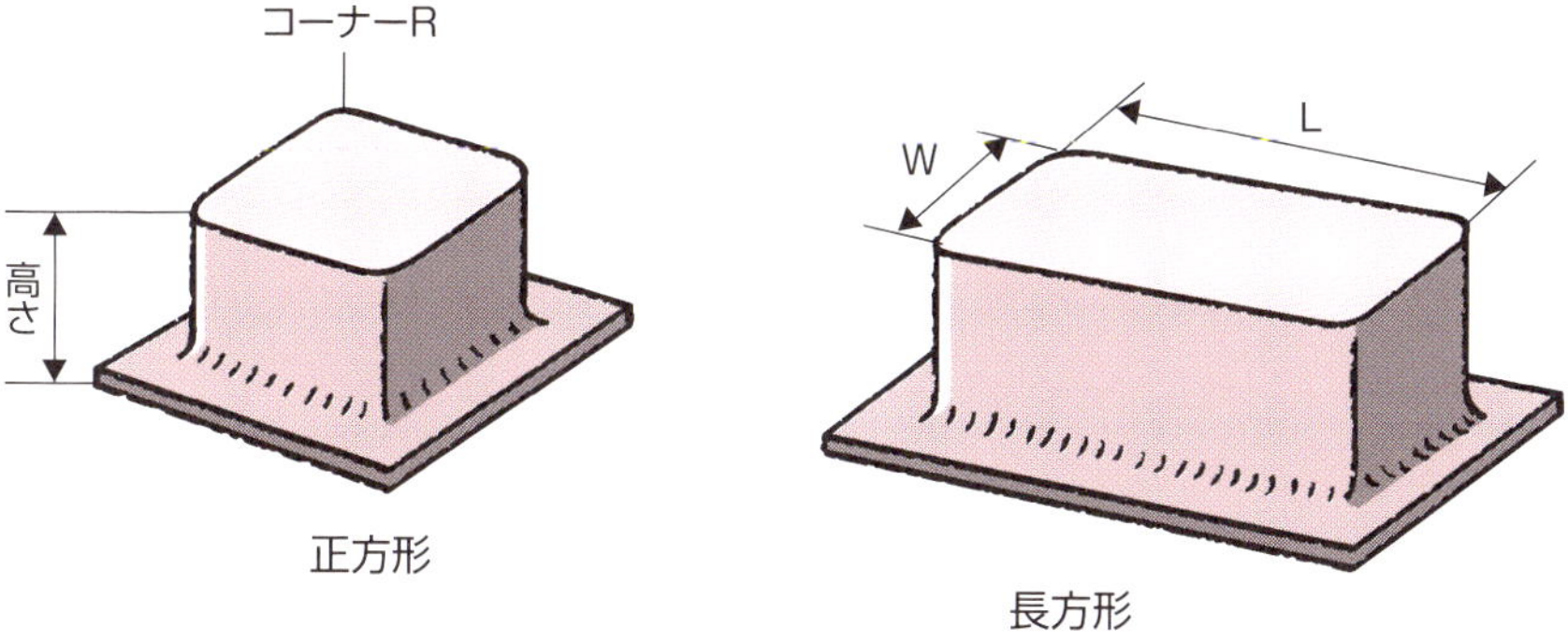

$\frac{L}{W}$ の値が大きくなるほど加工が難しくなる

角筒絞り製品

19 張り出し加工

材料を伸ばして形状を作る

絞り加工は周囲の材料を寄せ集めてつなぎ目のない立体形状を作る方法です。絞り加工はそのためブランク外周は大きく変化します。張り出し加工は外周を動かさずに材料を伸ばし（張り出し）、伸びたことによって広がった面積を利用してつなぎ目のない立体形状を作る加工方法です。

各材料には伸び限界がありますから、一回で成形できる高さは限られています。浅い凸形状で模様を作る（エンボス）とか細い紐状の形状（ビード）を作り面強度を高める目的で使用されたりします。

部品の軽量化で材料板厚を薄くすると強度不足となることがあります。その補いとしてエンボスやビードなどを使い補強することなどに利用されたりします。その際に、形状に必要な部分のみを張り出して形状が作ればよいのですが、実際には周囲の弱い部分から材料を引き込んでしまうことがあります。このようになると面にひずみができて平坦度を悪くしたりします。面の形状と張り出し形状との関係に注意する必要があります。

エンボスは装飾用の模様づくりに利用されたりすることもあります。広い面積の板の中央付近に細く長い絞り形状を作るときには、絞り加工では大変な工程数を必要とするので、張り出しで必要なボリュームを作り、そのボリュームを中央にまとめて形状を作ることに利用することもあります。

張り出し加工は、ある面積の板厚を薄くして表面積を広げて立体形状を作る考え方ですが、実際には周囲からの引き込みができてしまい面精度を悪くしてしまうことがあります。このことが張り出し加工の欠点で、成形時に周囲からの引き込みのバランスを取ることが加工のポイントとなります。このバランスを取るためにブランクの一部を広げて押さえ面積を大きくするなどの対策を取ります。

要点BOX
- ●外周を動かさずに材料を伸ばして形状を作る
- ●エンボス、ビードなどが張り出し加工の仲間
- ●実際には外部からの流れがあり、面精度に影響

張り出し加工の原理

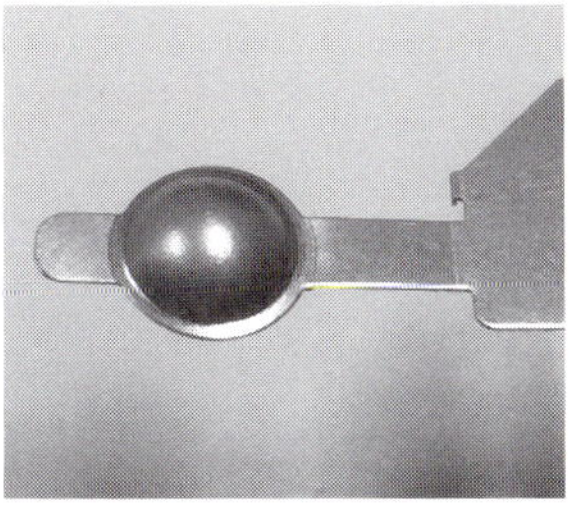

張り出し加工

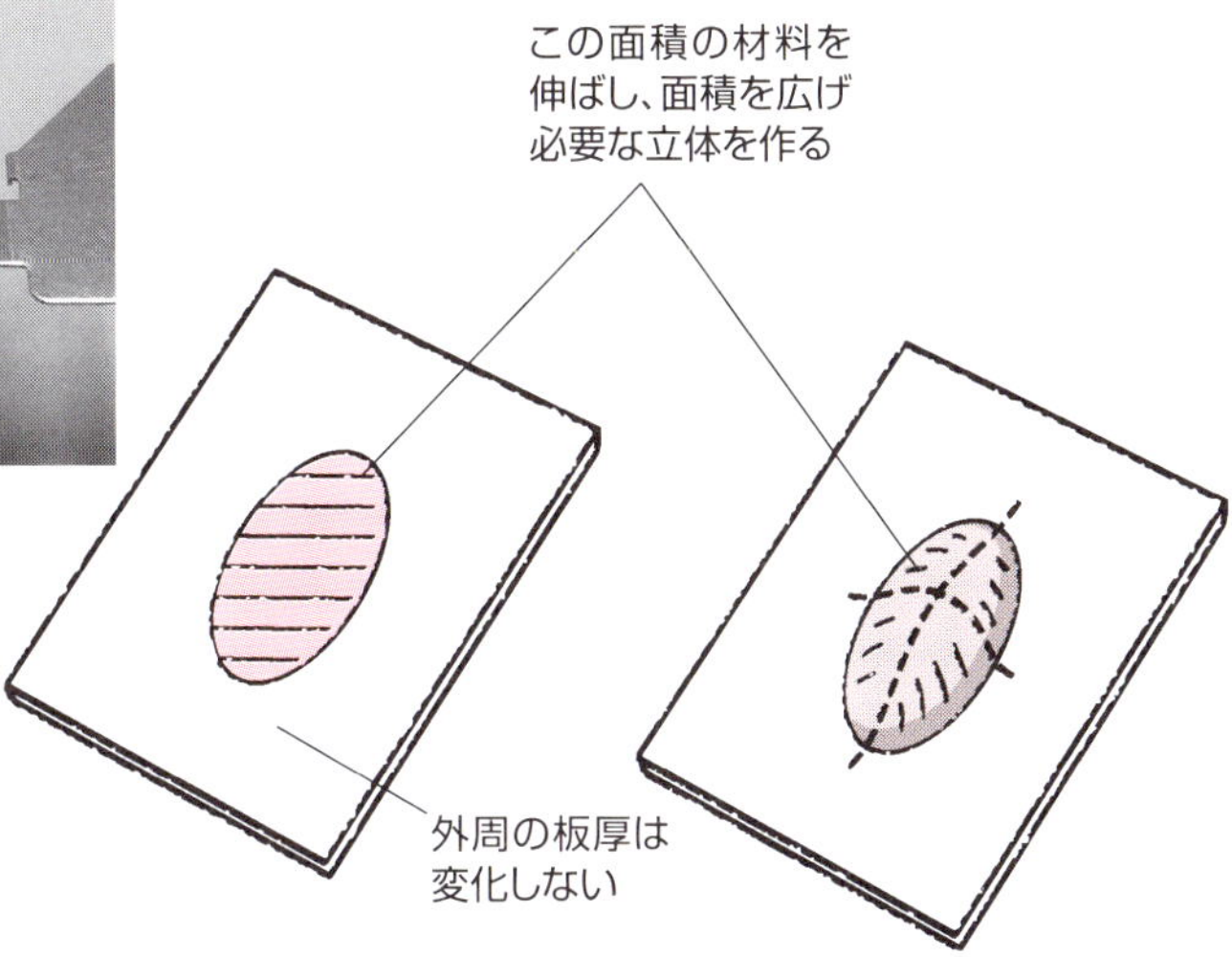
この面積の材料を
伸ばし、面積を広げ
必要な立体を作る
外周の板厚は
変化しない

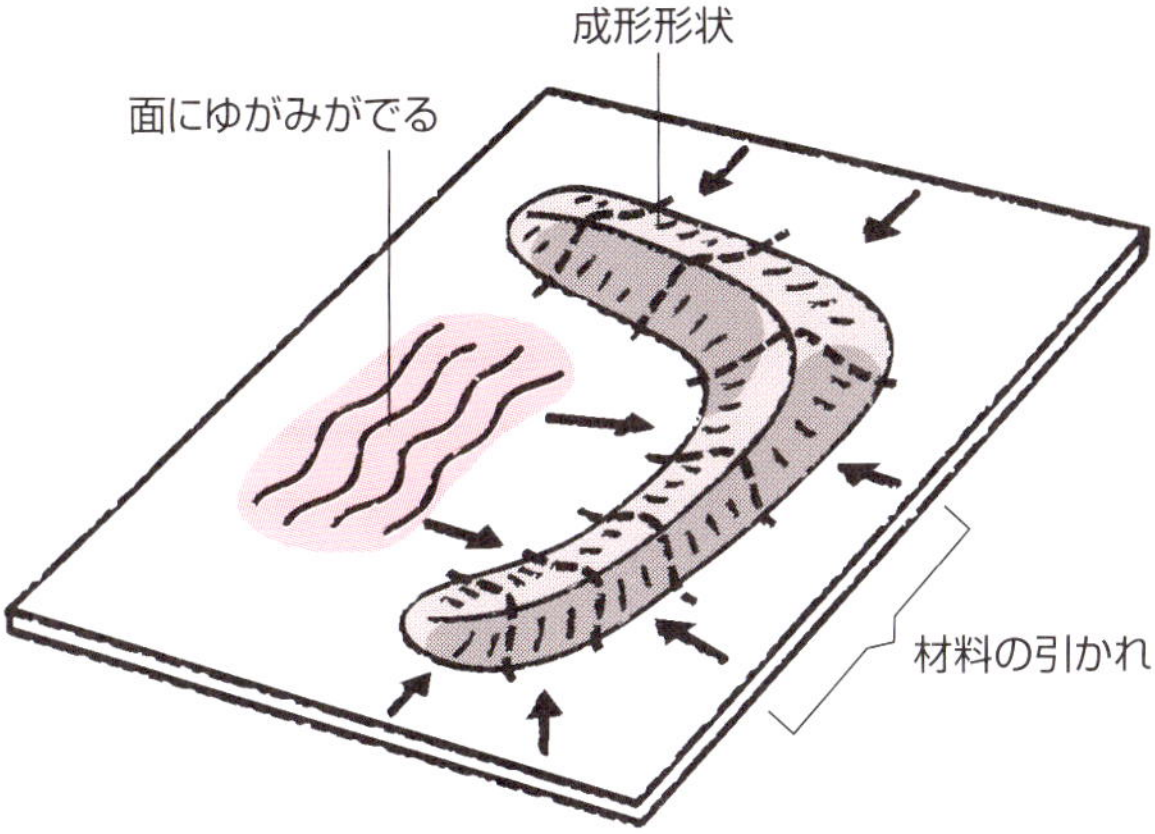
成形形状
面にゆがみがでる
材料の引かれ

成形時の材料の引かれバランスで面がゆがむ

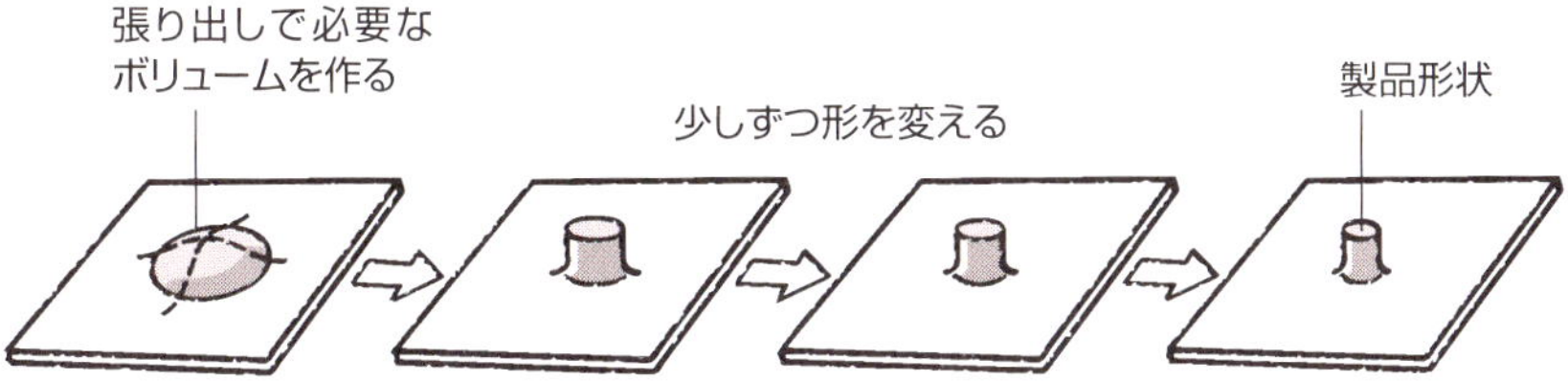
張り出しで必要な
ボリュームを作る
少しずつ形を変える
製品形状

大きな面の中に小さな形を作る方法

20 フランジ加工

板の縁を折り、板を強化する

板の状態では強度が不足するときに板の縁を折り曲げ強化する目的や他部品を取りつけるための面として利用する目的などのときに使われることが多い加工法です。

曲げフランジ、縮みフランジ、伸びフランジ、および複合フランジがあります。

曲げフランジは加工線が直線です。曲げ加工そのものです。曲げフランジはフランジ部に応力が働かないことが特徴です。そのためフランジ部の板厚は素材の板厚のままです。

圧縮フランジは加工線が凸形状をしているものです。圧縮フランジではフランジ部に圧縮応力が働きます。そのためしわやたるみが発生することがあります。圧縮応力の働きによって寄せられた材料はフランジ部の板厚増加に変化するものと伸びてフランジ部を高くする動きをします。

伸びフランジは加工線が凹形状をしているものです。伸びフランジではフランジ部に引張応力が働きます。そのためフランジ部は伸ばされ板厚減少とフランジ高さを低くする動きをします。ときには割れることもあります。

以上の3タイプがフランジ加工の基本形状です。

複合フランジは、この3タイプをすべてか、複数を組み合わせた形状をいいます。3タイプそれぞれの変化が同時に現れます。そして形状によっては相互干渉し、フランジの横方向への変化もします。それだけ成形加工が難しいものとなります。複合フランジでフランジ高さを一定にすることは、圧縮、伸び、曲げフランジ加工の変化で難しいものがあります。できれば曲げフランジ部を基準として圧縮、伸びフランジ部分の高さが低くなるようにすると比較的加工が容易で見た目もよい製品となります。すべての部分について同じ高さを求めると、プレス加工は苦労することが多くなります。

要点BOX

- 曲げフランジ、縮みフランジ、伸びフランジが基本
- 縮み、伸びフランジはしわと割れに注意
- 複合フランジは基本形が全部入り加工が難しい

フランジ加工

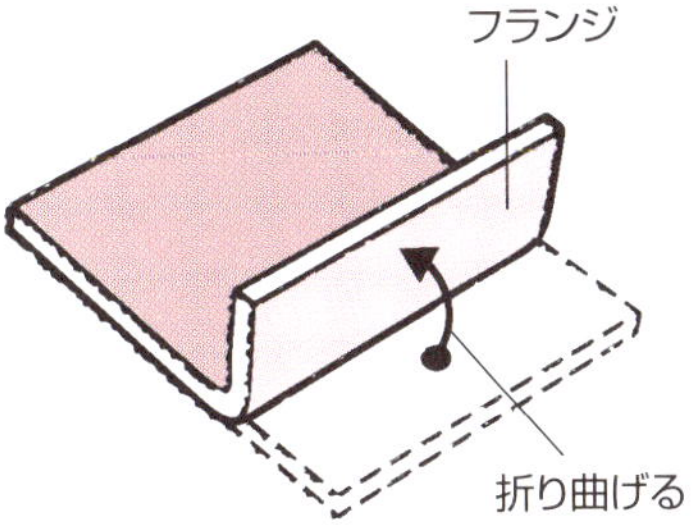

フランジ成形

フランジ成形の基本形

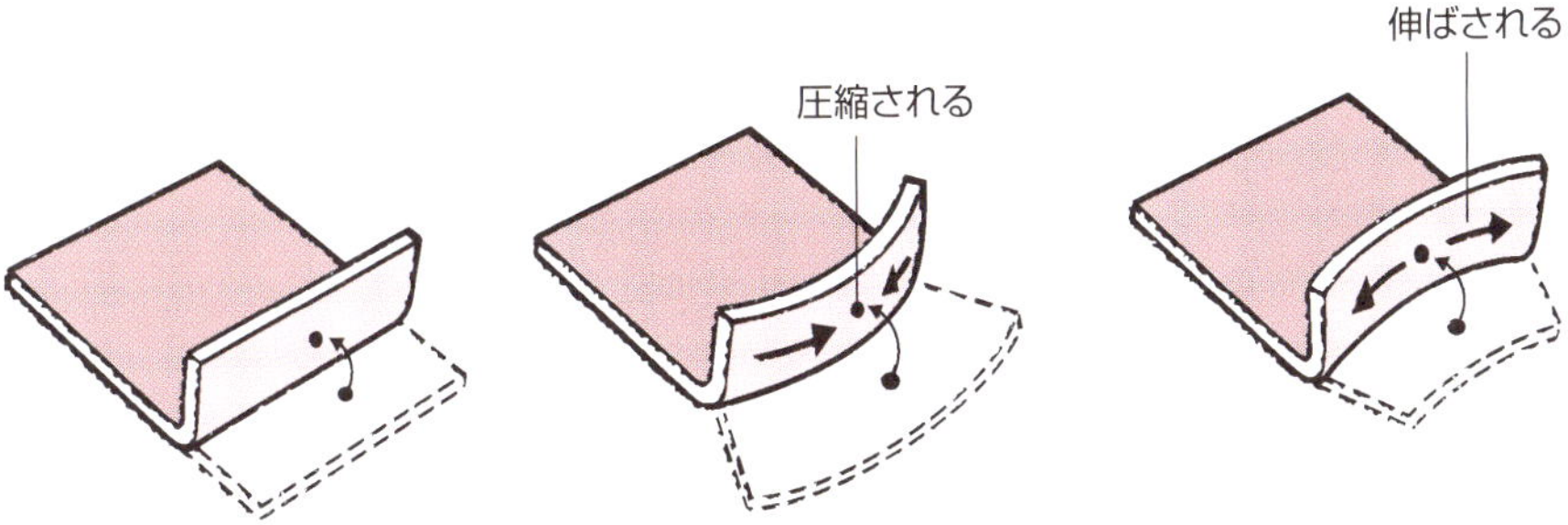

曲げフランジ成形　圧縮フランジ成形　伸びフランジ成形

複合フランジ成形

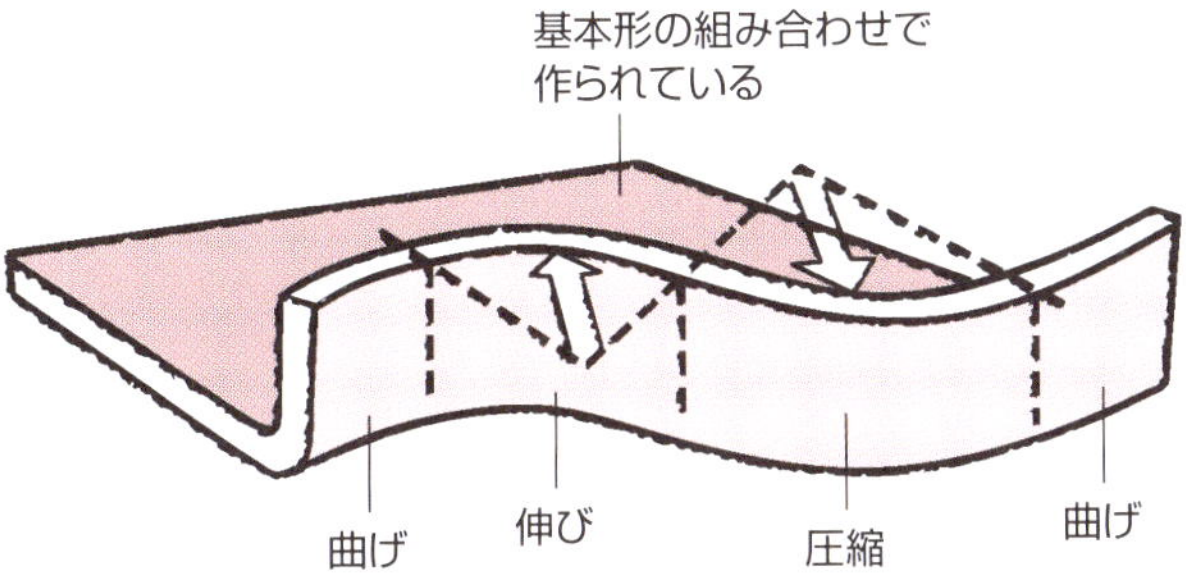

21 バーリング

穴の縁を立てる加工

バーリングは穴の縁にフランジ(つば)を作る加工です。そのため穴フランジとも呼ばれます。

バーリングは薄い板にねじ止めしたいとき、板のままでは所定のねじ山(普通3山以上)が加工できないときに利用されることが最も多く、その他では面の強化や軸の入る穴などに利用されます。

バーリング形状の基本は円形です。円弧と直線を組み合わせた形状も存在します。加工形状が円または円弧では伸び応力が働き、フランジ先端は板厚が減少します。ときには割れが発生します。直線部分は曲げとなるため板厚変化はありません。

通常のバーリングは穴(下穴)をあけ、その穴に工具を通してフランジを立てます。この場合のフランジはほぼ均一な高さとなります。

このときにパンチとダイ間のクリアランスを材料板厚分に取ると、バーリングの根元は元の板厚でバーリング先端は板厚が減少します。このような条件で加工する方法を普通バーリングと呼びます。

クリアランスを材料板厚の70%程度に小さくするとバーリングの根元から先端までの板厚を均一にすることができ、バーリング高さも高くすることができます。このような方法をしごきバーリングと呼びます。

下穴をあけないで尖った工具で板を裂きバーリングする突っ切りバーリングと呼ばれる方法もあります。この方法では、バーリングの縁はいくつかの尖った山ができます。

ねじを加工しながら締めつけるタッピンねじというものがあります。この突っ切りバーリングはタッピンねじの受側の穴部分の用途に使われることが多いものです。尖っているので、一度組み立てたら外すことがない、人が触れることもないような部分に使われることが多いです。

要点BOX
- ●穴フランジとも呼ばれる
- ●ねじ止め用にバーリングの活用は多い
- ●下穴を加工しない突っ切りバーリングもある

バーリングの利用法

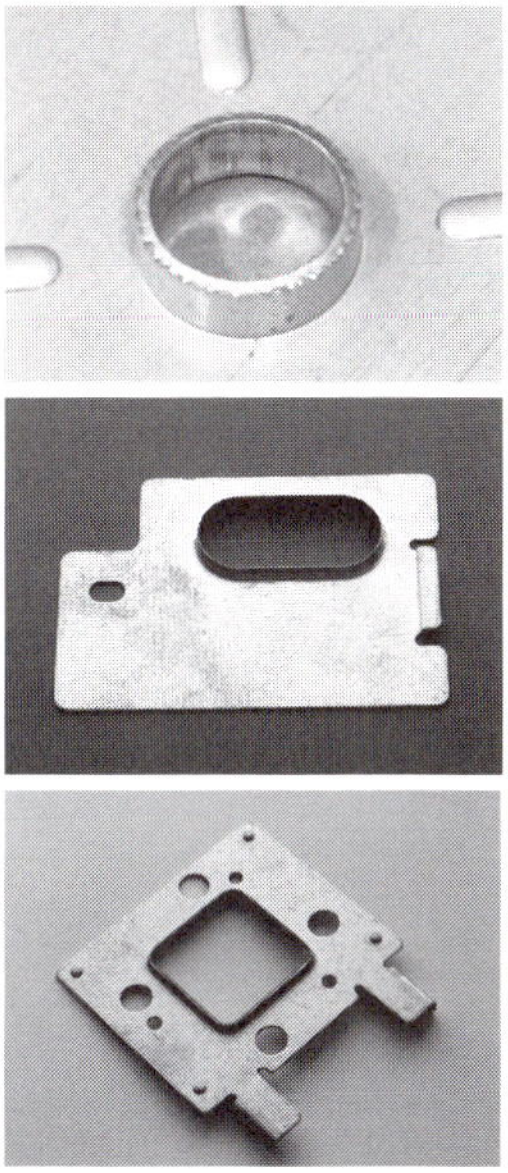

いろいろなバーリング

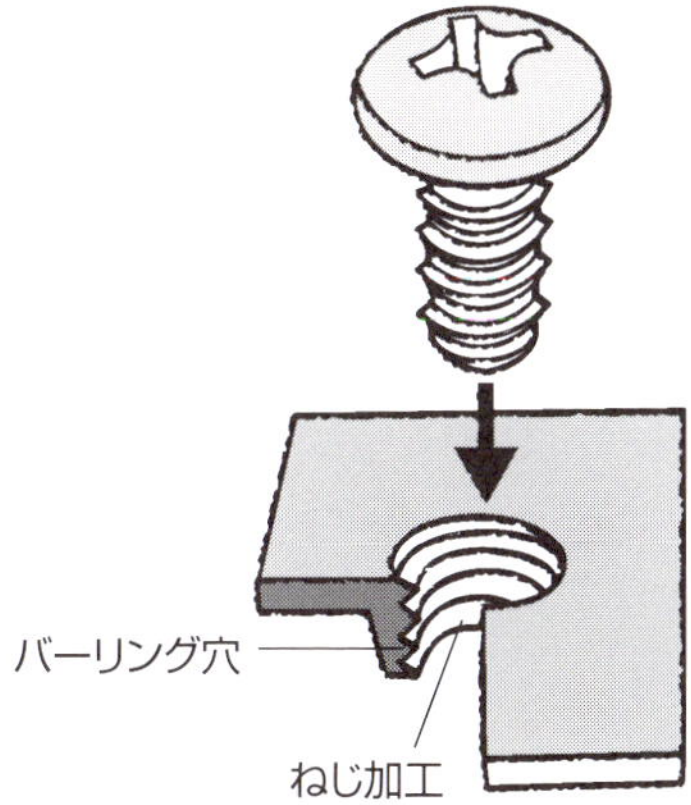

バーリングの作り方

突っ切りバーリング

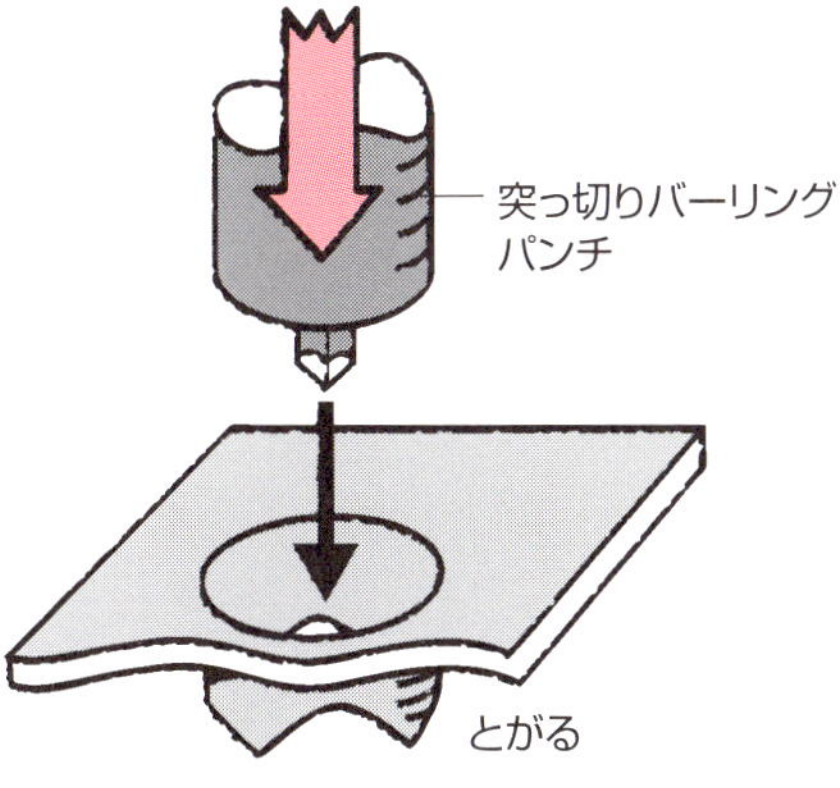

22 カーリング

縁を丸めて、丈夫にする

材料の縁をカールすることをいいます。カールする目的はいくつかあります。ひとつは強度アップです。外観をきれいにしながら縁の強度を高めます。もうひとつは安全です。材料の縁で擦り傷などの怪我をしないように丸めるものです。ドアなどを開閉する部分に使われている蝶番（ヒンジ）の接合部分はカーリングで作られています。このような使い方もあります。

カーリングの形は三つあります。

直線部分にカールを作るもの。これは曲げ加工を利用して作るカールです。蝶番はこの形で作られています。直線ですから幅方向に働く力はありません。

円筒に絞った縁にカールすることを考えたとき、外巻きカールと内巻きカールが考えられます。直線カールにこの二つを加えて三つのタイプとなります。外巻きカールはカーリング過程で材料縁に伸び応力が働きます。この影響で割れることがあります。

内巻きカールはカーリング過程で縁に圧縮応力が働き、しわができることがあります。

カーリングで作るカールは小さいため、カール内側に工具を入れることができません。そのため、外側から圧縮する力を加えて材料に座屈を起こさせて形状を作る特殊な加工を行います。真っ直ぐな板をカール工具で圧縮すると、縁から素直に丸まってくれません。縁から少し直線距離を置いた部分で折れ曲がり、その先より材料は丸まっていきます。そのため、縁に直線部分が残りカール外観を悪くします。きれいなカールを作るためには、まず先端部分にカール半径の丸みを先行して作ります。その後、カーリングすると直線部の残らないきれいなカールを作ることができます。

プレス加工では、このような細かな何気ない形状であっても細かな部分にも注意を払い、少しでもきれいな形状を作ることに関心を払っています。

要点BOX
- ●縁の強度アップと外観をよくする
- ●カーリングは3タイプある
- ●予備曲げをするときれいなカールができる

カール加工の種類

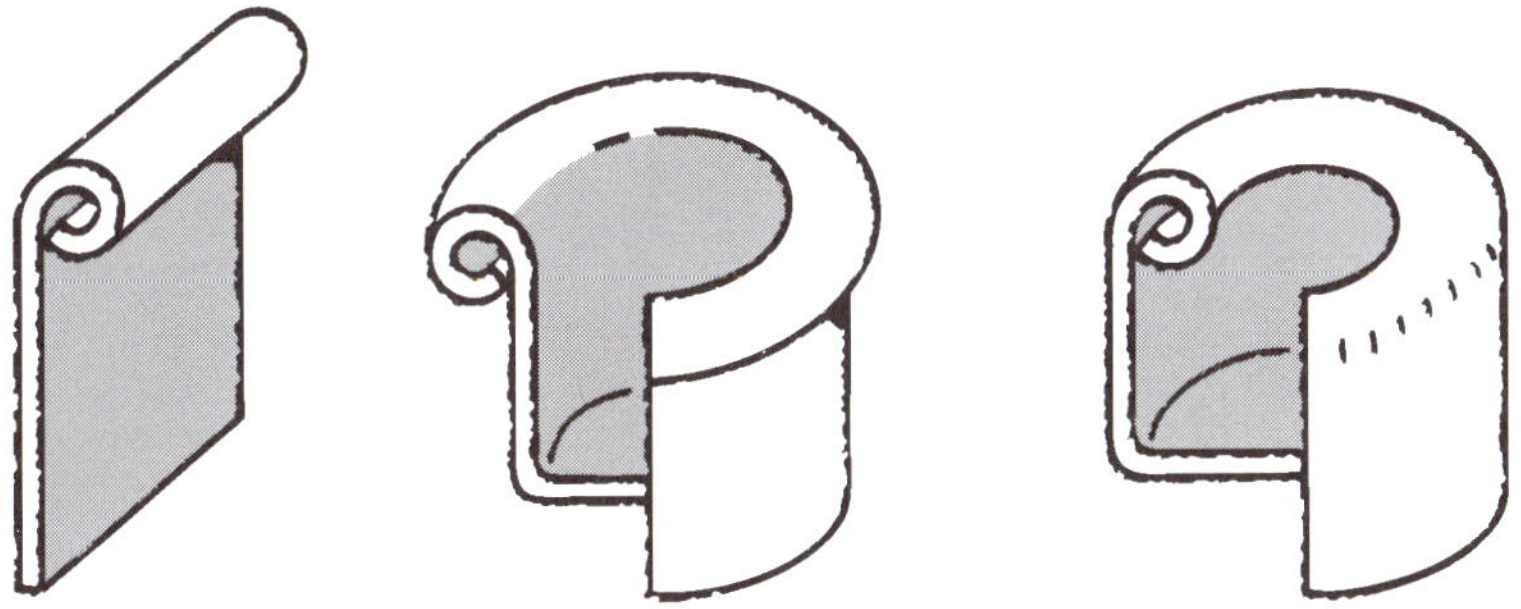

カール曲げ　外巻きカール　内巻きカール

カール形状をきれいに仕上げるコツ

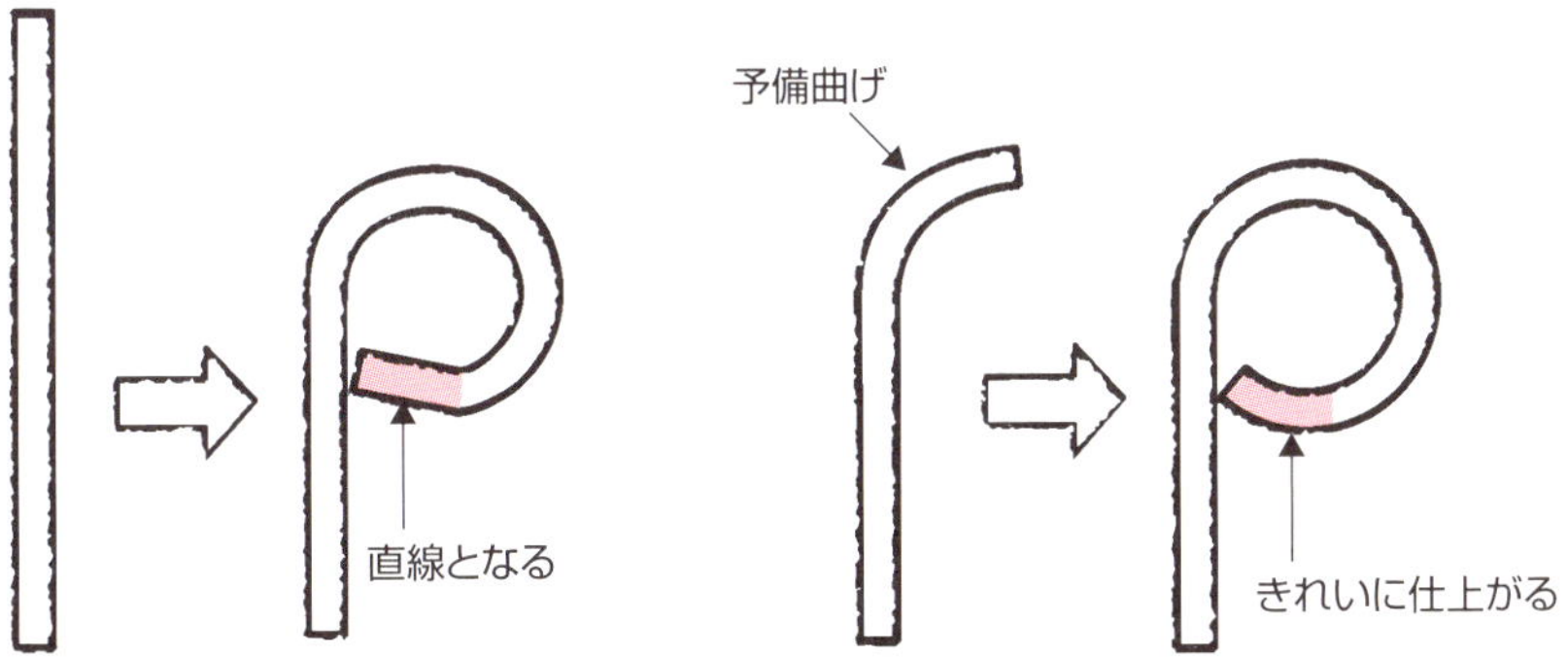

カーリング

23 板鍛造

板を潰して凹凸形状を作る加工

板鍛造は潰して形状を作る加工です。プレス加工で作られる製品の多くは板厚をあまり大きく変化させないで形状を作ります。しかし、それだけでは満足できない製品があります。たとえば、皿ねじで固定したい部品です。皿ねじの坐面は潰して作るのがきれいです。家庭で使われている電気のプラグ。このプラグの先端はコンセントに差し込みやすいように潰してあります。このようにプレス加工の中に潰し加工を入れることでより機能の高い製品が得られます。

プレス加工の中で使われている板鍛造の種類としては、上から潰して横に材料を動かし形状を作る据え込み加工があります。先に述べた、皿ねじの座面加工と電気プラグの先端潰し加工はこの据え込み加工です。プレス加工の中では据え込み加工が最も多く使われている板鍛造です。

工具（パンチ）で材料を押して、前方に押し出す加工を押し出し加工といいます。プレス加工の中では突き出し加工などと呼ばれる加工です。

材料表面に窪みを作る加工を押し込み加工またはディンキングと呼びます。表面は窪みますが裏面は平らです。似た加工に刻印（マーキング）があります。この加工は文字や図柄を刻線で作るものです。

平面のゆがみを直す加工をフラットニングとか矯正と呼びます。

材料表面をこすりあげて（しごいて）表面状態を改善する加工方法があります。この加工方法をしごき加工（アイヨニング）と呼びます。絞り加工と併用されることの多い加工方法です。

板鍛造は、ほかのプレス加工に比べ大きな加工力を必要とします。細かな形状を加工すると、パンチやダイに負担がかかり破損しやすくなります。押し込み加工では細かく深い形状には注意が必要です。また、据え込み加工では、薄い板を潰すほうが厚い板を加工するより大きな加工力を必要とします。

要点BOX
- ●プレス加工での板鍛造は据え込み加工が多い
- ●押し出し加工
- ●ゆがみを取る加工も板鍛造の仲間

板鍛造の種類

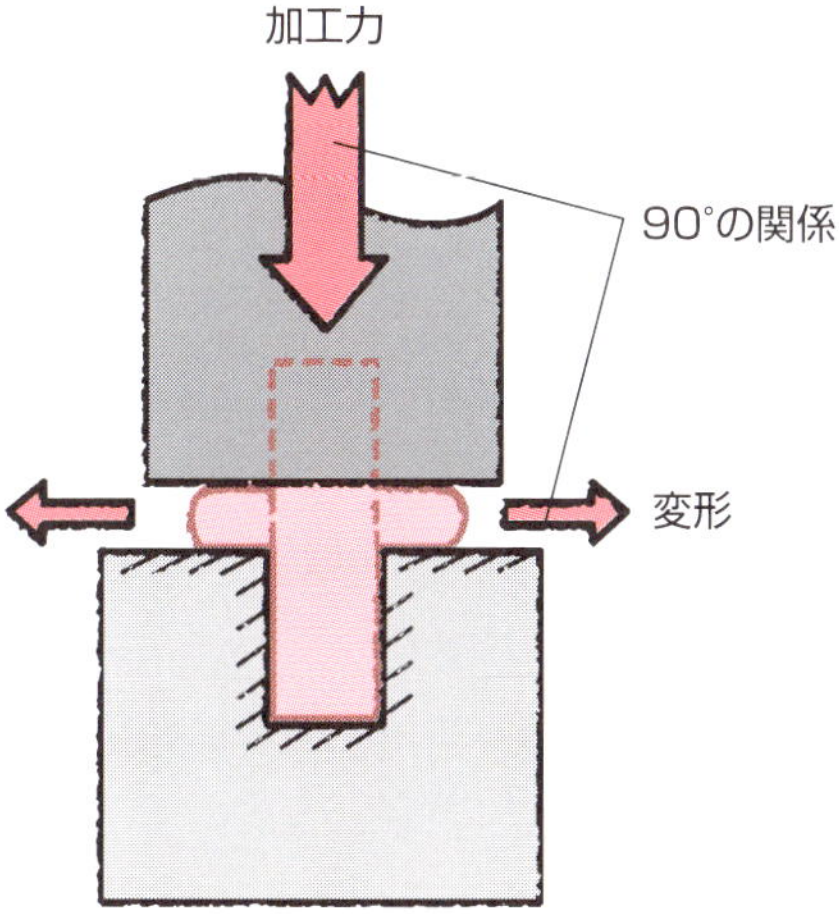

据え込み加工

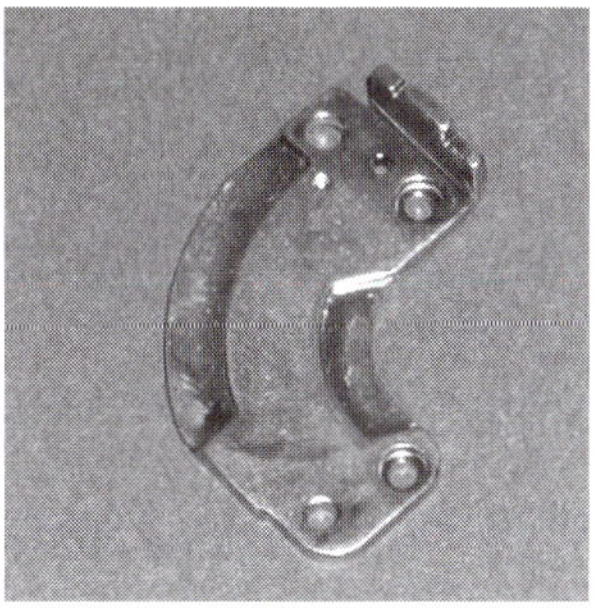
板鍛造

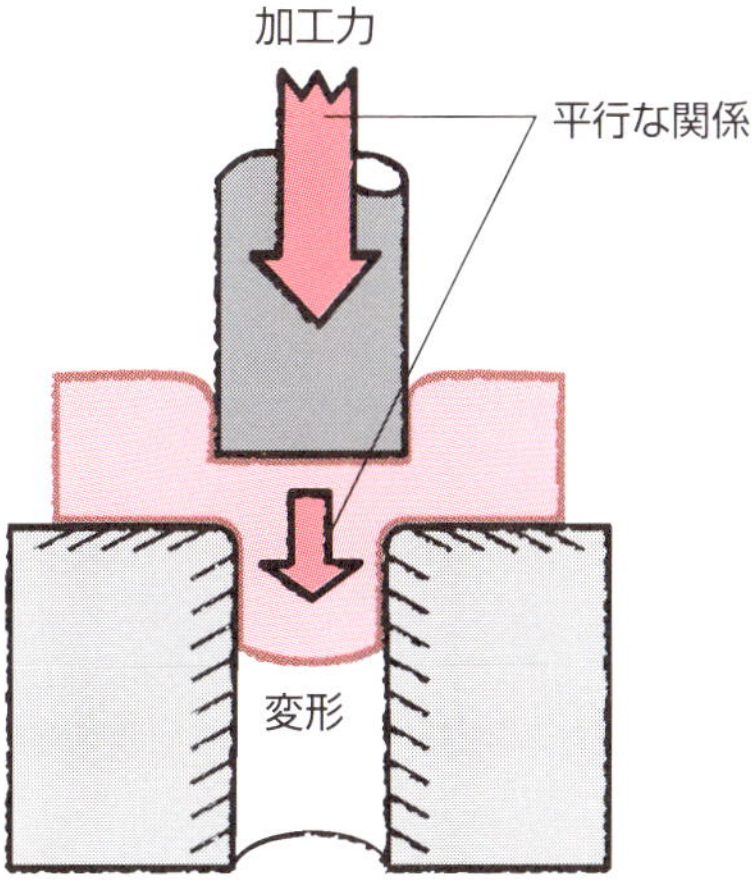

押し出し加工

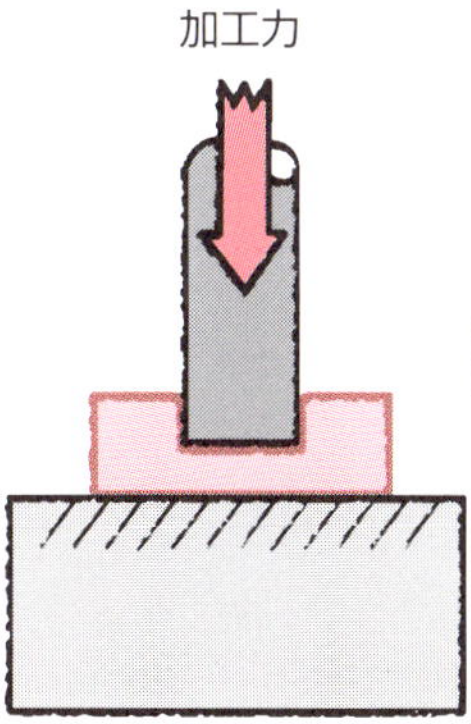

押し込み加工

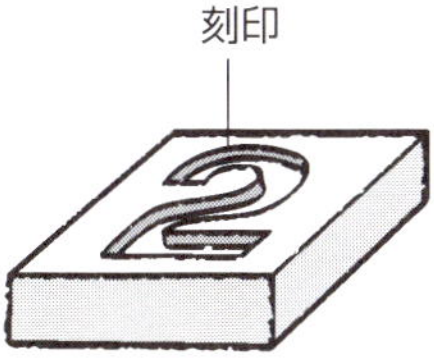

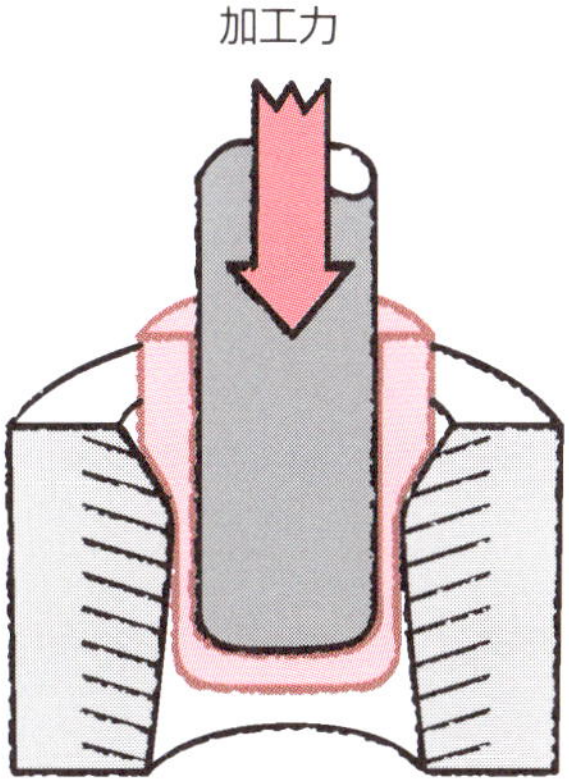

しごき加工

24 接合加工

プレス加工を利用した組立

接合加工はプレス加工を利用して組立を行うものです。板の両端を折り曲げて、その部分をつなげて円筒形状を作ったり、同じ方法で板と板をつないだりするはぜ折（シーミング）と呼ばれる接合があります。

抜いた板を穴と突起を利用して重ね合わせる積層。この方法はモーター部品の加工に多く利用されています。形状抜きを行いながら金型内で積層組立まで行う効率のよい手段です。さらに、同じ状態で積層すると、材料板厚のわずかな誤差で抜き形状の部分で厚みの違いが出て累積されて積層厚さに違いが出て傾いてしまうことがあります。そのため抜いた材料を一定角度回転させながら積層して平らを確保する工夫も取り入れた高度な積層加工も行われています。

飲料缶のふたの部分とリップルとの組立も、この接合加工です。缶の中の液が漏れては困りますから、蓋の板に穴があかないように凸形状を成形します。その凸形状にリップルの穴を合わせてから、凸形状を潰して一体化して接合します。材料から蓋形状の加工を行い、クロスする形でリップルのプレス加工を行い両者の交点で接合するわけです。そのうえ飲料缶の毎日の使用量は多いですから加工スピードもかなり速くしなければなりません。大変難しい加工となっています。

このような加工は飲料缶以外にも多く採用されています。プレス部品が小さくなると個別に作って組み立てることが大変に困難になります。そのため、プレス加工しながら組み立ててしまおうとの考えからです。

そのほかにプレス加工した部品に切削部品のピンを圧入するような加工もあります。プレス加工しながら、ピンを型内に送り込み加工する方法もあります。

接合加工は単工程加工で行うときには、人が作業することが多く、効率の悪い作業となることが多いですが、順送り加工と組み合わせると、プレス部品加工と組み立ての自動化となり、効率のよい作業に変身します。

要点BOX

- ●プレス加工で部品を作りながら組み立てる
- ●モーター部品の積層もこの仲間
- ●飲料缶の蓋もこの手法で作られている

積層加工の方法

接合加工

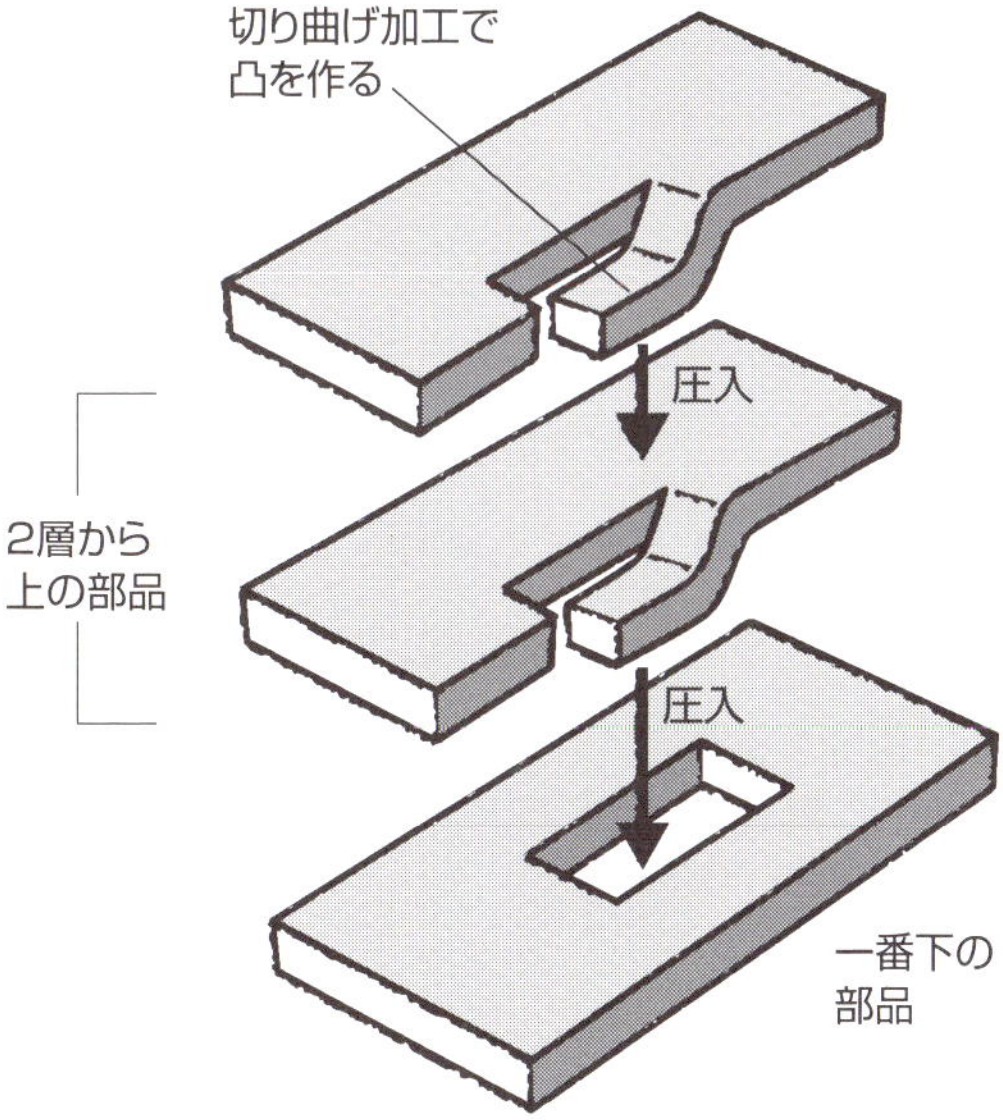

シーミング

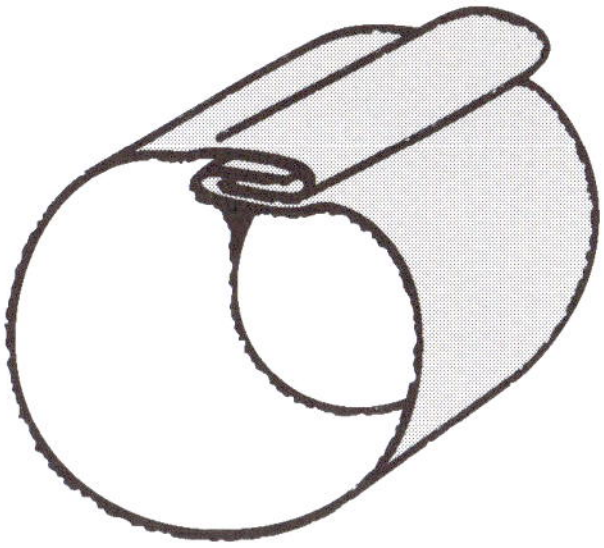

成形を利用して接合する

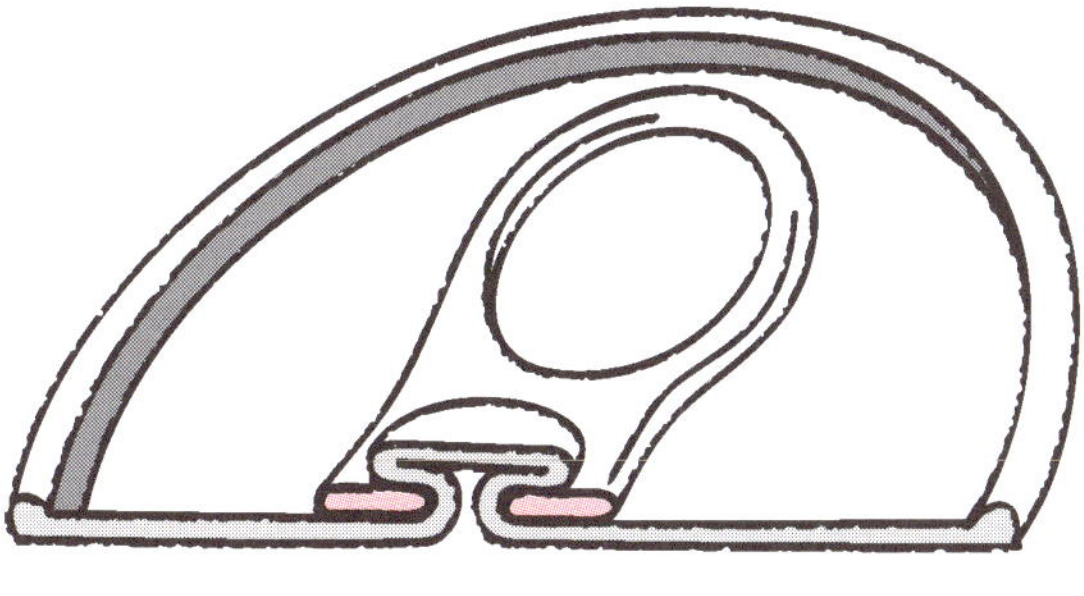

Column

缶切り

最近、缶切りを使いましたか。昔、遠足やキャンプに行くとき缶切りは必需品でした。普通の缶切りのほかに、ジュースの缶には鳥のくちばしのような形をした缶切りがついていました。それで、飲み口となる小さな穴を2つあけ飲んだ記憶があります。缶切りはプレス加工で作られているものがほとんどだったと思います。私自身、ここ何年も使った記憶がありません。

多くの缶詰はプルトップに変わり、缶切りが必要なくなりました。プルトップとはV字形の溝を缶の蓋に彫りこむことで弱い力で道具なしであけられるように工夫されたものです。実はこのプルトップ缶の蓋もプレス加工で作られています。かなり高度な技術を必要としています。聞くところによると、1分間に600個以上作れるそうです。すごい技術です。

プレス加工技術が進歩することで、プレス加工で作られていた缶切りはだいぶ見なくなりました。しかし、プルトップの便利さを考えれば納得できます。

プレス加工技術は著しく進歩しています。その進歩は金型に工夫された内容が多く貢献していますが、金型だけですべてが達成できるわけではなく、材料の改良やプレス機械の精度の向上などが一体となって達成されています。

そのとき、そのときに作られるプレス製品はすべて最善を尽くされていると思います。しかし、時代の要求は変化しています。それに応えることもプレス加工技術はできます。

缶切りもあるときは、必需品でプレス加工を潤したでしょう。しかし、道具を使わなければならないという不便さが、缶切りがなくてもよい缶詰を求めたのではないでしょうか。

さらに、その達成を生産性のよいプレス加工に求め、プレス加工が応え、今があるように思います。自販機で買った、ジュースが缶切りがないと飲めなかったらどうします。

第3章

プレス加工の不具合現象も知りたい

25 抜きのバリとだれ

きれいな切り口で作れるとよいのだが

抜き加工は材料を切る加工ですが、実際には割る加工と言ったほうがよいかもしれません。工具(パンチ、ダイ)間に適当な隙間(これをクリアランスと呼び、加工する材料ごとに決まっています)を設けて、工具間に材料を置き加工します。加工はダイ上に置かれた材料にパンチを押しつけていきます。加工の最初は工具の当った部分の縁に丸みがつきます。これを「抜きだれ」と呼びます。通常は「だれ」で通用します。だれ形成の限界を超えると、材料内部に結晶間の滑りが生じてきれいな面が現れます。この面を「せん断面」と呼びます。滑りも変形抵抗の増加で限界に達すると、割れが発生します。この割れが進行して分離が完了します。この割れ面を「破断面」と呼びます。割れた面ですからざらざらした面です。割れに伴う傾きもあります。分離の最後はパンチ、ダイの角から起きればきれいな分離となるのですが、材料にかかる圧縮力の関係から少し工具の側面に入ったところで分離します。その際に残るものが「バリ」です。通常の抜き加工ではこのような切り口面となります。理想は、切り口面全部がせん断面となり、だれ、破断面、バリがない状態です。特にバリにはよいことがありません。

バリはパンチ、ダイの側面から発生しますから、パンチ、ダイの磨耗はバリを大きくすることになります。バリはとがっているため有害であると同時に、細かな粉状になって落ちることもあります。電気部品のショートやキズ発生の原因ともなります。

だれは外観部品としてはきれいであればよいのですが、平坦度を必要とするものに対しては好ましくありません。だれ形状をコントロールすることは難しいため問題となることがあります。

抜き製品でバリを発生させない加工方法は存在します。しかし、どのような製品にも対応することが難しく、一部製品にのみに採用されています。

要点BOX

- ●抜き加工では切らずに割っている
- ●加工初期に抜きだれは作られる
- ●バリはパンチ、ダイの磨耗で大きくなる

抜き加工の過程

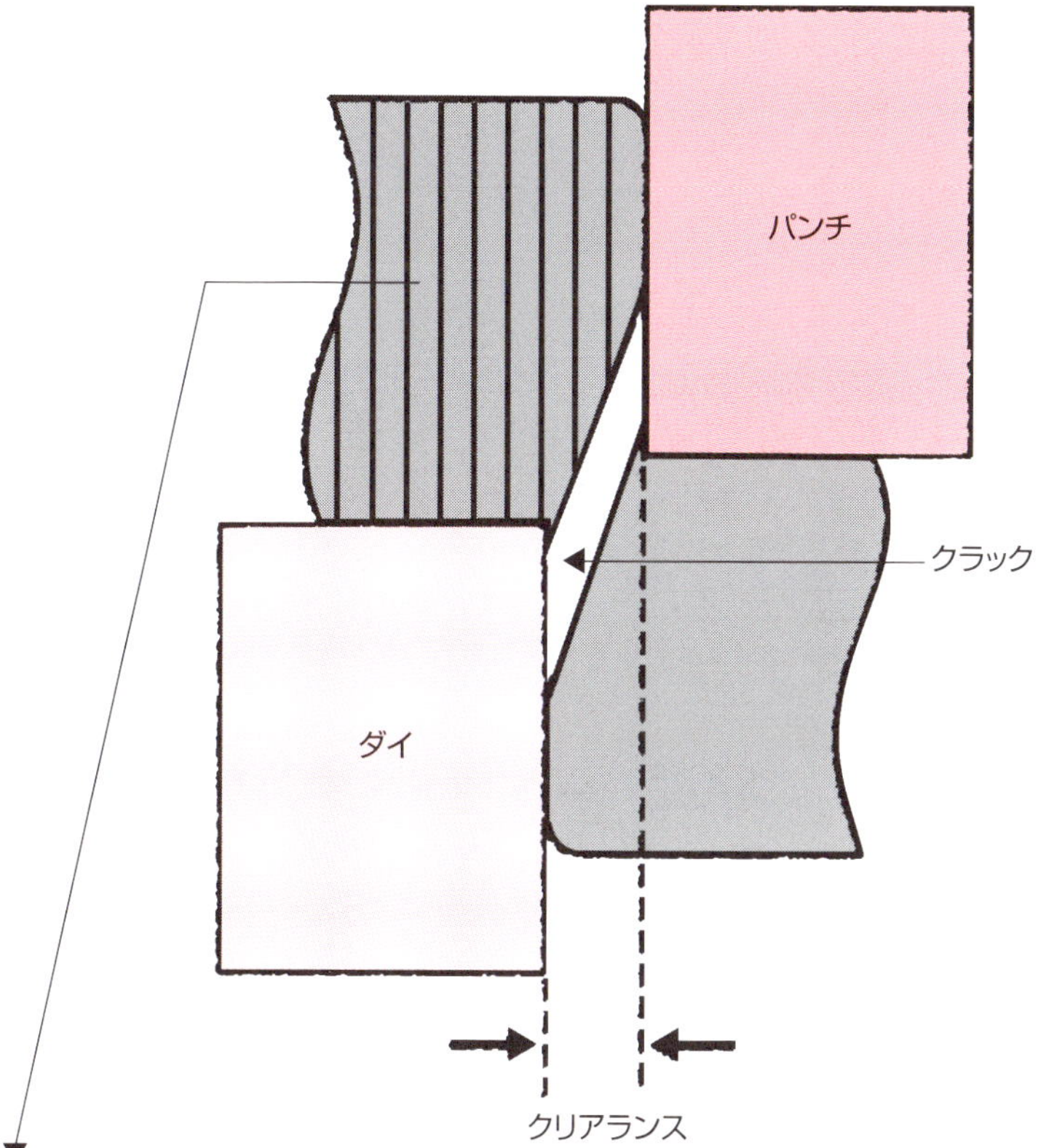

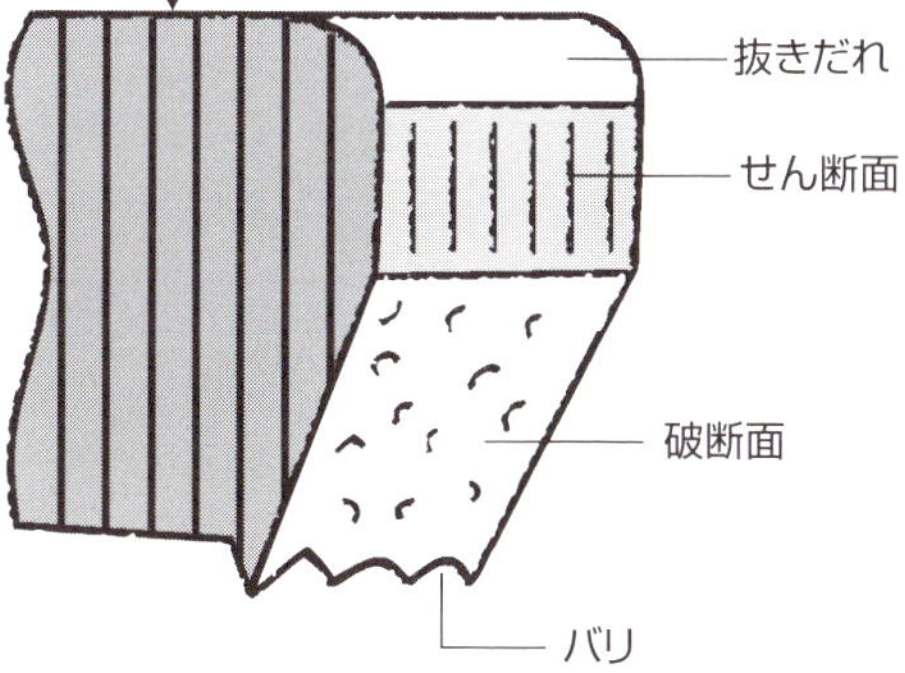

抜き切り口の名称

抜き切り口面

26 曲げのキズと割れ

曲げ製品の外観と強度を損ねる要因

曲げは最も単純な成形加工です。加工ラインは直線です。変形は非常に狭い部分で起こります。曲げ変形を受ける板厚部分は曲げの内側では圧縮を、外側では伸びを生じています。圧縮と伸びの領域を比較すると伸び領域が圧倒的に大きくなっています。曲げ変形を受ける部分が材料の伸び限界に近づいたり、あるいは超えると曲げ部の強度低下や割れが発生します。

曲げ部が割れないようにするには、曲げ変形を受ける材料の領域を大きくすることです。その方法としては曲げ内側の丸みを大きくすることです。曲げ内側の丸みがないときには曲げに伴う変形領域はゼロですが、丸みをつけることで変形領域が広がり曲げ外側の材料伸びを軽減し割れをなくすことができます。この曲げ内側の丸みを曲げ半径と呼びます。割れを発生させないで曲げることのできる最少の丸みを最少曲げ半径と呼びます。曲げ割れ対策の重要なひとつとなっています。曲げ割れのもうひとつの要因に材料の圧延方向との関係があります。材料の圧延方向と曲げ線が直角になるよう曲げたとき曲げ部は強く、平行に曲げた場合との強度差がでます。

曲げるときには、材料はダイまたはパンチの肩部分を滑って移動しながら曲がっていきます。このときに曲げフランジ部にキズが発生することが多いです。曲げはじめに最も大きなショックが材料にかかり、キズが生じることが多いです。原因のひとつは、材料が滑る肩の丸み(肩半径または肩Rと呼ぶ)が小さいときです。肩半径は材料板厚の2倍以上は必要です。もうひとつの要因は板厚です。板厚が厚くなり曲げ加工力が大きくなり、材料の降伏点以上になると曲げる前に材料が変形してしまうために起きることがあります(比較的少ない現象ですが)。また、肩半径部分の面の荒れや潤滑油切れでもキズの発生はあります。

要点BOX

- ●曲げの割れは曲げ半径の影響が大きい
- ●材料が滑る肩半径が小さいとキズがでる
- ●厚板の曲げではキズが発生しやすい

曲げ加工の割れ

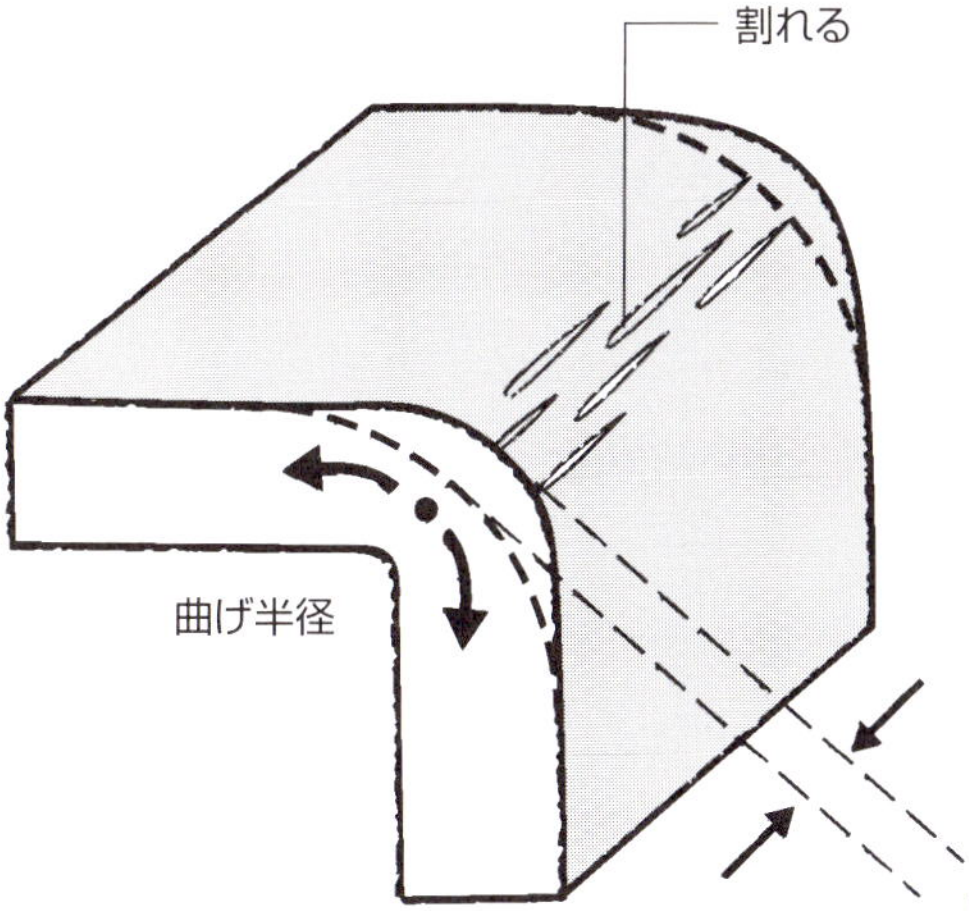
曲げ半径が小さいと板厚減少
が大きくなり割れる

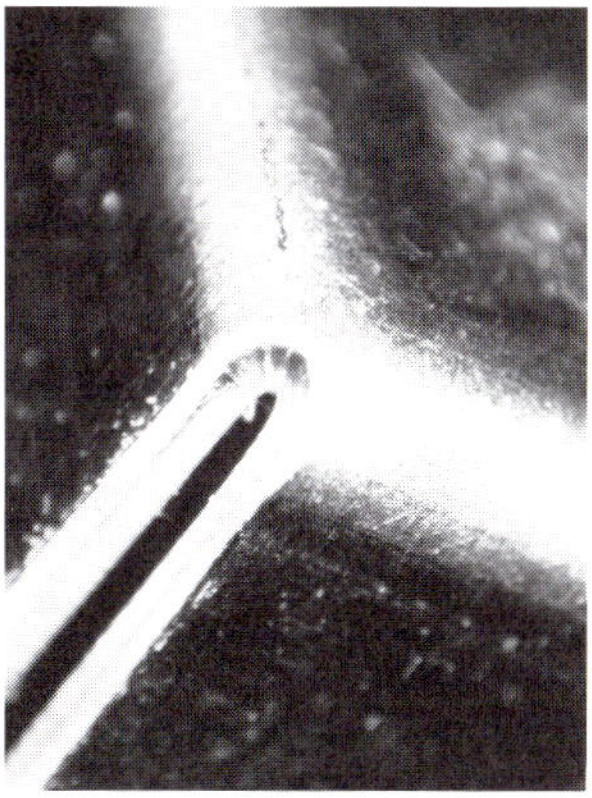
曲げ部の割れ

曲げキズのできかた

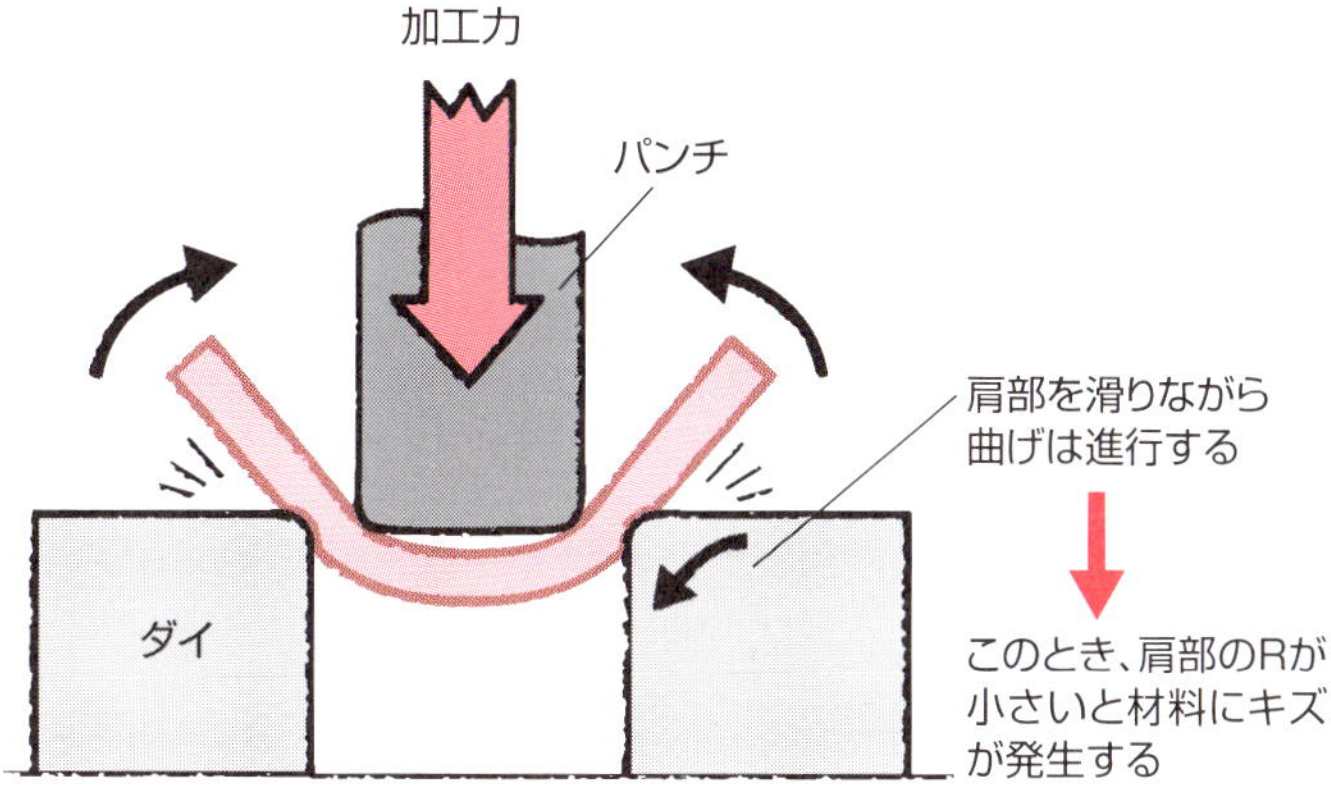

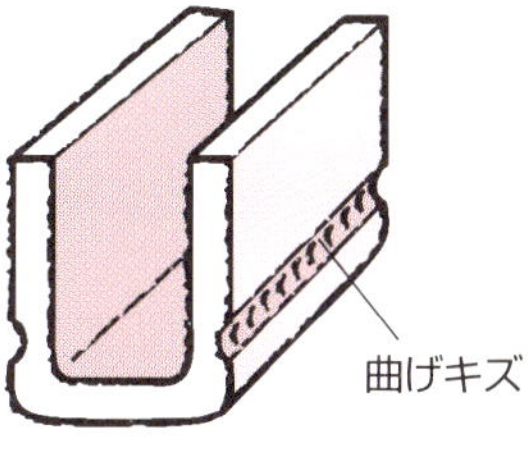

27 曲げのスプリングバックと変形

曲げたときに起こる曲げ角度変動

曲げの形状は曲げ型のパンチ、ダイ形状の転写で作られます。しかし実際には金型から離れた製品は曲げ角度が変化します。一般的には金型の角度より開いて、角度は大きくなります。時には角度が閉じることもあります。このような現象を「スプリングバック」と呼びます。曲げ変形を起こした部分が元に戻ろうとする性質からきています。抜きのときのバリ発生とおなじようなものと考えていいでしょう。この現象によって曲げ精度が悪くなります。必要な形状精度を確保するためには、曲げ加工に必要な基本条件に加えて、スプリングバック対策が必要です。

スプリングバック対策は曲げ部に外力を加えることで処置します。具体的には、曲げ部の外側または内側から曲げ部に圧縮力を加えたり、フランジを引っ張ったり、圧縮したりして曲げ部に外力を加えます。このような外力によって曲げ部のひずみが相殺され、角度が安定します。開たり、閉じた角度を曲げ加工後に修正するといった消極的な対策もあります。

そのほかに、曲げ部のフランジが反る、U曲げの底部分が反るといった変形も発生します。フランジが反るのは曲げクリアランスが大きすぎたり、小さいときやフランジ部分のダイへの入り込みが深すぎたときなどに発生します。U曲げ底部の反りは材料押さえが弱いときに起こります。このときには、同時にスプリングバックも発生することが多いです。

曲げ加工は加工ラインが直線でシンプルな加工なのですが、実際にはきれいな形状を作るために細かな部分への配慮を必要とします。

曲げ加工をするときにパンチとダイの隙間は板厚の呼び寸法と同じに設定します。加工する材料は板厚公差の関係から板厚は変動します。公差内で薄い材料を加工すると曲げ角度は開きます。厚い材料では曲げ部にキズが入ります。ですから板厚には注意が必要です。

要点BOX
- ●金型から離れると形状は変化する
- ●曲げ部に外力をかけると角度が安定する
- ●スプリングバック以外の変化もある

曲げ加工のスプリングバック

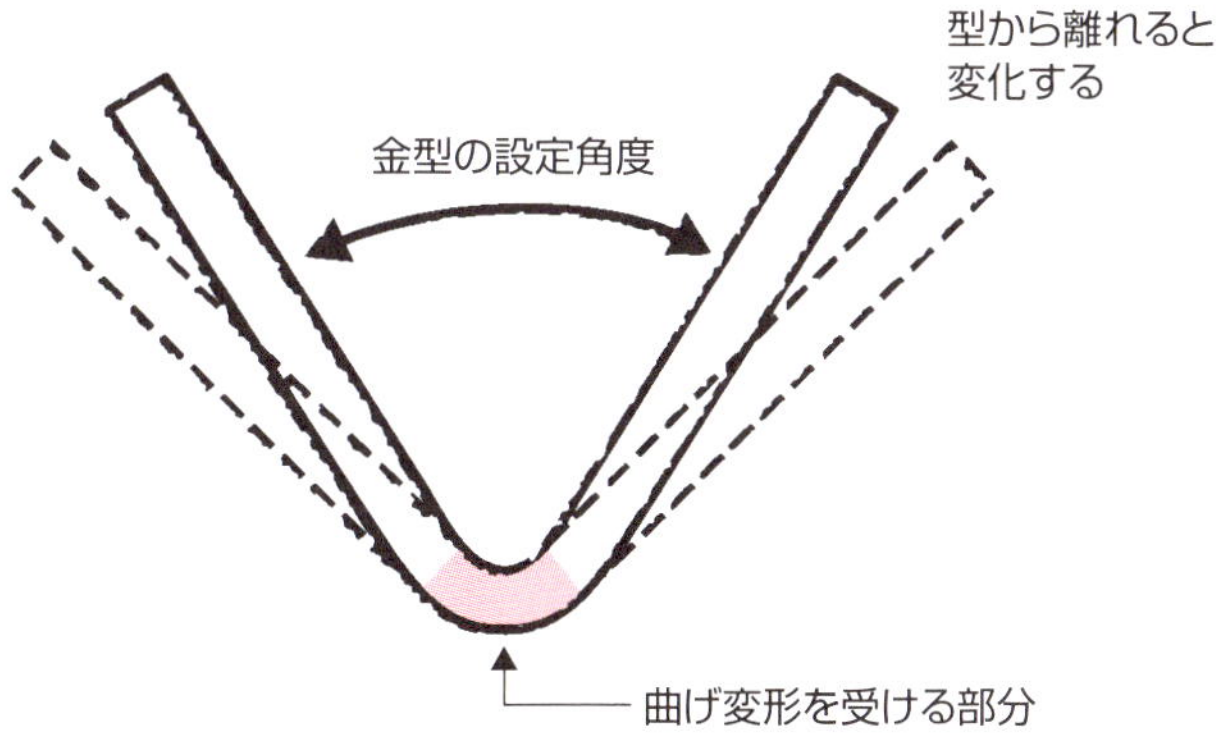

曲げのスプリングバック対策

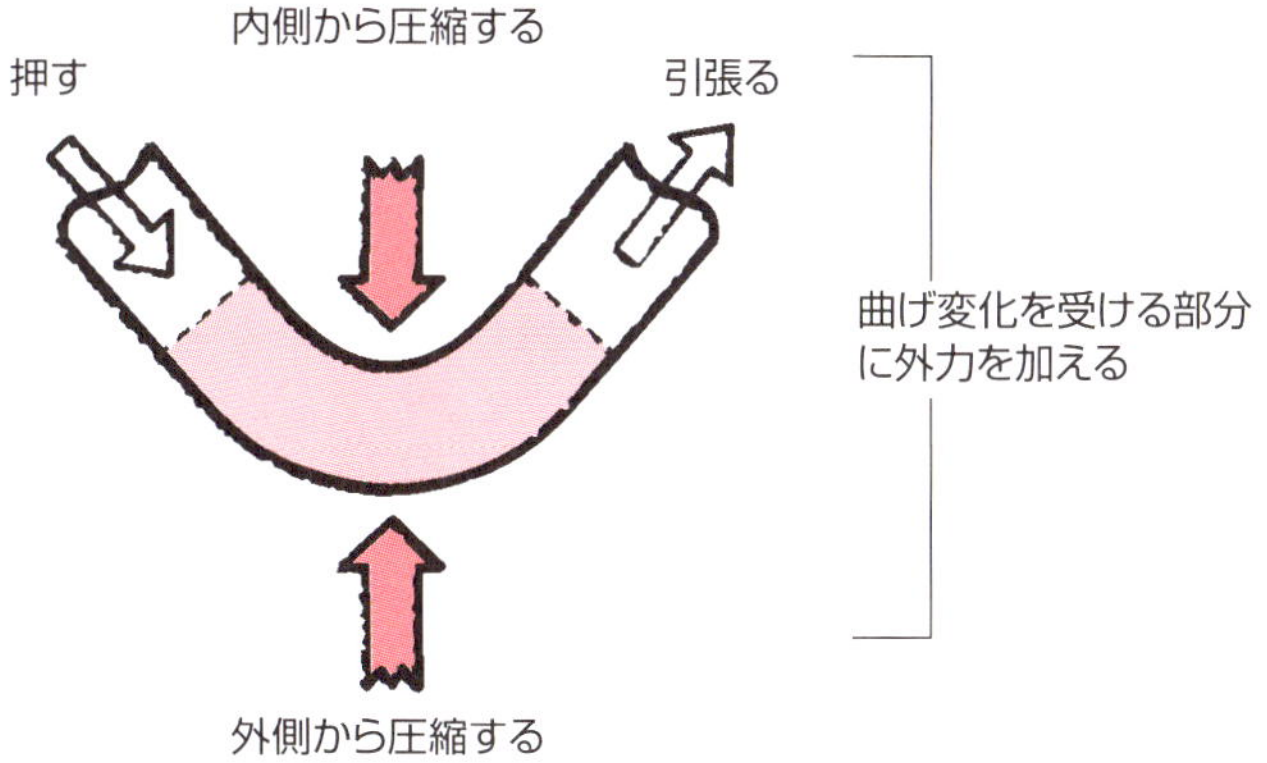

曲げの変形

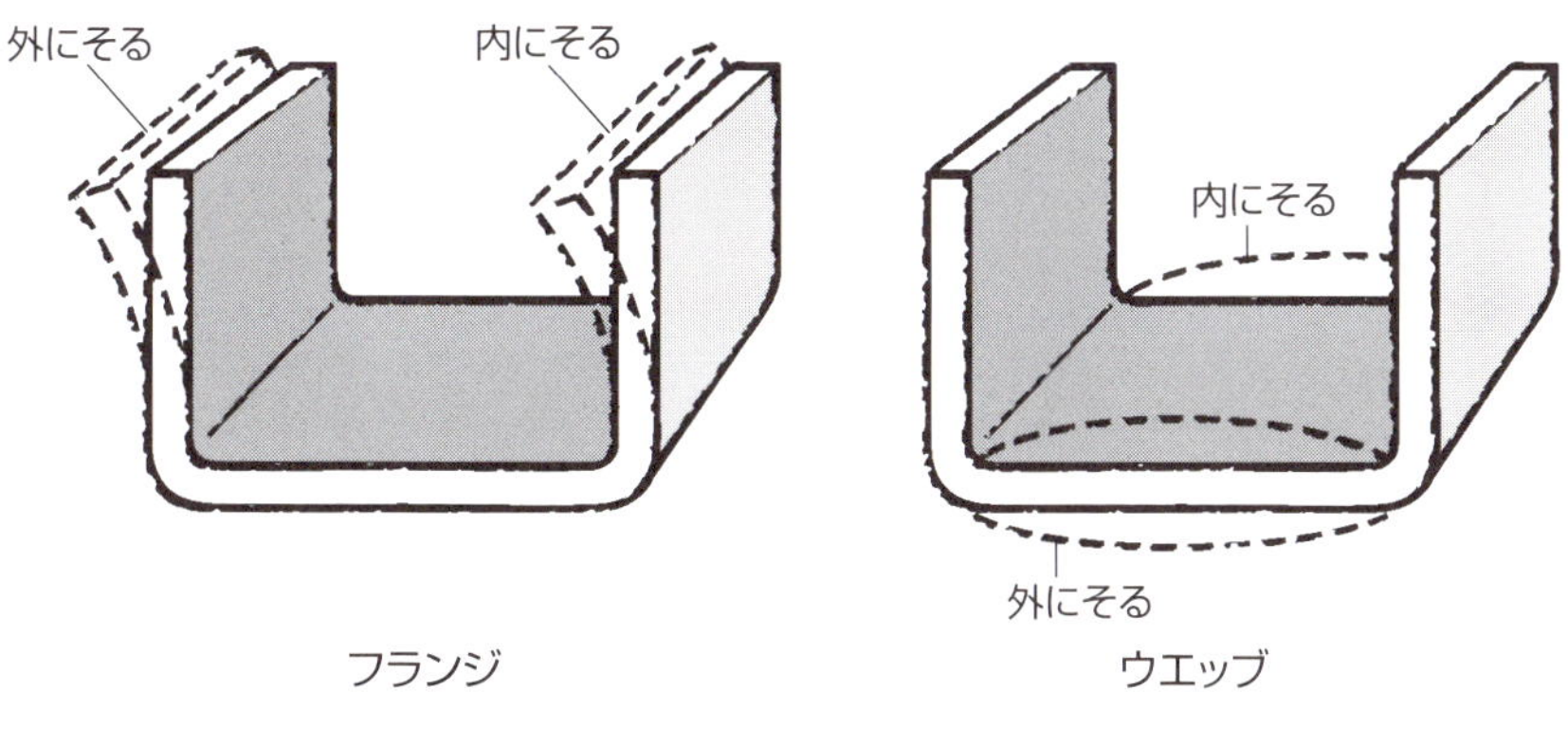

28 絞りのしわと割れ

絞り加工の代表的な不具合

絞り加工は板から容器状のつなぎ目のない形状を作る加工です。パンチで材料をダイの中に押し込んで形状を作ります。このとき、パンチで押された（主にパンチの肩部に接した）部分は引張力が働いて材料は伸ばされ板厚は減少します。材料をダイに引き込むことを考えれば、この部分の材料はできるだけ丈夫なほうがよいのです。引っ張られたブランクの外周は中心方向に移動し、ダイの中へ入り込んで形状が作られます。引っ張られて移動する材料は小さな力で変形することが望まれます。ひとつの材料の中で変形してほしくない部分と容易に変形してほしい部分を求められるのが絞り加工なのです。しかし、同じ材料なので部分部分で強さを変えることはできませんから形状を工夫して対策しています。それはパンチ肩形状とダイ肩形状と大きさを工夫して加工できるようにバランスを取っています。このバランスが崩れるとパンチの接している部分に割れが発生します。

中心方向に引っ張られ、ダイの中に引き込まれていくダイ上のブランク外周長は短くなります。その際に、ダイ上の材料には周方向に圧縮力が働きます。この圧縮力によって材料が座屈すると、それはしわとなります。しわが発生しないようにダイ上の材料を押さえるしわ押さえを働かせながら絞り加工は行われます。しわ押さえの力は材料を引っ張る部分の負担となり割れの要因となります。現場的にはパンチの接する部分が割れることを「底抜け」と呼びます。

また、ここで説明したしわは、フランジしわと呼びます。ブランクから絞るときのダイ肩半径（ダイR）が大きすぎると絞りの縁部分にしわができます。これを口辺しわと呼びます。側壁部分にたるみのような形で出るしわは、絞りクリアランスが大きすぎたときに出ます。このほかにボディしわと呼ばれるものもあります。しわの形から原因がわかります。

要点BOX

- ●パンチ肩半径が接する部分は板厚減少する
- ●ブランク外周には圧縮が働きしわがでやすい
- ●フランジしわ以外のしわもある

絞り加工の不具合現象

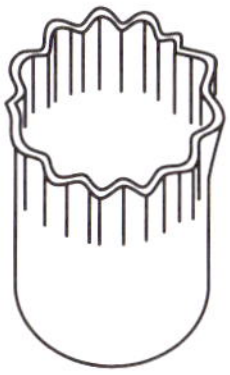

(c)側壁しわ

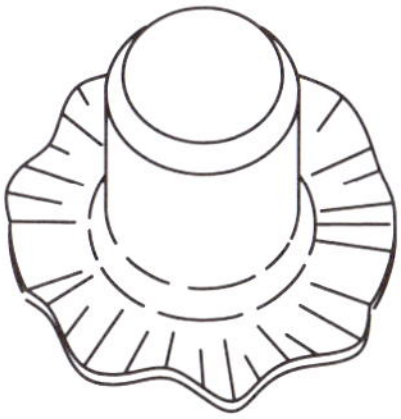

(a)フランジしわ

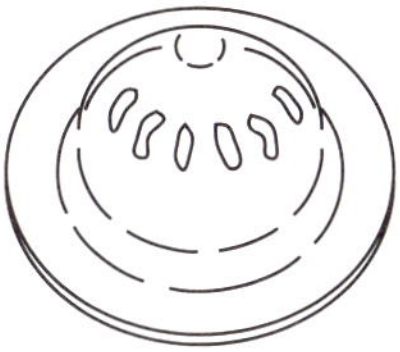

(d)ボディしわ

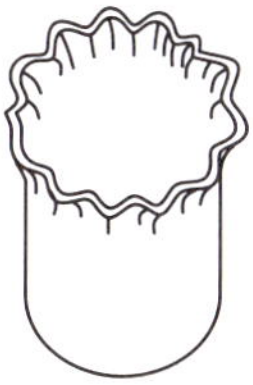

(b)口辺しわ

フランジしわは、しわ押さえが大きく関係する。口辺しわはダイRが大きすぎると出やすい。側壁しわはクリアランスが影響する。ボディしわは材料の拘束状態が関係する。

(g)ボディ割れ

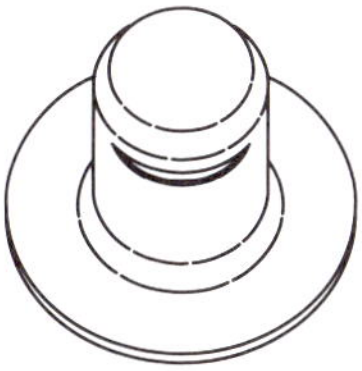

(e)底抜け

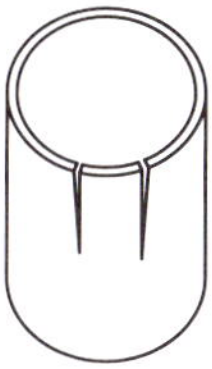

(h)置き割れ

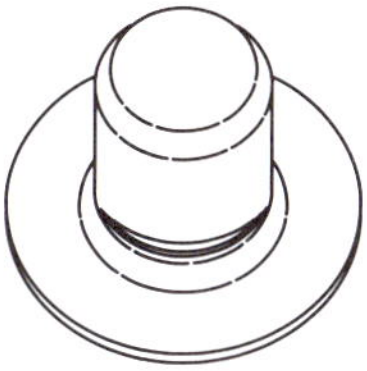

(f)フランジ部割れ

割れは、しわと反対の作用が影響している。しわ押さえが強すぎたり、パンチやダイのRが小さいときに発生しやすい。

29 絞りの板厚変化

絞り加工では各部の板厚は変化する

　絞り加工は材料を中央に引き寄せて容器状の形状を作ります。フランジ外周を縮めながら形状は作られます。縮められた材料は板厚方向に変化し、板厚は増加します。この増加したものは絞り形状の側壁とフランジを形成します。材料を引っ張るパンチ肩部の接する部分は板厚が減少します。

　この変化のまま製品とすると寸法精度や外観が悪くなってしまいます。パンチ肩部では強度不足となることもあります。そのためパンチ肩部の板厚減少は元の板厚の30％までを限度とすることが多いようです。側壁の厚さは通常の製品では均一となることが望まれます。均一な側壁を実現するためには側壁部分に「しごき」と呼ぶ加工を加えます。通常は、絞りとしごきを同時に行う「しごき絞り」と呼ぶ方法で加工することが多いです。この加工を行うことによって均一な側壁を得ることができます。ただし、元の板厚より薄くなります。

　ここでいう均一とは、パンチ肩部からダイ肩部の上下方向のことです。周の各位置では均一ではありますが、板厚は微妙に変化していることが多いのです。この変化を「偏肉」と呼びます。この変化は金型の精度や絞り込まれていく微妙な材料の動きの変化で発生します。完全になくすことはかなり難しいことです。

　フランジ部分は絞られたときの板厚増加が残ります。小さなフランジの板厚を均一にするには、潰して均一にすることはできますが、大きなフランジを均一にすることは実は大変に難しいです。均一にするためには潰すことが手段となりますが、加工硬化によって硬くなっており、なかなか潰れません。無理に圧縮するとプレス機械が変形するだけでフランジは潰れないことが多いのです。

要点BOX
- ●圧縮を受けるフランジ部は板厚が厚くなる
- ●板厚を均一にするにはしごき加工が必要
- ●偏肉と呼ぶ板厚変化もある

絞り加工の板厚変化

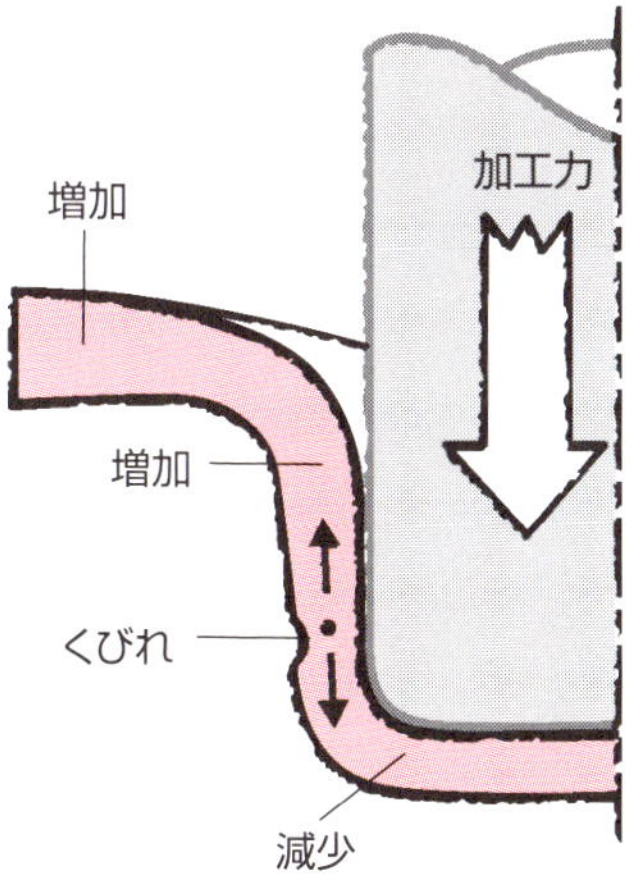

絞り側壁厚さの均一化

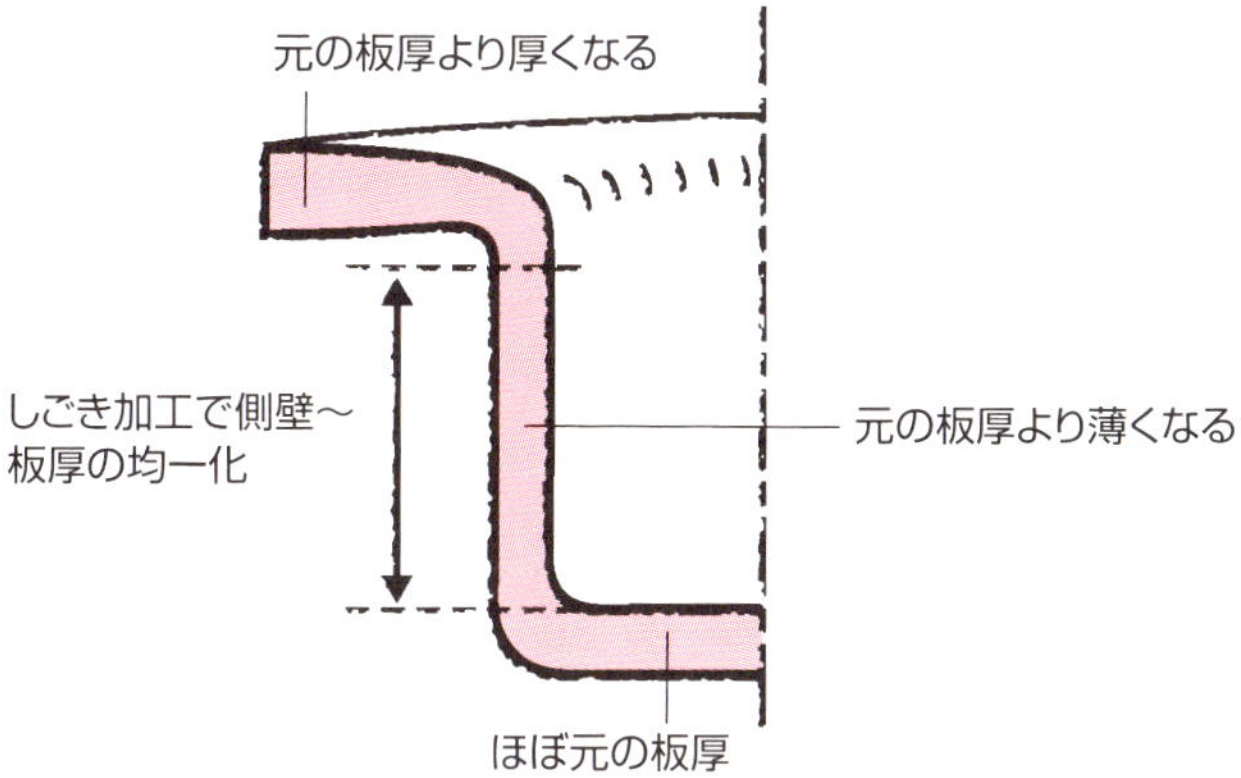

偏肉現象

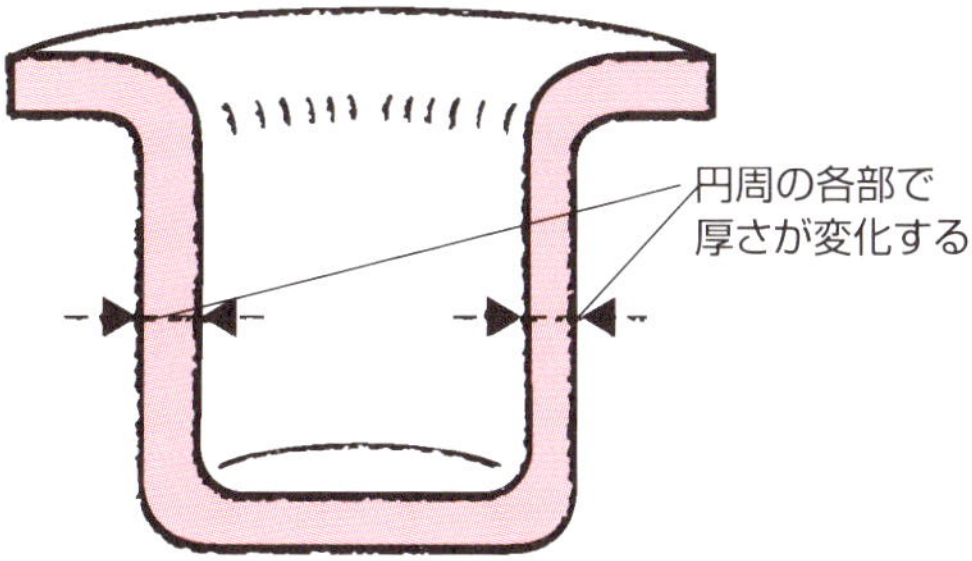

30 成形の平面度

浅い凹凸形状を作り、平面も確保する難しさ

自動車のナンバープレートのような浅い形状で凹凸を作る加工をエンボス加工と呼びます。このような加工は絞りや曲げとも違うことから狭い意味で成形加工と呼びます（成形加工を広く捉えると板から立体的な形状を作るすべての加工を指します）。エンボス加工は成形加工の代表的なものです。

板から立体的な形状を作るには材料の移動が必要です。材料移動が均一であれば形状が作れ、面は平らを保ちます。ここで問題となるのは均一な材料移動がなかなか難しいことです。バランスの崩れは面のゆがみとなります。エンボス加工の材料移動はどのようなものかを考えます。エンボス加工では投影面積の材料を均一に伸ばして面積を広げ、広がった面積で立体形状を作ることを想定します。このように伸びを利用して形状を作る加工を「張り出し加工」と呼びます。投影面積のみを均一に伸ばすためには、投影面積の外側を強く押さえて材料移動が起きないようにする必要があります。実際には伸びだけでなく周囲からのわずかな引き込みもあり形状が作られています。エンボス形状が複雑になると引き込みバランスを保つことが難しく、面がゆがむこととなります。

軽量化のために材料板厚を薄くし、薄くしたことによる強度の低下をエンボスなどの模様づけで対策しようとすることがよく行われていますが、そのことによる副作用が面のゆがみです。面精度を保つために材料移動のバランスを保つために余計な材料を使い（時には薄くした効果が薄れることもありそう）苦労して精度を出すこともあります。左右対称となるなどバランスの取れたエンボス形状とするなどの工夫が望まれます。

エンボス加工のような成形形状はあまり高くせず低いほうが加工はしやすく、面精度も保ちやすくなります。

要点BOX
- ●エンボス加工での平面度に注意
- ●材料移動のバランスを取る
- ●無理な軽量化は加工を困難にすることもある

成形加工での面確保の方法

浅い凸形状を作る
多くは伸びを利用するが
周囲からの引き込みもある
引き込み
引き込みのバランスが
くずれると面がゆがむ

成形（エンボス）加工の材料の動き

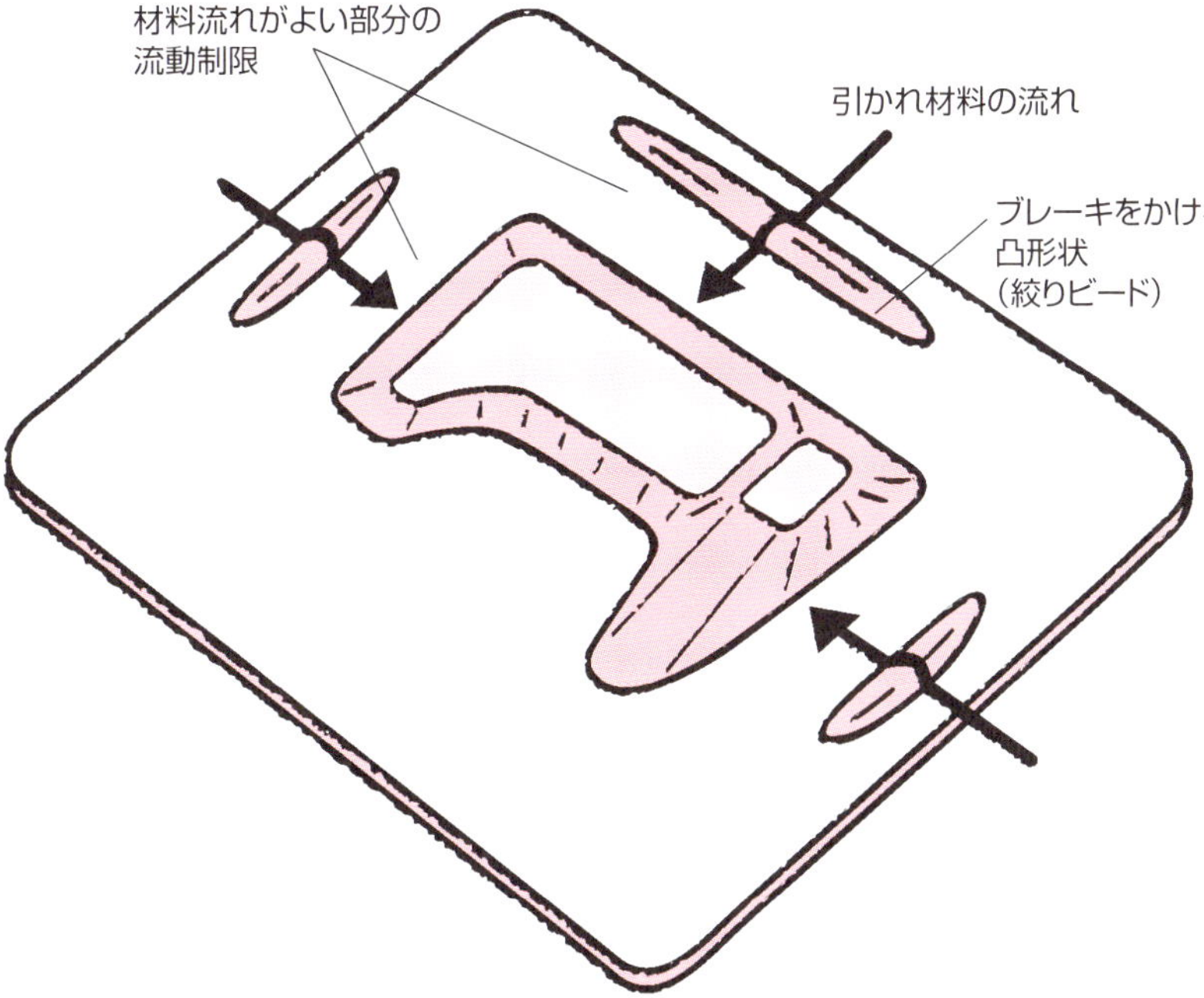

31 フランジ成形のしわと割れ

形状強化に使うフランジ成形 不具合に注意しよう

フランジ成形は、まず加工部位に曲げ変形を起こし、直線形状のフランジ以外は、フランジ部分が立ち上がっていく過程で圧縮力または引張力の影響を受けながらフランジが形作られていきます。形状が作られていく過程で成形にかかわる加工力の影響によって不具合が発生します。

フランジ形状に共通する曲げは最少曲げ半径によって制約を受けることは曲げ加工とおなじです。フランジ成形でも小さな曲げ半径での加工は割れに注意が必要です。

凸形状のフランジには圧縮力が働くため、曲げからの立ち上がり過程でフランジにしわが発生することがあります。凸の半径が小さくなるほどしわが発生しやすくなります。一度しわが発生したものはしわ伸ばしはできません。

凹形状部分ではフランジに引張力が働くため、材料の伸び限界に近づくとフランジ端部に割れが発生することがあります。

フランジ成形ではブランクの輪郭のフランジ加工のほかに穴の縁を立てる穴フランジ成形と呼ぶものもあります（内容はバーリングです）。穴フランジも基本的には凹形状のフランジ成形と同じ内容で、伸びに伴う割れには注意が必要です。凹形状のフランジ成形では伸びが大きくなる外側に抜きのだれ側が来るようにして加工することで多少の割れ対策とすることができます。

フランジ成形は90度に加工することを前提に考えがちですが、形状の強化目的であれば90度まで曲げずに開いた形でもよい場合があります。このようにすることでも、しわや割れ対策とすることができます。

フランジ成形の凹凸形状はできるだけなだらかな形状変化することが望ましいです。

要点BOX

- 曲げフランジ以外の加工ではしわ、割れに注意
- 割れは曲げの影響と伸びフランジの影響がある
- 穴フランジもフランジ成形の仲間

フランジ成形のしわと割れ

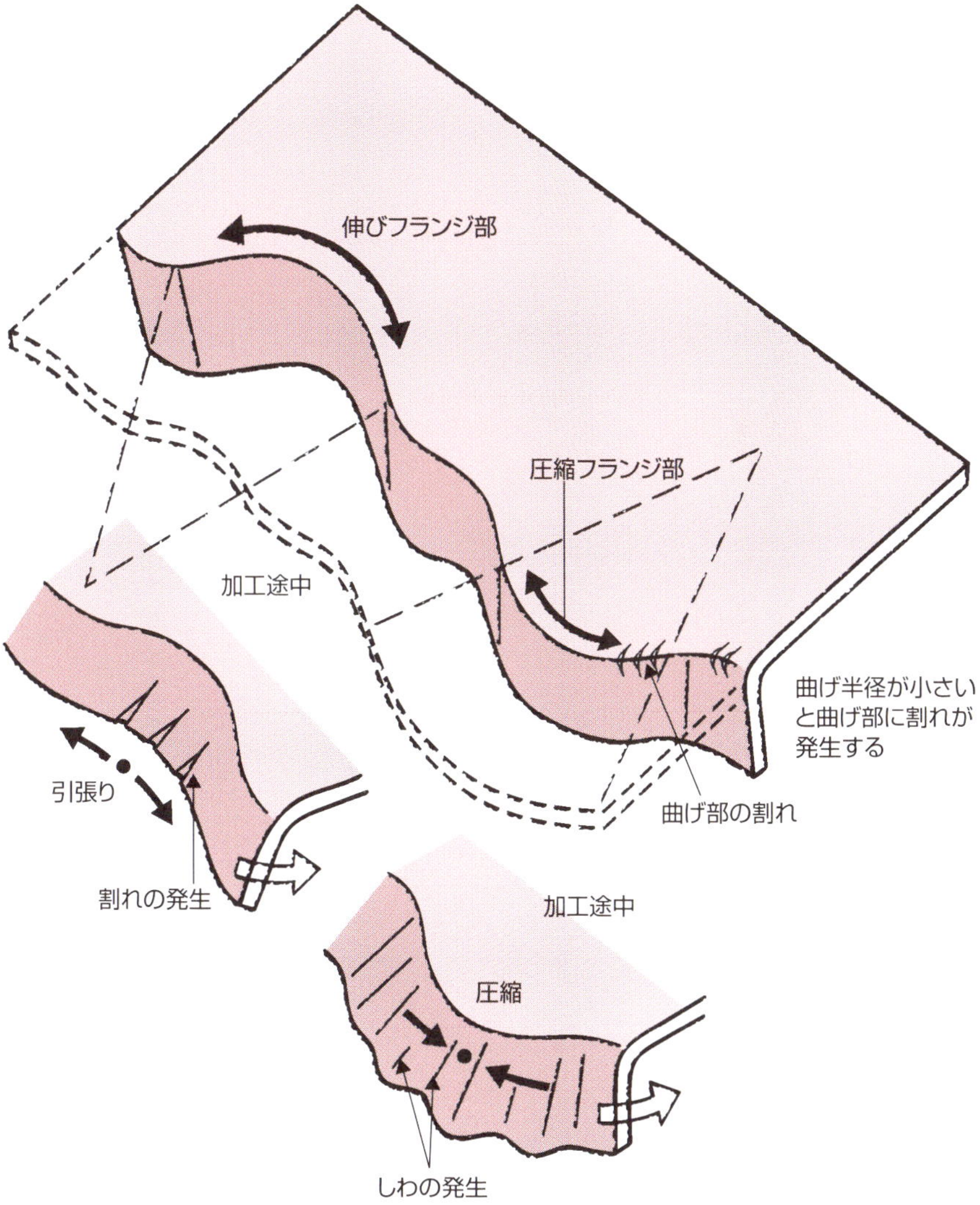

Column

手品師とシミュレーション

プレス加工は主に金属の板材を加工して、形状を作ります。その作り方は、切ったり、曲げたり、伸ばしたり、縮めたりして形を作っていきます。曲げや円筒絞りのようなシンプルな形状では予測も立てやすくそれぞれの加工の基本にしたがって加工していけば大抵は何とかなります。

ところが、複雑な形状になると、伸ばしたり、縮めたりが部分部分に現れ、その影響で材料は複雑な動きをして割れたり、しわが出たり、変形したりと暴れます。

金型製作のベテランはその動きを読み、この部分は材料がいじめられている可哀想だ、楽にしてやらなければといった表現をして、一度に形状を作らず分けたり、加工形状を補正して予備成形をこしらえ材料の不足を補ってうまく成形ができるようにしたりします。できた結果を見ると、なるほどと感じることが多いのですが、図面を見て頭の中で材料の動きを想像して工程を作っていく発想が手品師のように感じることがあります。材料の性質を知り経験から形状の動きを読んで出てくるものと思います。

このようなことを金型製作のノウハウとして金型が作られ、その金型を使って付加価値のあるプレス製品は作られています。

手品には種があり、ベテランはその読み方を心得ているのです。その内容を自動化してみようとするものが、シミュレーションです。製品形状から種となるものを判断し、ここは伸びて割れる、ここは材料がたるむといった情報を赤や青の色で教えてくれます。判断されたものがすべて問題なく判定しているとは限りません。条件設定の問題やシミュレーションの精度の問題もあります。しかし、確実に進歩しています。近い将来、ベテランがいなくても複雑形状が作れるときがくるでしょう。そのときは、プレス加工用の金型製作の環境も大きく変わると思います。ベテランは形状を読んで加工方法を決める楽しみがなくなり寂しくなります。

第4章

プレスでの製品の作り方を知りたい

32 加工・品質・外観を考えて加工する

プレス加工の最も基本となる加工の考え方

プレス加工部品（製品）をプレス加工要素に分解すると、製品形状を展開して得られるブランク、製品図から得られる穴、曲げといったようにいくつかの要素に分解できます。この要素ごとに金型を作り順番に加工していくことで製品を得ることができます。この方法が最も基本となるプレス加工方法です。単工程加工と呼びます。

曲げ製品のようなものは比較的製品図面から必要な要素を見出すことができ、わかりやすいです。複雑な形状のときは形状を順番に加工できるように分けていきます。この「加工できるように分ける」部分がプレス加工工程設計の難しい部分と言えます。難解なときにはブランクを紙で作り、折り紙感覚で形状と工程を決めていくこともあります。異形状の成形加工ではブランクを紙で作り検討するわけにいきませんから難しさが増します。このような製品では成形シュミレーションなどを活用して検討を行うことが多くなっています。

加工の順序は扱いやすい工程をまず考えます。普通の曲げ製品ではブランク加工は最初に行うことが必要ですが、ブランクに穴を加工してから曲げる、曲げてから穴を加工する二通りが工程として考えられます。通常は板のうちのほうが扱いやすいので穴抜き、曲げの順序を選びます。しかし、穴位置精度が厳しいときには曲げ後に穴を加工することで品質を保つことを優先し、作業性が多少劣ることや金型製作が難しくなり、金型製作費が増えることを犠牲にすることもあります。

また、製品の外観についても注意をはらいます。特別な指示がなければ、一般的にはブランクのバリ方向と穴のバリ方向を同じとします。曲げのバリは曲げ内側として外観がよくなるようにします。

モノづくりでは、まず形を作ります。その後に寸法精度や外観を作りこんでいきます。

要点BOX
- プレス加工を考えるとき、製品を要素に分解する
- 分けた要素ごとに加工を考える
- 加工は扱いやすさと品質面から検討する

プレス加工要素の展開例

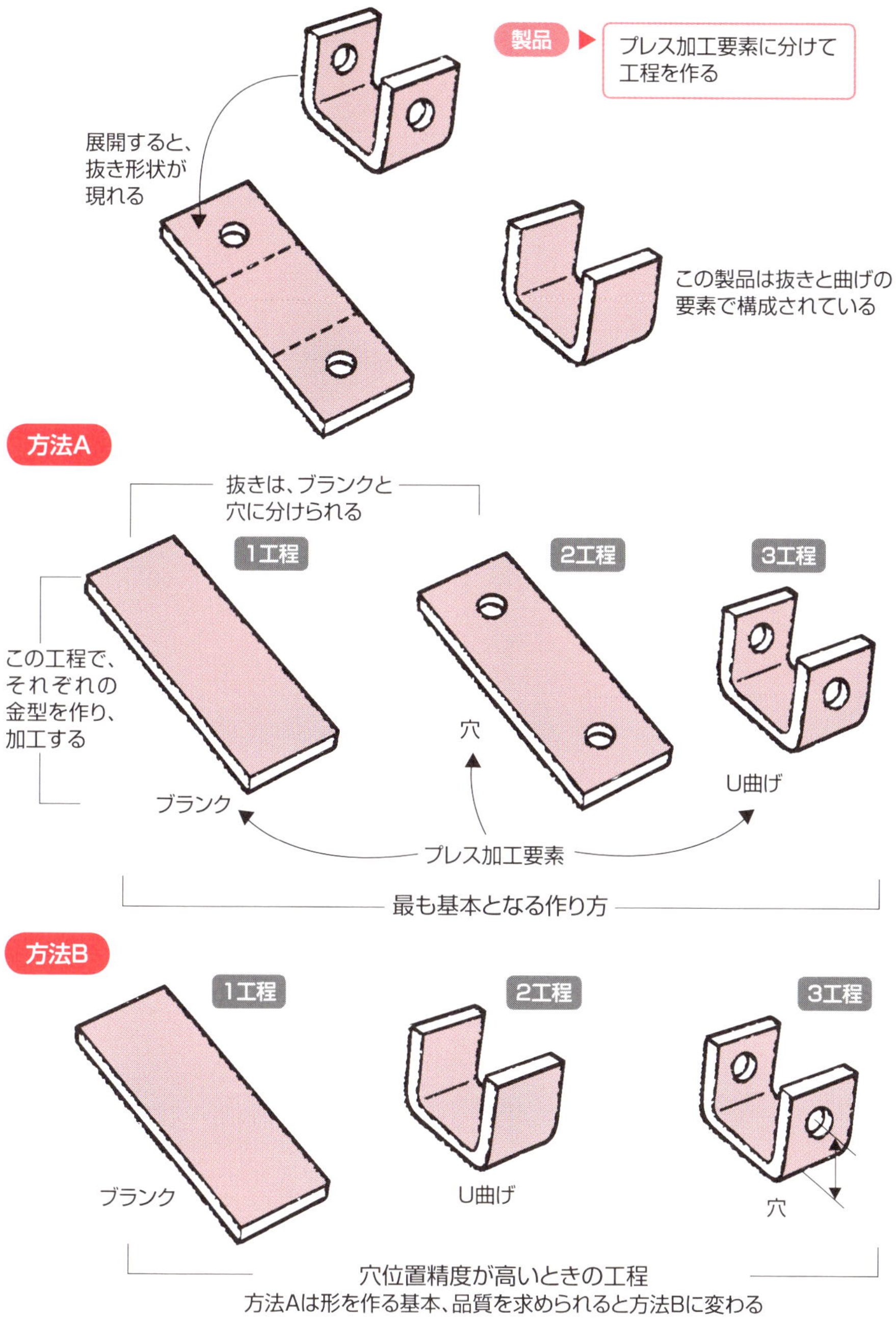
製品
プレス加工要素に分けて工程を作る
展開すると、抜き形状が現れる
この製品は抜きと曲げの要素で構成されている
方法A
抜きは、ブランクと穴に分けられる
1工程
2工程
3工程
この工程で、それぞれの金型を作り、加工する
穴
ブランク
U曲げ
プレス加工要素
最も基本となる作り方
方法B
1工程
2工程
3工程
ブランク
U曲げ
穴
穴位置精度が高いときの工程
方法Aは形を作る基本、品質を求められると方法Bに変わる

33 制限のある加工

加工限界を考慮して加工方法を決める

加工限界のある製品例として絞り製品を取り上げて説明します。

絞りでは一回に絞れる加工の限界があります。これは材料の伸びや強さといった機械的性質からきているもので、逆らうことはできません。これを限界絞り率または限界絞り比と呼んでいます。

絞り製品の加工では、絞り製品をブランク展開してブランクを求めます。このブランクから絞れる径はブランク径の50％くらいです。この絞りを初絞りまたは第1絞りと呼びます。この径が製品径より大きければ、再絞りを行います。第2絞りとなります。ここでの限界は第1絞りの75％くらいまでの減少です。

第2絞りでもまだ製品径より大きければ、さらに再絞りを行います。第3絞りとなります。第3絞りは第2絞り径の85％くらいが目安です。第3絞りでもまだ、径が大きいときには再絞りを繰り返しますが、第4絞り以降は第3絞りに採用した条件で繰り返していき、求める径まで繰り返します。第2絞り以降は加工硬化の関係から減少率は低下します。

絞り加工は加工限界があっても、許容範囲内で加工していくことで形状を作ることができます。絞り以外の抜きや曲げにも加工限界はあります。

抜きであれば、板厚に対する穴加工がわかりやすいものです。この場合は、絞りと違ってパンチが破損せずに加工できるかがポイントです。加工条件や金型構造を工夫することで差が出ます。絞りは金型構造を工夫しても差はほとんどありませんが、穴抜きの場合は企業間で大きな差が出ます。このような加工限界もあります。

プレス加工はすべて何らかの制約の中で加工を行っています。ここで例に示した円筒絞り加工はわかりやすく処理のしやすい加工です。成形加工の中には加工限界が明確に見えないものが多くあります。プレス加工は加工限界への挑戦を続けているといえます。

要点BOX
- ●加工限界を知る
- ●加工限界内で工程を作る
- ●絞りの加工限界と抜きの加工限界は少し違う

加工限界内で工程を作り加工する例

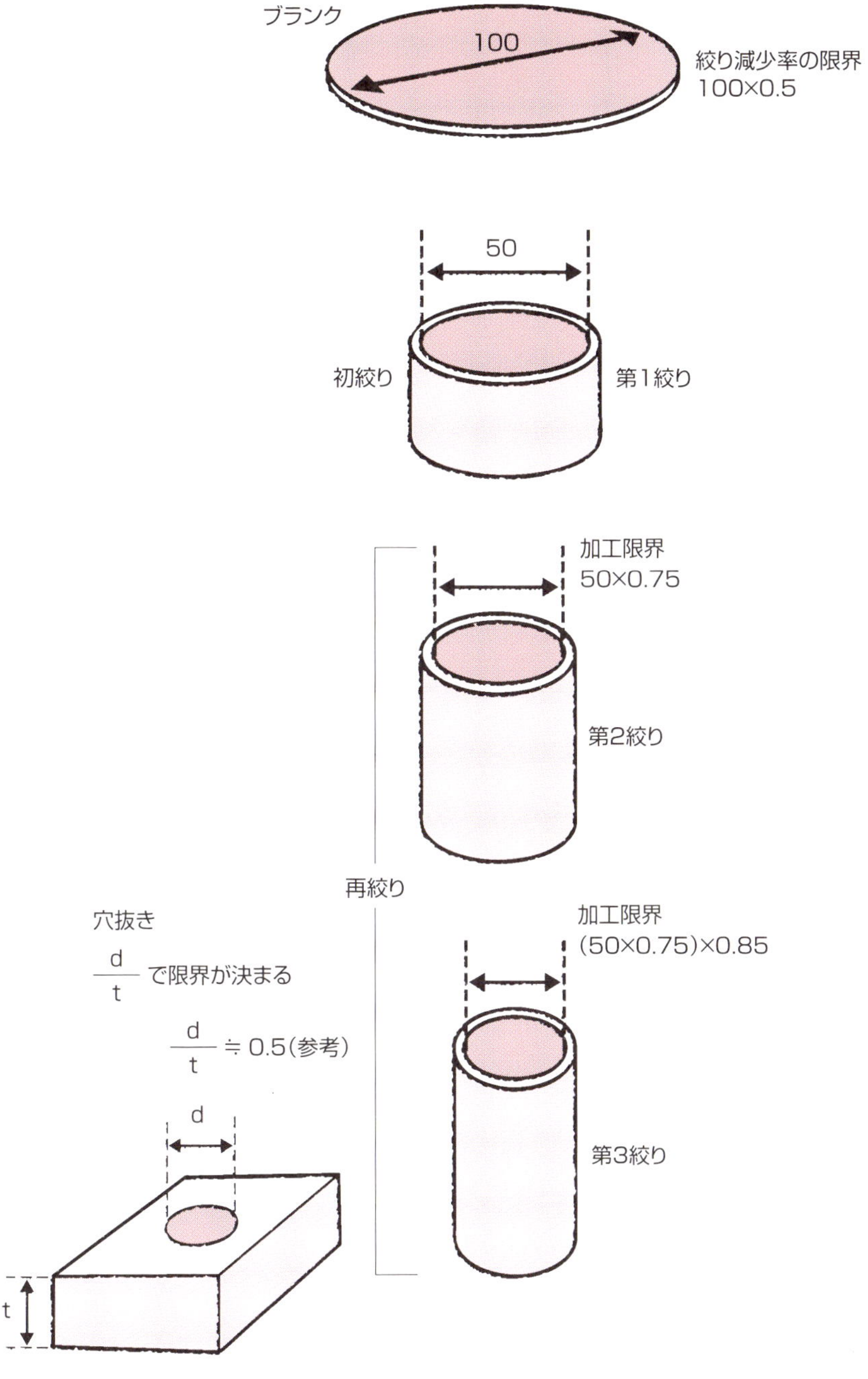

34 製品形状から加工を工夫する

加工力のバランスを取らないと形状が作れない製品もある

曲げや成形加工製品で形状のバランスが悪く、そのまま加工すると変形や歪みが発生してうまく加工できないものがあります。このようなときには製品形状を補正したり、加工力のバランスを取る工夫をしたりすることがあります。

曲げ製品の例では、曲げ時の押さえ面積が小さい製品では曲げに伴う引かれによって押さえ部分が動いてしまい変形してしまうものがあります。このような形状では2個取りとして曲げ後に分割したり、バランスを取るための曲げを追加してブランクを作り、曲げ後に切りは離すことを行うことがあります。

角絞りや異形絞りでは形状によって各部の材料の移動に変化があり、放置するとしわの発生やゆがみ、たるみといった不具合が発生することが予想される形状があります。このようなときには絞り形状を問題ないように修正したり、材料移動のバランスを取るために動きのよい部分にブレーキをかけ、各部の材料の移動抵抗のバランスを取るようにすることもあります。移動抵抗を増すためのブレーキをかける代表的な方法が「絞りビード」と呼ばれるものです。

エンボス加工でもブランクに対するエンボス位置によって材料の引かれ方が各部位によって異なり面のゆがみとなることがあります。このようなときには、引かれの大きな部分に絞り加工同様にブレーキをかけ加工による材料引かれのバランスを取り平らな面を確保する工夫もします。ブレーキをかける手段としてはブランク形状を工夫したり、絞りビードを使うこともあります。

プレス製品加工では形状加工に必要な加工力と共に関連して働く力もあり、それが思わぬ問題を引き起こし加工が難しく、材料の無駄も多くなる加工となってしまうことがあります。

要点BOX
- ●加工力による変形対策
- ●ブランク形状を工夫する
- ●材料移動のバランスを取る絞りビード

曲げ製品の工夫

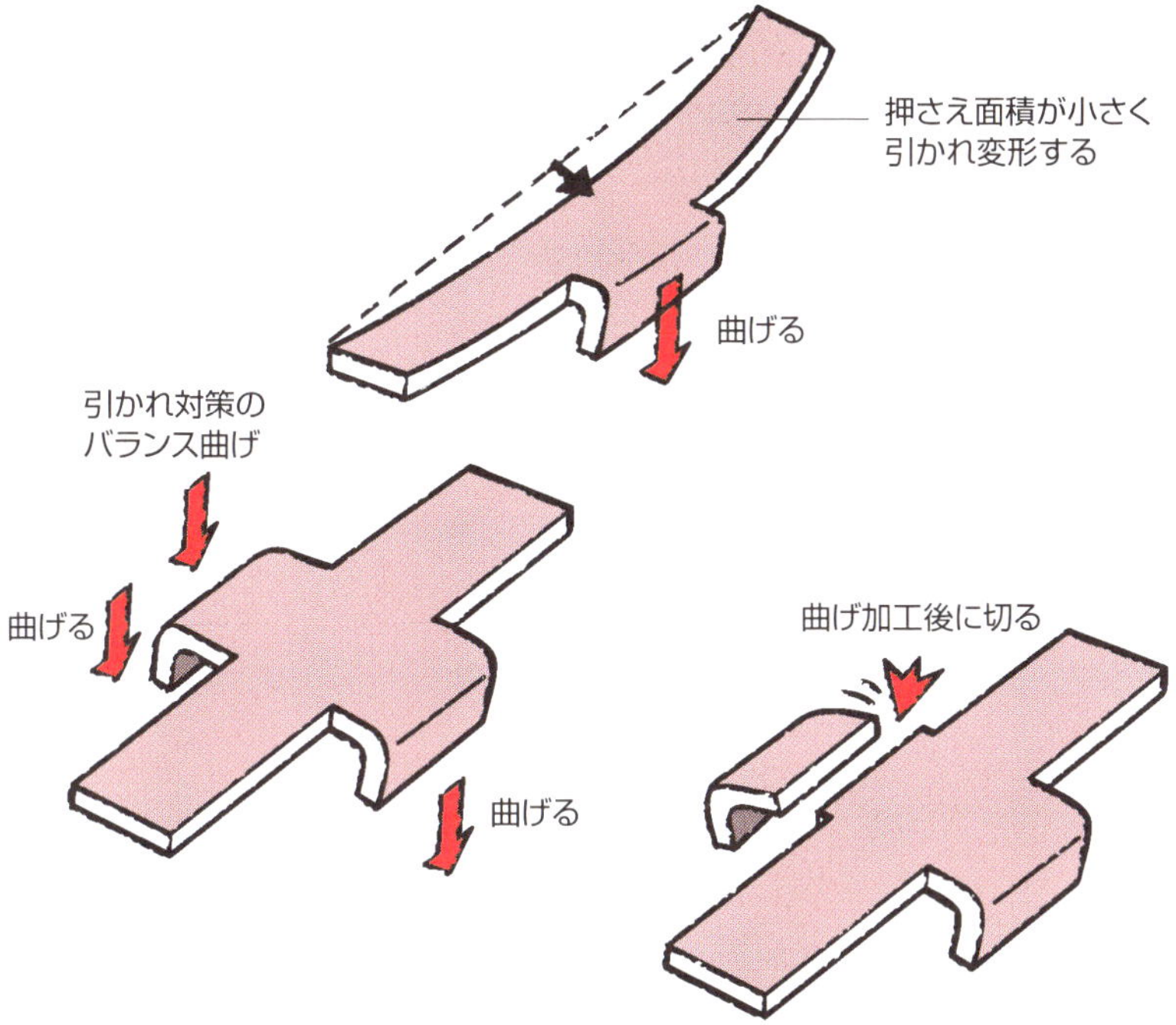

絞り成形品の工夫

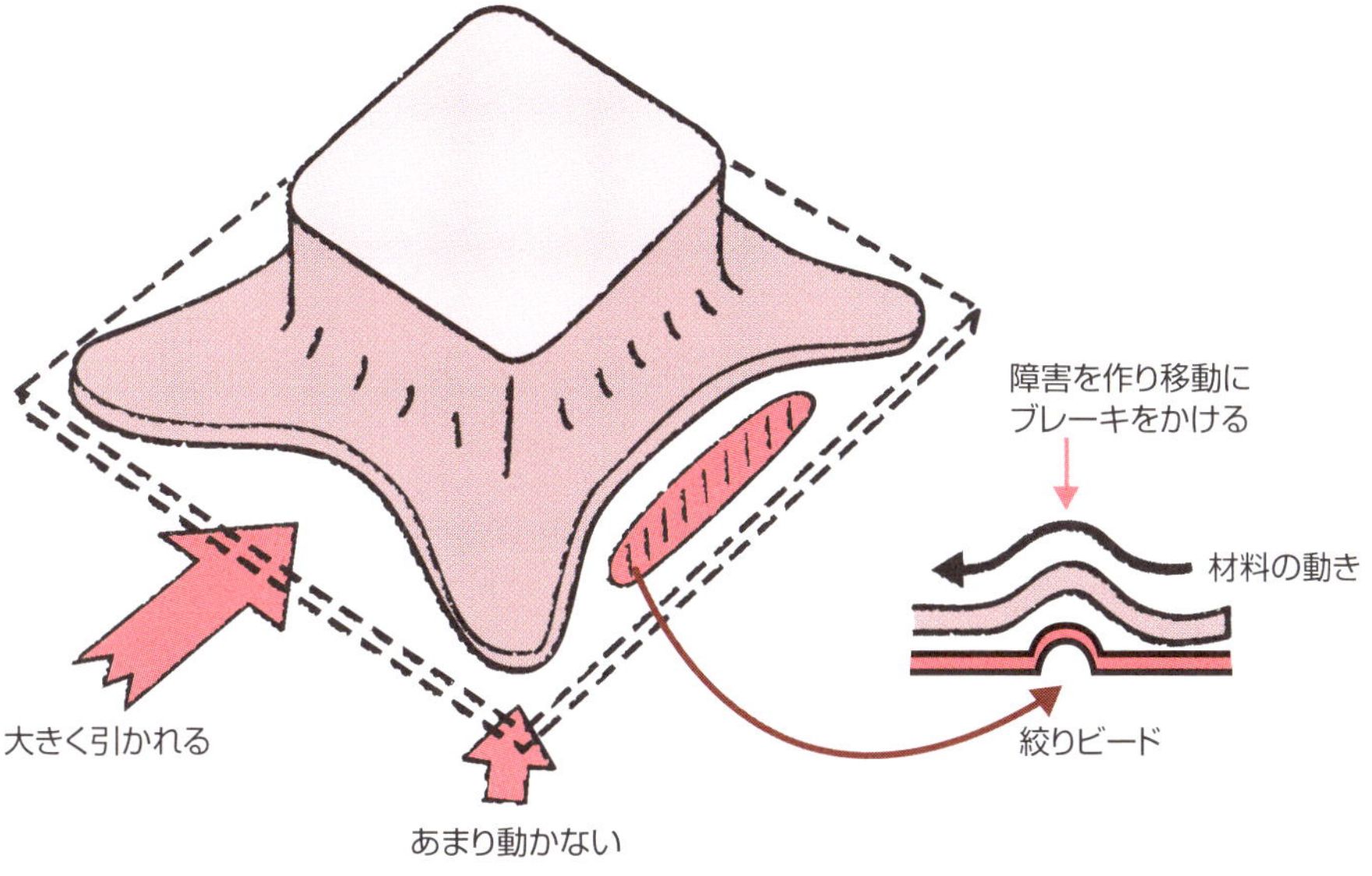

35 製品の構成要素複数を同時加工する

複合加工と呼ばれるプレス加工手段

製品を要素に分けたとき、たとえばブランク（外形抜き）、穴抜き、曲げと分けられた要素の外形抜きと穴抜きを同時に行うことができれば工程を短縮することができます。

このように複数要素をプレス1工程で同時に加工することを複合加工と呼びます。

複合加工の代表的なものに外形と穴を同時に加工する総抜き加工またはコンパウンド加工と呼ばれるものがあります。総抜き加工は工程を短縮できるメリットと共に平坦度がよく、外形と穴のバリ方向が揃う、外形と穴の関係精度がプレス加工の中で最もよいという特徴もあります。機械式時計が主流であったときの地板と呼ばれる時計のベースとなる部品の加工によく使われていました。

絞り加工ではブランクと最初の絞りを複合化して加工する「抜き絞り加工」と呼ばれるものもあります。この加工はブランクを抜き、その後に絞り加工を行うもので、工程短縮がねらいです。普通、絞り製品はこの後に再絞り工程が続くことが多いのですが、1工程で加工が完了する製品では、抜き絞りプラス穴抜きまで同時に行うことが可能です。

曲げを含む複合加工は少なく、ブランク抜き、曲げを複合することは非常にまれです。曲げ加工との組み合わせでは、切断と曲げの組み合わせや分断と曲げの組み合わせといったものが考えられます。U曲げは二つのフランジを同時に曲げますが複合加工とは呼びません。曲げ加工では上曲げと下曲げを同時に行うことは意外と難しく、通常は上曲げ、下曲げを分けて加工することが多いです。そのようなことから上曲げ、下曲げを同時に曲げる加工は複合加工に加えてもよいでしょう（通常は異種の加工の組み合わせを複合加工と呼ぶ）。

複合加工ではブランクの加工は下から上に向かって加工することが多くなるのが特徴です。

要点BOX
- ●ブランク加工と何かを組み合わせる
- ●総抜き加工は外形と穴の関係精度がよい
- ●絞りとの組み合わせでは、抜き、絞り、穴まで可能

複合加工

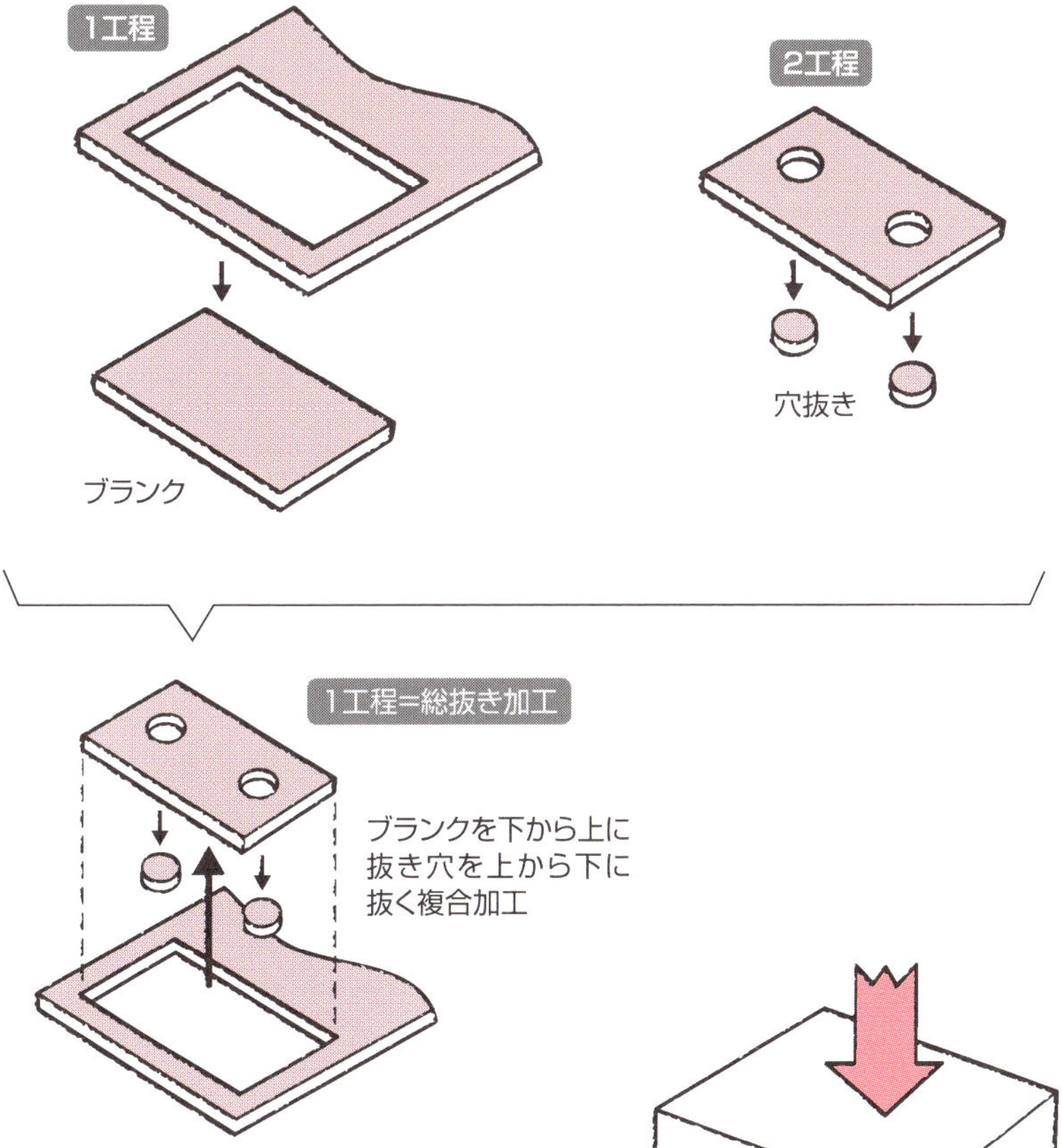

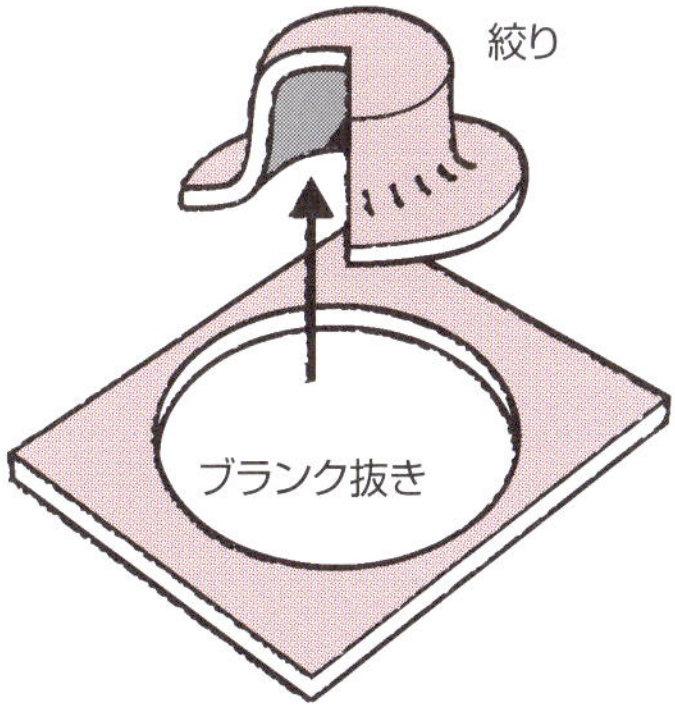

抜き絞り加工

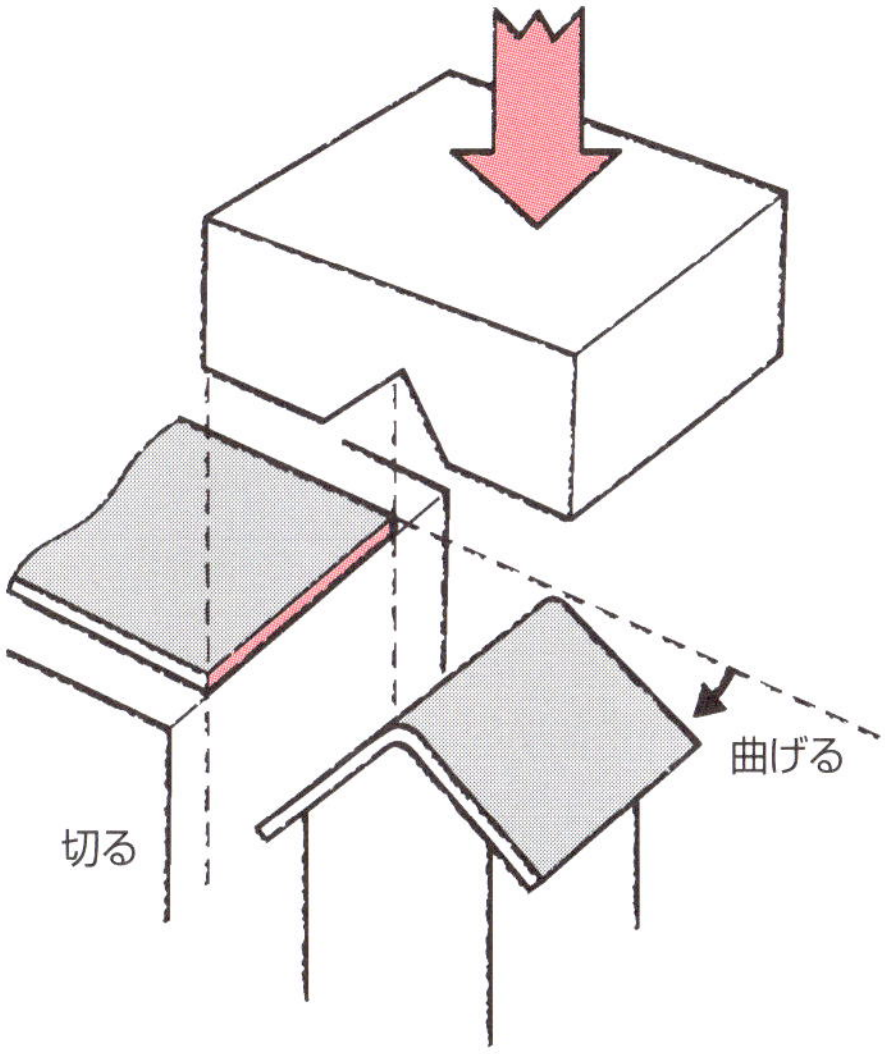

切り・曲げ加工

36 順送り加工

ブランクをつなげ、加工と材料移動を交互に行う加工方法

順送り加工は、プレス加工の中で最も生産性のよい加工方法とされています。ブランクを材料でつなぎ（このつなぎをキャリアと呼び、キャリアとブランクをつなぐ部分はブリッジと呼ぶ）、加工します。加工部位を金型内にいくつか持ち（この加工部位を加工ステージと呼ぶ）、加工後に次の加工ステージに材料を移動し加工します。この内容を繰り返して製品を完成させていきます。最初に材料を入れてから、金型内の加工ステージをすべて通過（製品加工が完了）して材料が型外にでるまでは時間がかかりますが、その後は、プレス機械の1ストロークで1個の製品加工ができます。

順送り加工のもうひとつの特徴に多列加工があります。数個の製品を1工程で加工できます。このような加工はほかのプレス加工方法では難しく、できたとしても2個取り程度までです。順送り加工の大きな特徴といえます。ただし、金型構成部品が多くなるため金型の製作は難しくなります。生産数の多い絞り加工で比較的多く採用されています。7列取りくらいまであります。

順送り加工は自動加工に適した加工方法です。材料にコイル材を使い、この材料を送り装置を使って金型内に送り込むことで効率のよい加工ができます。

欠点としては、大きな製品加工では比例して金型が大きくなり難しくなることです。しかし、最近では大型プレス機械を採用して数メートルの長さの順送り金型も作られています。逆に小さな製品では個々に切り離してしまうと扱いが小さすぎて難しいようなものを順送り加工で容易に加工することは得意なものといえます。その反面、金型内に多くの工程を組み込むため、金型が複雑で高価となる点が順送り加工の欠点と言えます。

要点BOX

- ●プレス加工の中で最も生産性がよい
- ●ブランクをブリッジを使いキャリアにつなぐ
- ●順送り加工は多列加工もできる

単工程加工

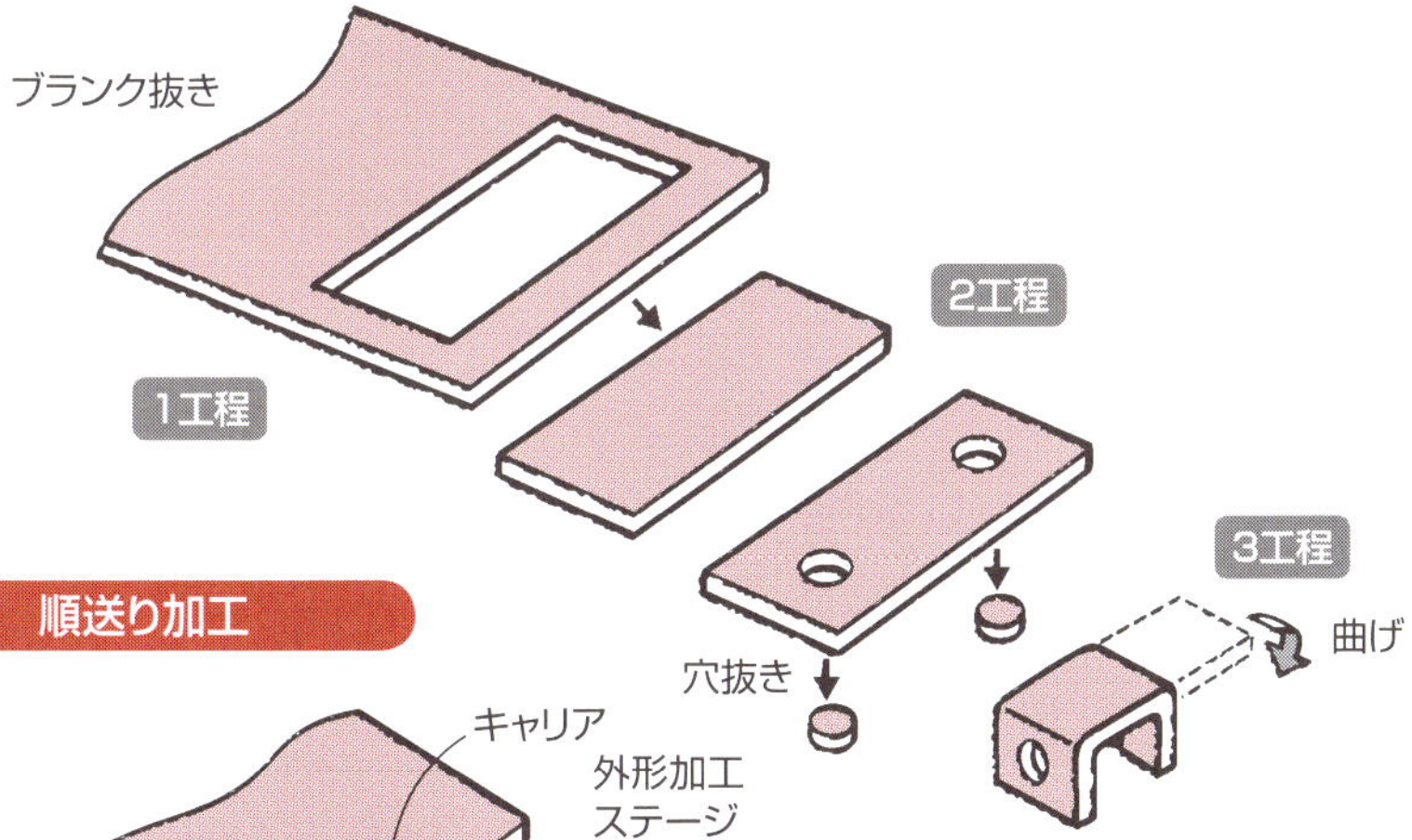

順送り加工

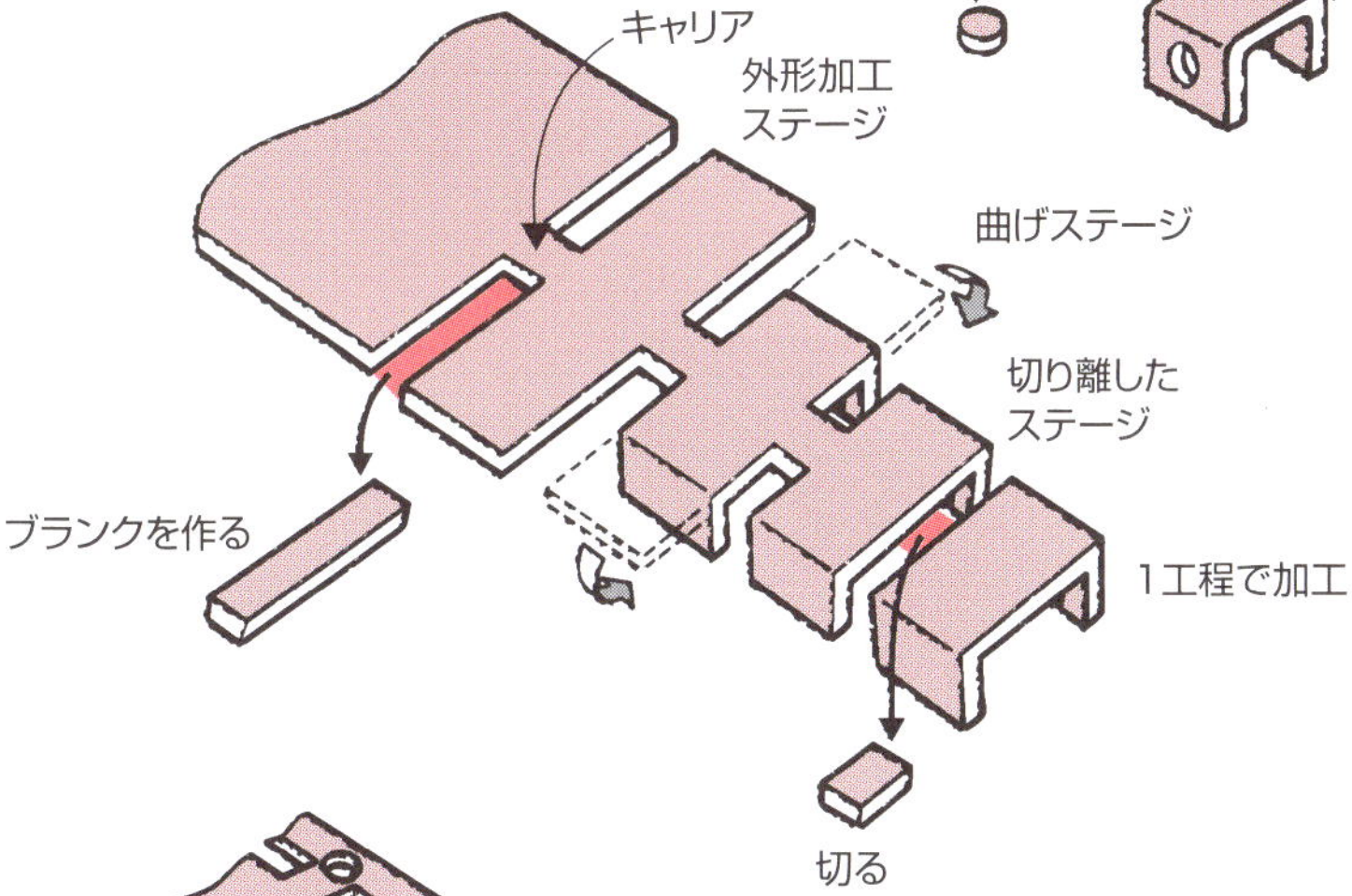

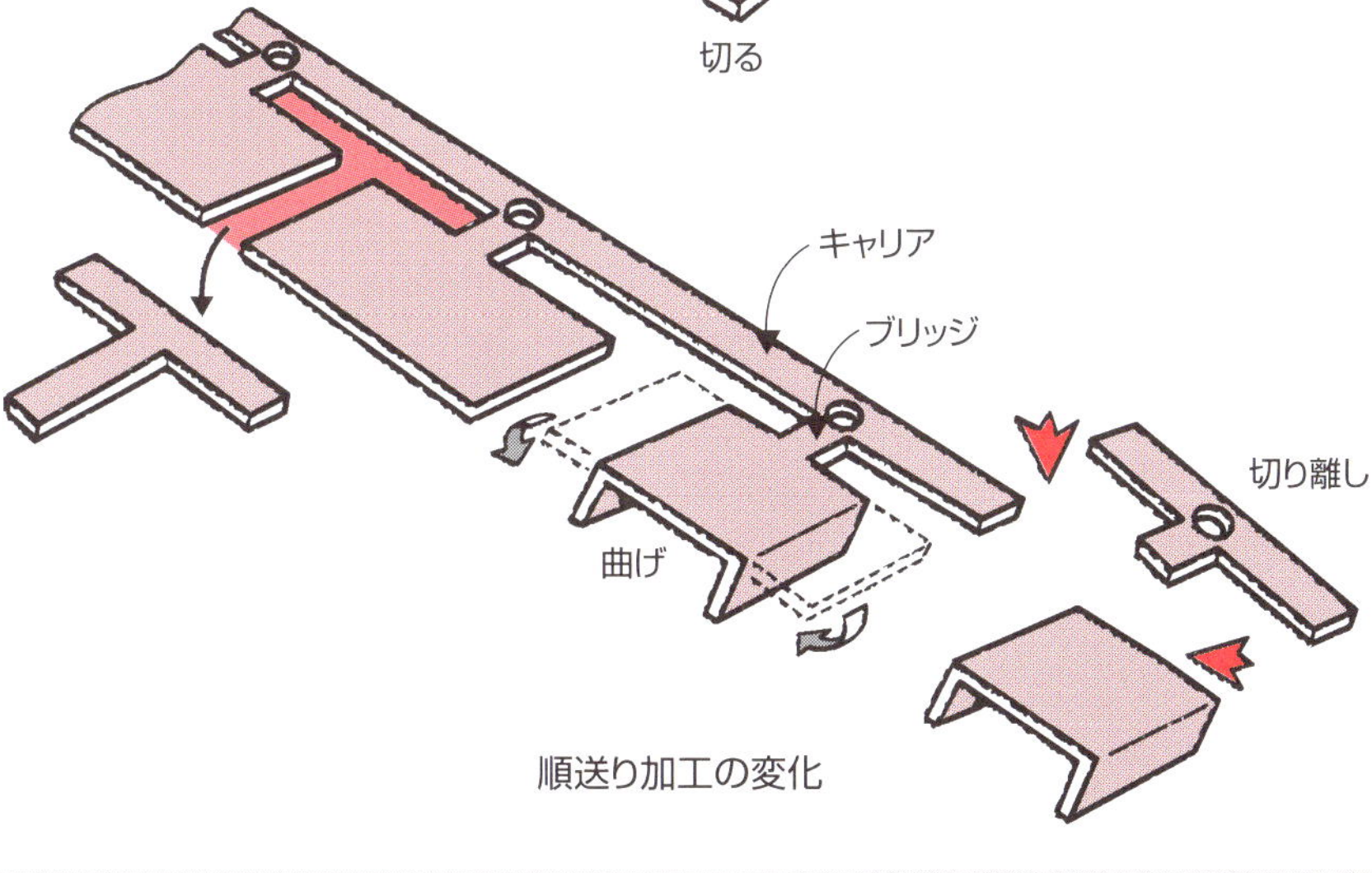

順送り加工の変化

37 順送り加工しながら組み立てる

部品加工と組立を同時に行う加工

順送り加工をすることで材料からプレス部品を加工するのは普通のことです。二つの順送り加工をクロスする形で組み合わせると、交点ができます。ここで二部品を接合加工して、どちらか一方の部品をキャリアから切り離すことで二部品を一体化することができます。つまり、部品加工と組立を同時に行うことになります。この方法は、プレス加工の高度な加工スタイルといえます。製品が小さくなると、個々に作って組み立てることは部品の整列や位置決めなどが大変に難しい場合が出てきます。この内容をプレス加工する金型の中で部品加工と同時に行えれば、整列や位置決めの手間を省き組立が行えます。大変合理的な加工とすることができます。

プレス部品以外にピンなどの切削加工部品をパーツフィーダなどで整列させたうえで順送り金型内に送り込み組みつけるようなこともできます。

身近な製品の例で示すと腕時計のバンドがあります。いくつかの部品を作って組み立てていたのでは大変高いものになってしまいます。幅広のバンドを作っておき、時計の必要幅にカットして仕上げています。

また、飲料缶のふたと開口のためのリップルもこの方法で加工されています。ふたの一部に凸形状を作り、リップルをこの部分にはめ込み、かしめて接合しています。液漏れもなく、手指の触れる部分に支障なく形状を作り、一体化することは大変難しいものがあります。

順送り加工の高度な取り扱いといえます。順送り加工そのものが加工自動機と思えるような構造のものもあります。この手法を二つ組み合わせると、加工と組立を同時に行えることとなり、それを実現した手法といえます。だれでもが行えるものではありませんが、プレス加工の付加価値を高める加工手法のひとつといえる加工方法です。

要点BOX
●順送り加工で部品を作りながら組み立てる
●プレス加工の高度なスタイル
●ピンなどを型内に送り込み組み立てる方法もある

2部品を順送り加工で作りながら組み立てる高度なプレス加工

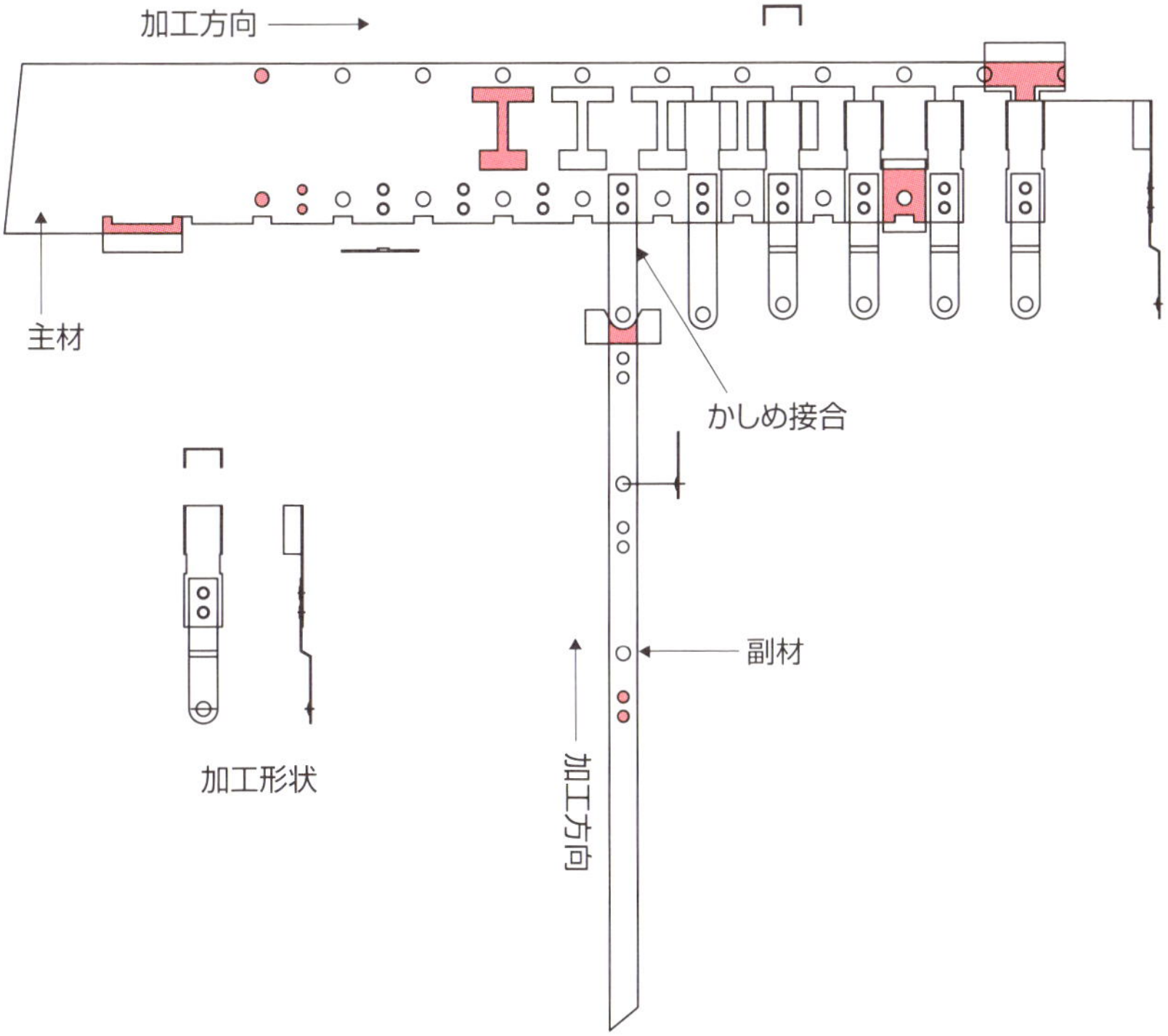

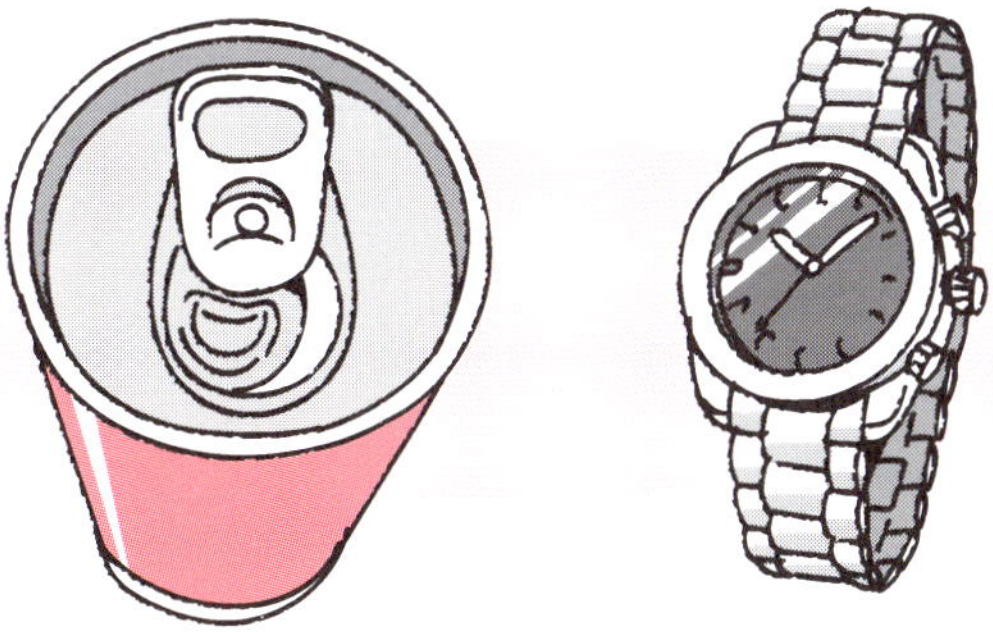

38 外形形状（ブランク）の作り方

いろいろなブランクの作り方がある

外形形状とは、曲げや絞りなどの成形品を展開して得られる形状や抜き製品の輪郭形状のことをいいます。総称してブランクと呼ぶことが多いです。

ブランクの作り方の代表的な方法がブランク（外形）抜きです。ブランクの全周に「さん」と呼ぶ抜き代を取り加工します。この方法がブランク加工の基本といえますが、抜きそりが発生する欠点があります。左右形状が同じであれば、切断を利用して作ることもできます。材料利用率を高める目的からこの方法を積極的に採用することもあります。ただし、各部のバリ方向が異なる欠点があります。

左右形状が異なっているときには分断を利用してのブランク加工もあります。この方法は材料を押さえながら加工するので、ブランク抜きで発生する反りを嫌う製品に採用することもあります。この方法では全周のバリ方向を同じにできる利点もあります。ブランクの一部に弱い部分があるときや大きな形状で一度に加工できないときには、切り欠きを用いて加工する方法もあります。

ブランク抜き以外の切断、分断、切り欠きで形状を作るときには二つの加工の交点部分ができますが、この部分をマッチングと呼びます。この部分の外観変化やバリの発生がほかより多いなどの変化が現れます。マッチングは大切な部分には来ないように注意します。

ブランクの作り方にはいろいろな方法があり、目的によって使い分けます。順送り加工のブランク加工はここに示した分断、切り欠き、切断および穴抜きを組み合わせてブランク形状を作ることが多いです。この方法は大変に自由度が高く順送り加工でのブランク加工の主流といえますが、金型設計者の技量によって良い、悪いが顕著に現れるものでもあります。

要点BOX
- ●ブランク抜きが標準
- ●切断や分断を利用したブランク加工もある
- ●ブランク抜き以外ではマッチングが発生する

いろいろなブランクの作り方

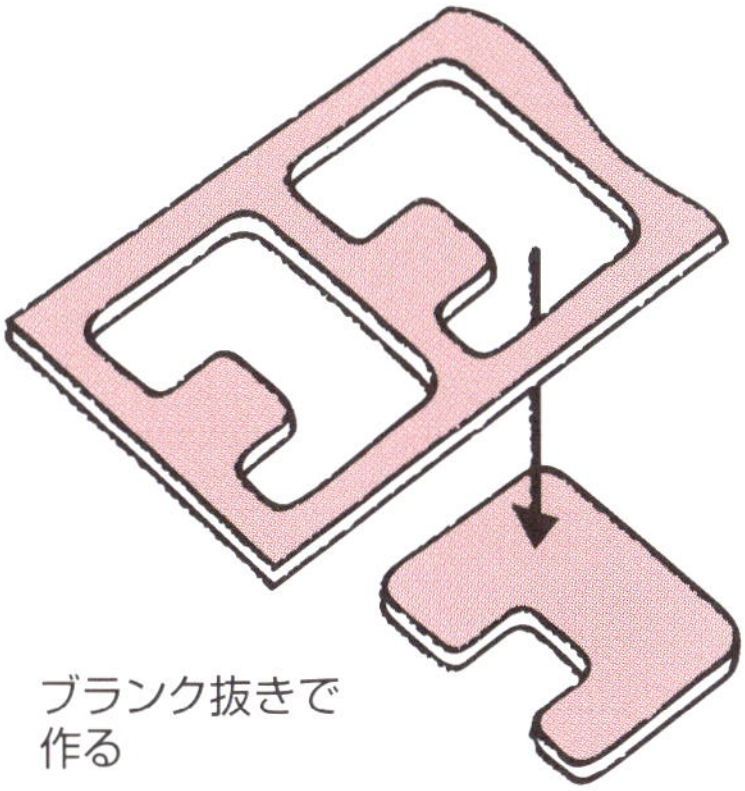

ブランク抜きで作る

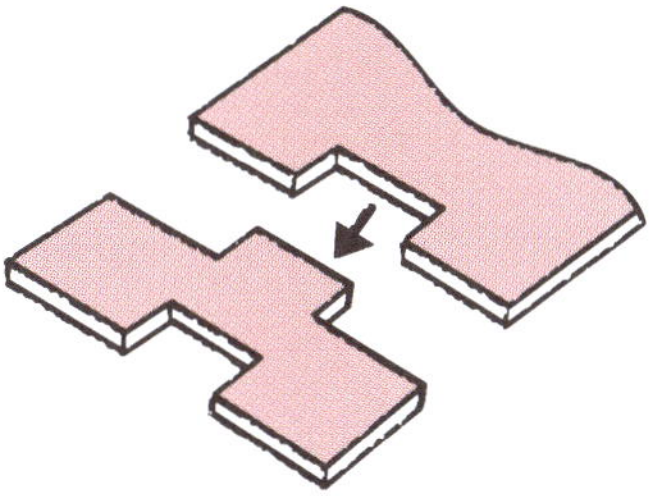

切断で作る

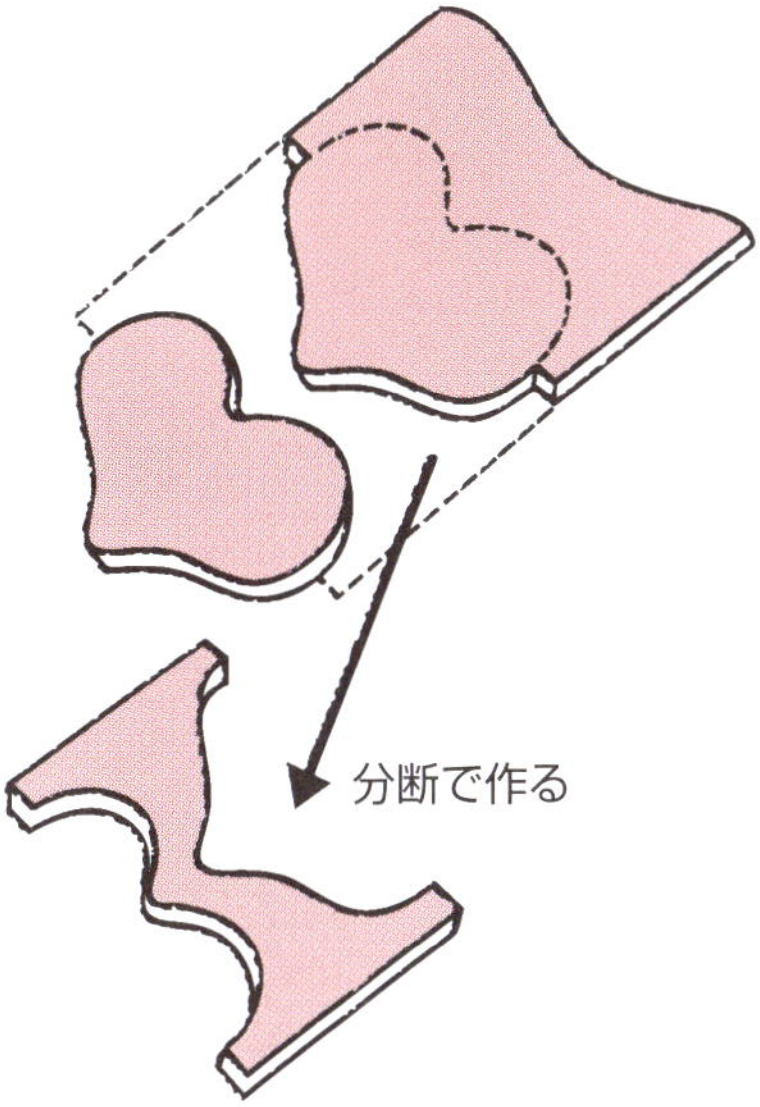

分断で作る

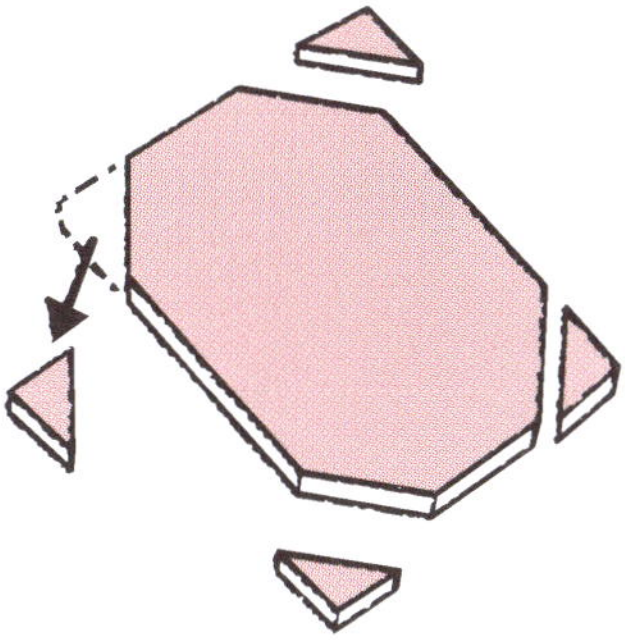

切り欠きで作る

39 抜き順送り加工例

順送り加工の基本となるもの

順送り加工は、抜き加工と成形加工の組み合わせで加工されます。したがって、抜き加工の処理がうまくいかないと問題を起こします。ここでは抜き順送り加工の例を通じて順送りプレス加工の説明をします。

銅材を抜いて回路を作る順送り加工の例は製品のつなぎ部分が弱いため、両側にキャリアを設けて製品保持を安定させ、材料送りと加工に問題がないようにしています。パイロットはキャリア部分に設けて、送りピッチと幅方向の振れ対策としています。製品の回収は切り離し後、シュート上を滑らせて回収します。強い部分が落下方向となるようにレイアウトしています。

鉄材を加工して端子となる部品を加工するものは順送り加工後、また、コイルとして巻き取ります。形状が弱いことから両側キャリアとしています。順送り加工では製品保持の安定と材料のガイドをしやすくすることから、両側キャリアを基本とします。順送り加工してコイルに巻き取るものは加工の信頼性が求められます。また、巻き取る際に変形が起きないように間に紙を挟み巻き取ることが多いです。この紙を層間紙と呼びます。

釣竿部品のようなものもプレス加工で作りますという例です。抜き加工後に少し曲げ加工が入るため、片側のキャリアを途中で切り離しています。材料ガイドが不安定になり、キャリアが少し曲がっているのがわかると思います。これが、キャリアが片側だけのときの欠点です。リング部分は簡単に見えますが、板厚と同じぐらいの幅にきれいに抜くのは意外と難しいです。この加工では位置決め用のパイロットを製品の中に作っています。材料節約のためです。

抜きの順送り内容はすべての順送り加工についてまわります。したがって抜き順送り加工がうまくできないとよい結果が得られないことになります。簡単に見えますが大事なものです。

要点BOX
- ●抜きは順送り加工すべてに存在する
- ●キャリアの使い方に注意
- ●加工した製品を巻き取ることもある

抜き順送り加工例

銅材を抜き回路を作る（電気部品）

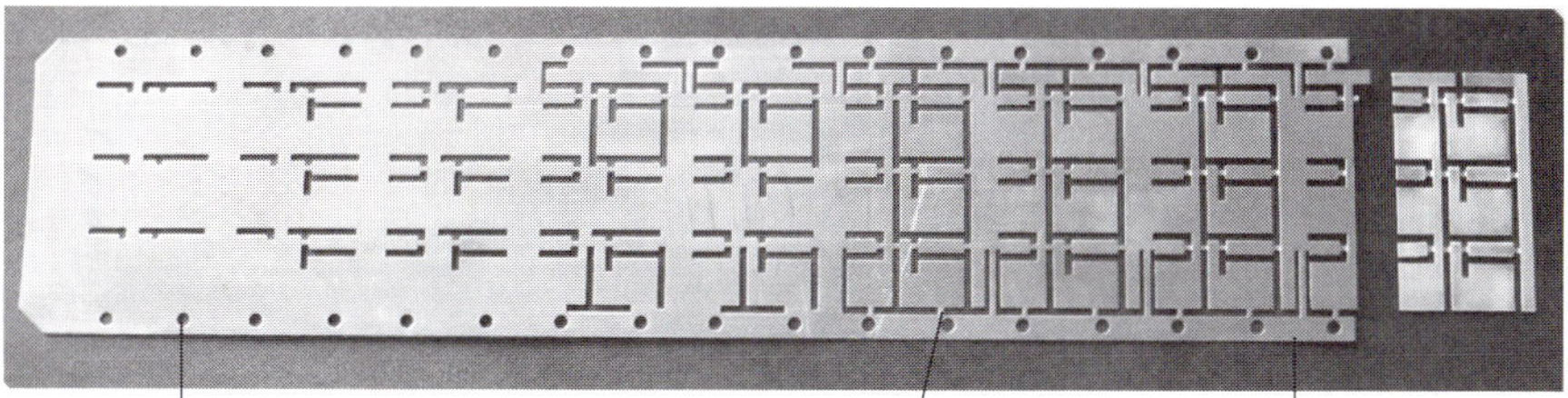

パイロット　　ブリッジ　　キャリア

鉄材を抜き端子を作る（電気部品）

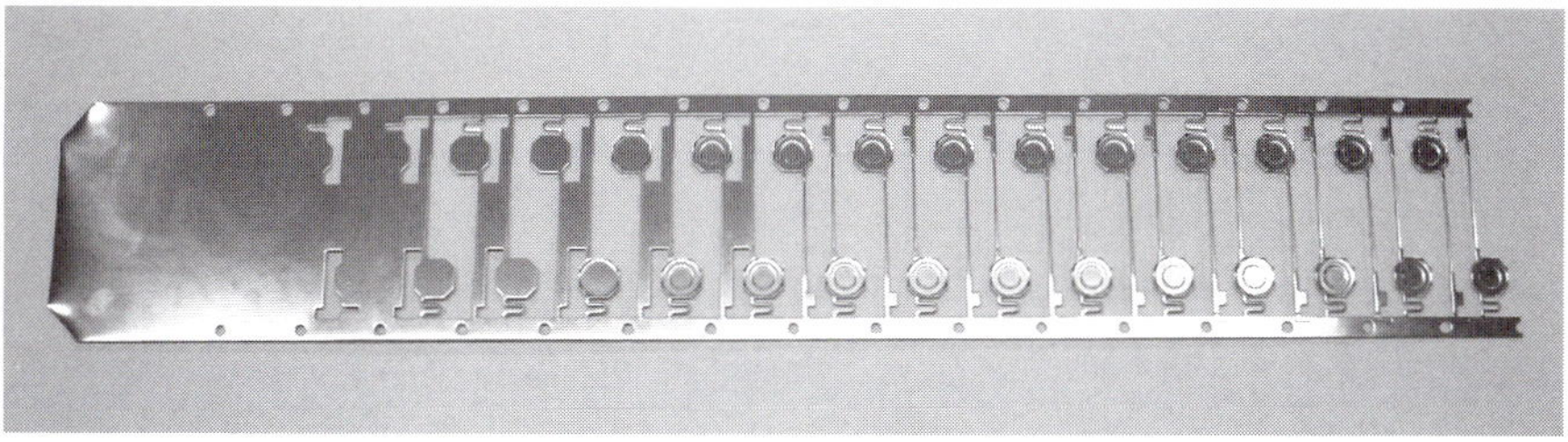

ステンレス材を抜き釣り竿部品を作る（雑貨）

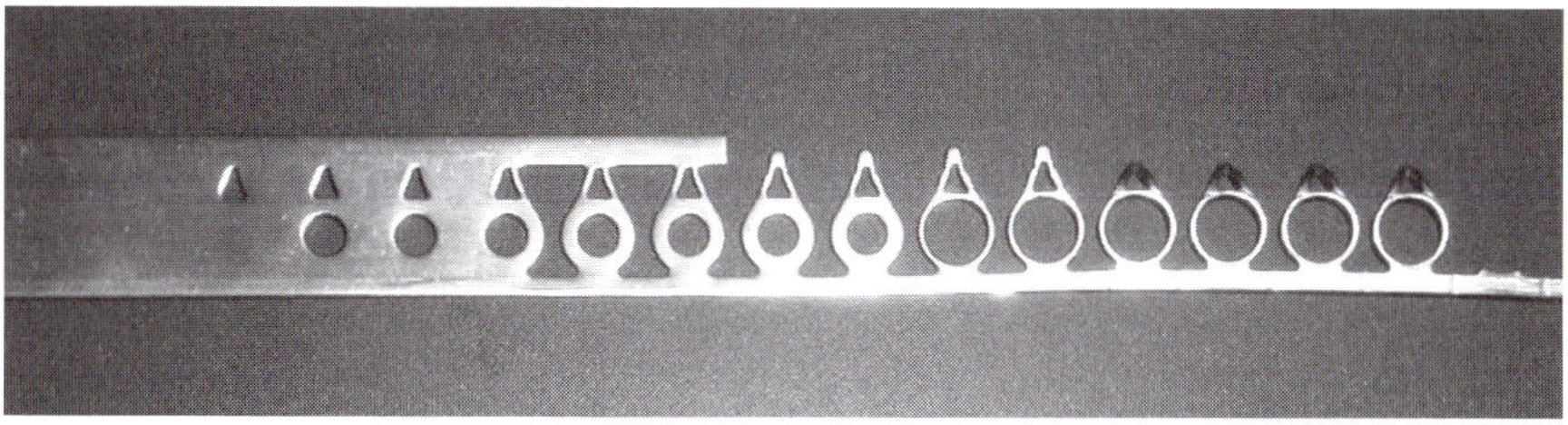

40 曲げ単工程加工例

プレス加工の中で最も多い形

曲げ加工はプレス加工製品の中で最も多いものです。そして加工スタイルはここに示した単工程加工が多いように思います。

単工程加工は工程ごとに金型を作るので作りやすいことと、曲げ形状によっては途中で反転させることで加工を容易にできるものが結構あります。このように単工程加工は自在な対応が可能な点も曲げ加工には向いています。

シンプルな加工例はブランク加工で切り曲げを一緒に行う複合加工を取り入れて工程を短縮しています。外周部の先端を少し曲げ、その後に四辺を箱状に曲げています。曲げ1と曲げ2でブランクが反転しています。1曲げでは凸を下に加工すると金型が作りやすく加工も安定します。箱曲げはフランジを上になるように曲げると、1曲げ同様に金型製作と加工が容易になるためです。

複雑な曲げの例は曲げ1以前にブランク抜き、切欠きの工程があります。曲げ1では上に曲げたL曲げと同時にビード加工も行っています。曲げ2の前に中央の斜面だけ加工しています。曲げ2では三か所のL下曲げを行っています。曲げ3ではU曲げを上曲げで加工しています。このような曲げでは同一方向の曲げを一緒になるように工程を組みます。上曲げと下曲げを一つの金型の中で行うのが難しいからです。工程が進むと形状が少しずつ立体になりますが、この形状をうまく位置決めして加工することにも難しさがあります。

先にも述べましたが、単工程加工はブランクを自由に反転できることが大きな利点となっています。反転させることで加工を楽にできることが多いからです。もうひとつの特徴として、単工程曲げでは上曲げとすることが多いです。その理由はブランクの位置決めが安定するところにあります。

要点BOX

- ●単工程加工はブランクの反転ができる
- ●単工程加工ではブランクの位置決めが難しいことがある

単工程曲げ

シンプルな単工程曲げ

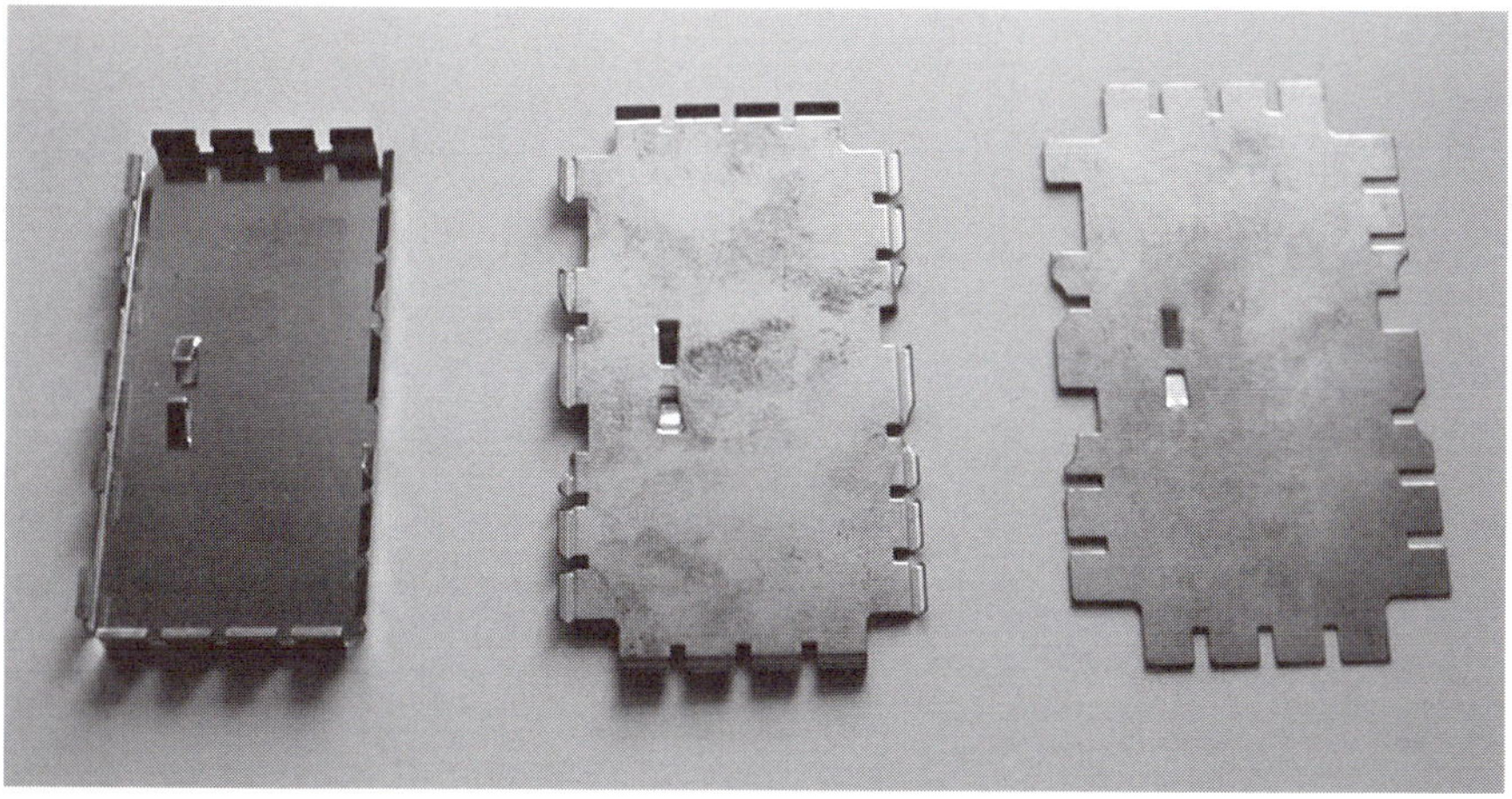

曲げ2　　　　曲げ1　　　　ブランク

複雑な単工程曲げ

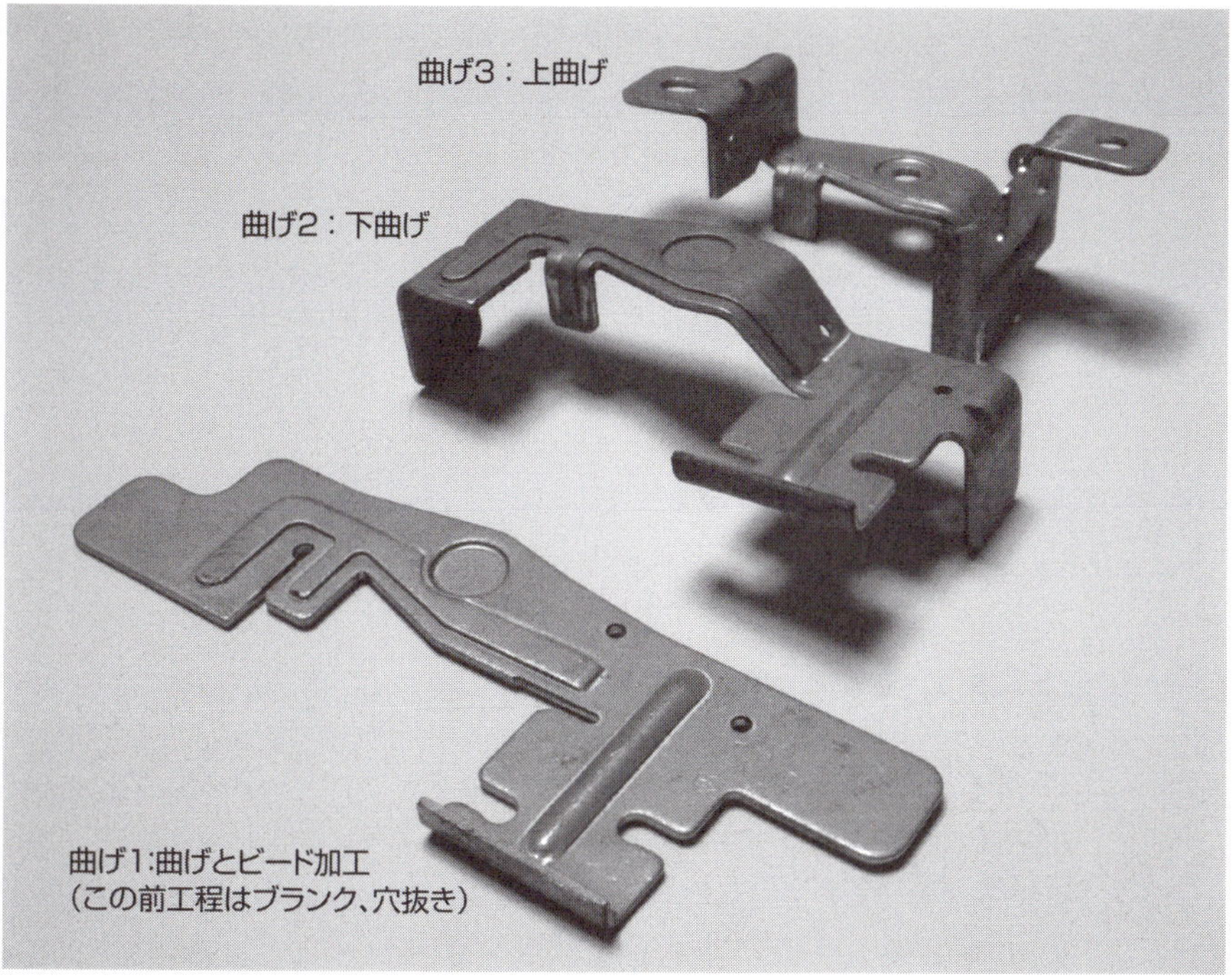

41 曲げ順送り加工例

材料の安定と形状を作り、曲げるがポイント

順送り加工では、形状を抜き加工で作り成形加工することになりますが、形状を優先して作るとキャリアが弱くなり送りミスが起きやすくなります。順送り加工の注意点です。また、材料の幅方向のガイドにも注意し、問題が少ないようにします。

両側キャリアの曲げ加工例です。模範的なレイアウトといえます。ブランクの両端でキャリアとつないでいるため保持が安定します。材料幅が加工の最後まで残りますから、材料の幅方向のガイドも行いやすいです。曲げは材料の圧延方向と直角の関係にありよい状態です。欠点は移動の際に材料を高く持ち上げなければならないことです。持ち上げる高さはできるだけ小さいほうがよいのです。

中央つなぎの加工では、曲げが圧延方向と平行の曲げとなるケースが多いです。材料の持ち上げ量を小さくできますが、中央のつなぎ部分が狭いと横曲りを起こす、幅方向の材料ガイドが行いにくいなどの欠点も多くあります。例のサンプルは切り捨てもよい部分を残し、パイロットをそこに設けるとともに、材料幅方向のガイドも行いやすくする工夫のあるレイアウト例です。

たくさんの曲げのある加工例ではブランクの安定を図るため、変則的な両側つなぎとしています。両端にも曲げがあるようなときにはこのようにすることも結構あります。中央部分の細かな複数の曲げを先行して行い、後工程で両端の曲げを行っています。これも材料幅方向のガイドをしやすくするためと、金型内の曲げ逃がし部分を少なくするためです。

曲げ順送り加工は、順送り加工の中で最も多い加工といえます。この加工での注意点はブランク加工と曲げ加工のバランスです。一気にブランクを作ってしまうと材料強度が弱くなり加工トラブルの原因となることがあります。必要な部分のブランクを加工して曲げるようにして材料強度の低下を防ぎます。

要点BOX

- ●形状を先に作るとキャリアが弱くなる
- ●両側キャリアが基本
- ●材料送りのときの持ち上げる高さにも注意

曲げ順送り加工例

両側キャリアの曲げ順送り加工

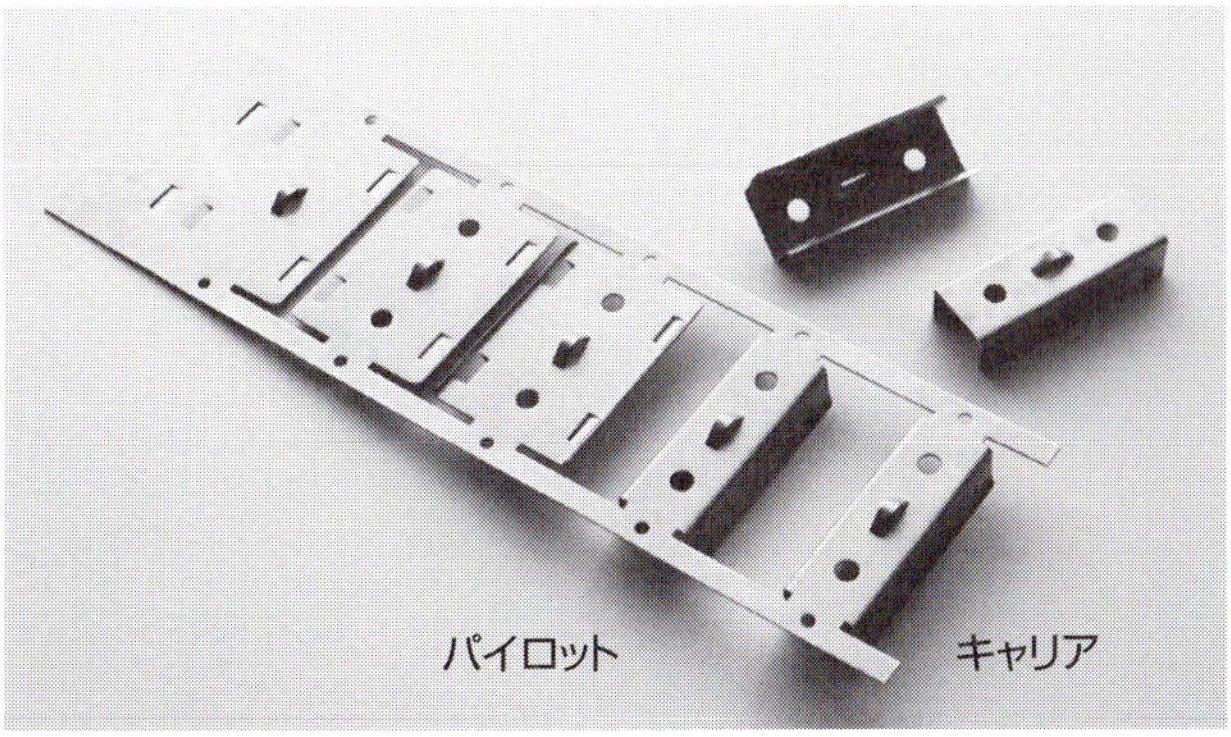

中央つなぎの曲げ順送り加工

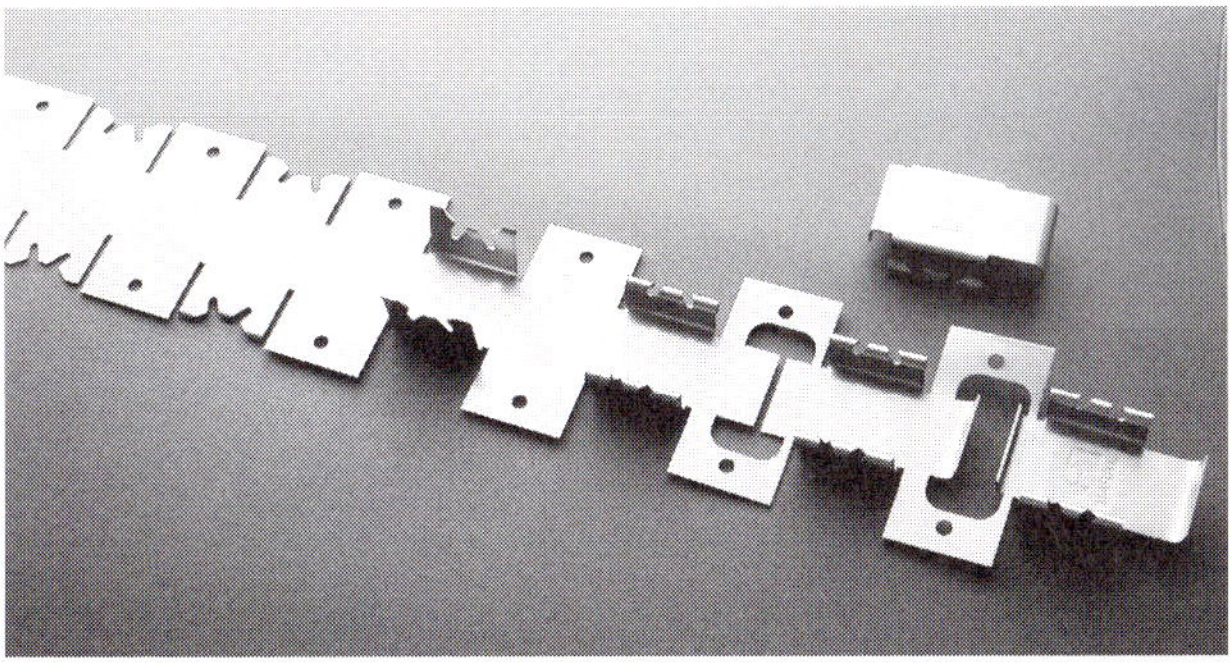

たくさんの曲げ箇所のある順送り加工

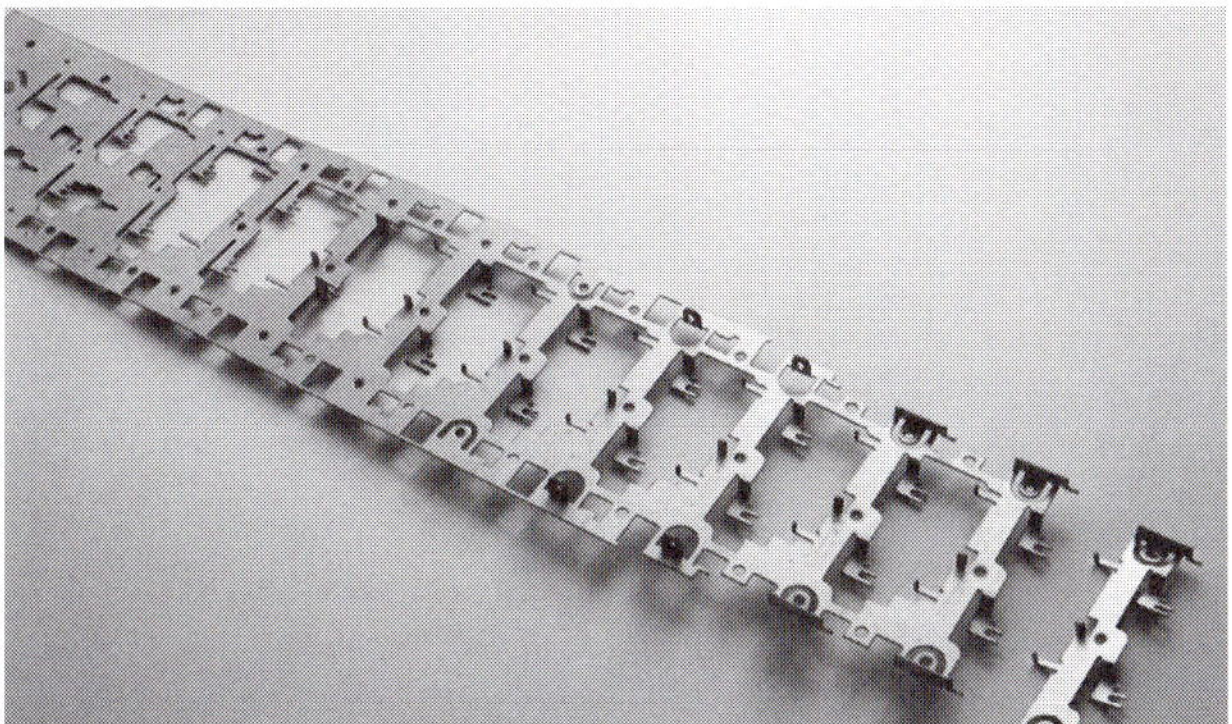

42 絞り単工程加工例

絞りは歩留まりなどの関係から単工程加工が多い

単工程角絞りの例は、絞りとしては1工程で絞れる容易な形状の例です。この程度の工程数であれば単発加工で作業を行うことが多いです。工程はブランク抜き、角絞り、トリミング、穴抜きの4工程です。ここで、この形状であれば穴抜きとトリミングを複合加工として、3工程で行うことも可能です。単発加工の場合、人が作業するので、できるだけ工程が少なくなるようにします。

バッテリーケースの例は工程数が多くかかる絞り加工例です。写真のものは工程数が少ないほうです。普通は10工程以上かかります。このような工程数になると単発加工では難しくなります。また、この製品のようなものを順送り加工で作ろうとすることにも難しさがあります。このような製品は加工上の問題と材料歩留まりの関係から単工程金型で工程を作りトランスファー加工で自動化する方法が普通です。プレス機械の中に単工程金型を等間隔で一列に配置して、その間をトランスファーフィーダのフィンガーで製品をつかみ、次工程に移動します。つかみ、移動と加工の間に製品の位置決めが不安定になる瞬間があります。その瞬間を改善する工夫が金型内に行われます。

トランスファー加工用に工夫を加えた金型をトランスファー金型と呼びます。トランスファー金型は同一レベルで製品を搬送する必要があることから高さを揃える、等間隔に配置することから金型の大きさも揃える必要があるなどの制約があります。

絞り加工はブランク外周を縮めて形状を作るため順送り加工では姿勢のコントロールが難しいことと、材料歩留まりの関係からトランスファー加工が多いように思います。トランスファー加工は絞り加工には都合がよいのですが、フランジのトリミングに難しさが出ることがあります。

要点BOX

- ●絞りは単工程になりやすい
- ●単発加工では工程数が少なくなるように工夫する
- ●単工程加工の自動化、トランスファー加工

絞り単工程加工例

単工程絞り

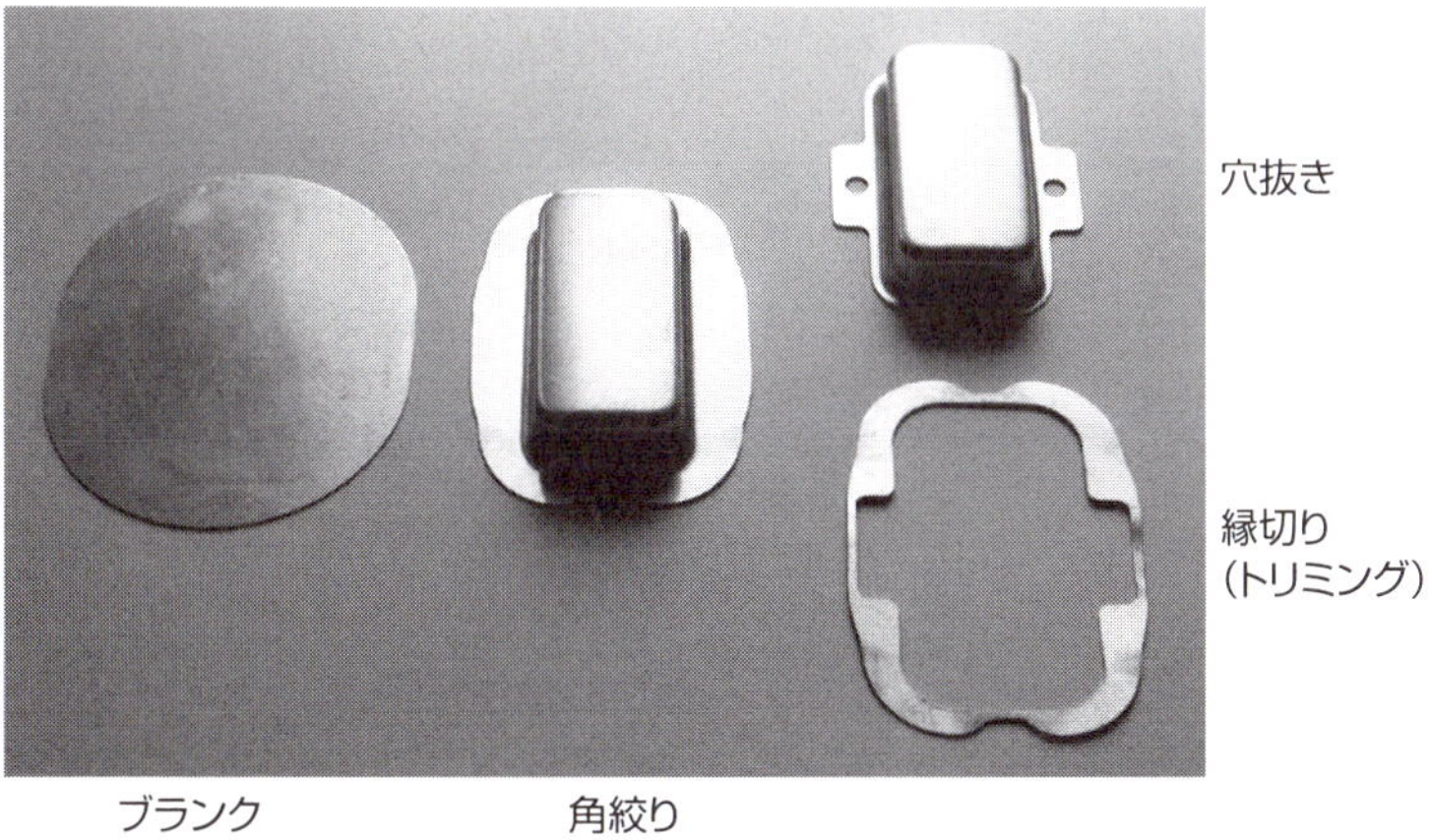

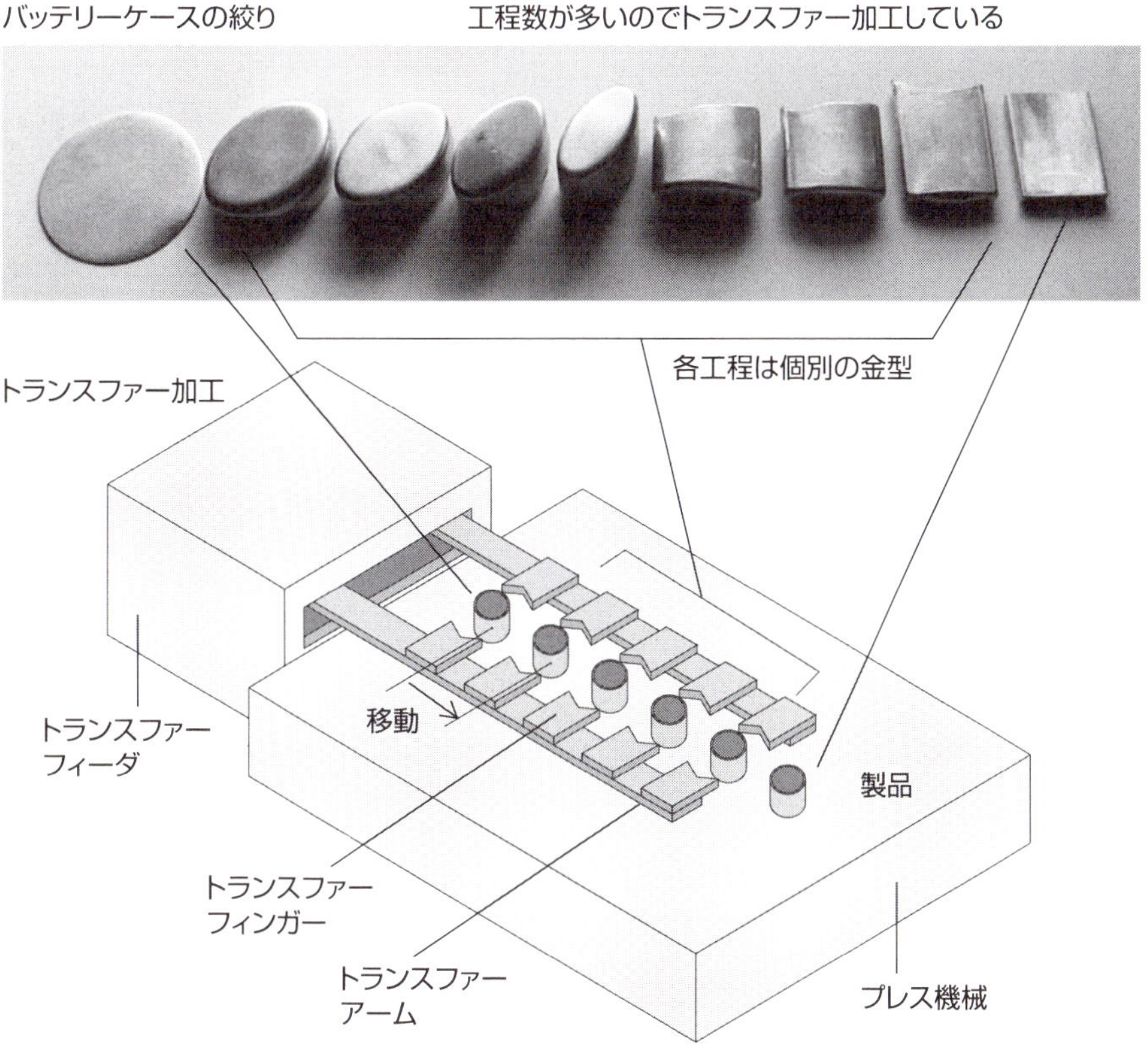

バッテリーケースの絞り
工程数が多いのでトランスファー加工している

43 絞り順送り加工例

順送り加工の中で絞り加工は難しいとされている

絞りの順送り加工のスタイルはいくつかあり、その代表的なものを示します。

ハトメ絞り方式は、ハトメ加工に多く用いられていたことからこのように呼ばれています。特徴はコイル材からブランクを作らずに直接絞り加工を行うことです。絞りに伴う材料の移動などの処理に微妙なところがあり、金型製作が難しくこのスタイルでの加工は減っています。

アワーグラス方式はブランク抜きするときの形状が砂時計のガラスの形に似ているところからこのように呼ばれています。ブランクを並べ、キャリアで両端をつないでいくと自然に出来上がる形で、絞り順送りの基本となるレイアウトです。欠点は写真を見てわかるように、絞ることで材料幅が変化してしまうことです。

ランスリット方式は材料幅の変化がないように工夫したスタイルです。順送り絞りで最も多く使われている方法です。

絞り順送りの変化はブランクの作り方にあることがわかったと思います。絞り工程は単工程加工と変わりません。

順送り加工の特徴のひとつである多列加工が多く採用されているのも絞り加工です。多いものでは7列くらいまであります。ただ、列数が増えるとトラブルも乗数的に増加するのであまり欲張ってもうまくいくものではありません。しかし、この多列加工は順送り加工の大きな特徴です。

絞りの順送り加工のポイントは加工途中の姿勢のコントロールにあります。ブランク抜きと第1絞り間の上下動、第1絞りでのブランクの減少、第1、第2絞り間の傾き、中間絞り工程での上下動と傾きなどをうまく処理することが順送り絞り加工のコツといえます。

要点BOX
- ●ハトメ絞り順送りではブランクを作らない
- ●ブランク加工を工夫する
- ●絞り加工には多列加工が案外多い

絞り順送り加工例

はと目絞り方式の順送り加工

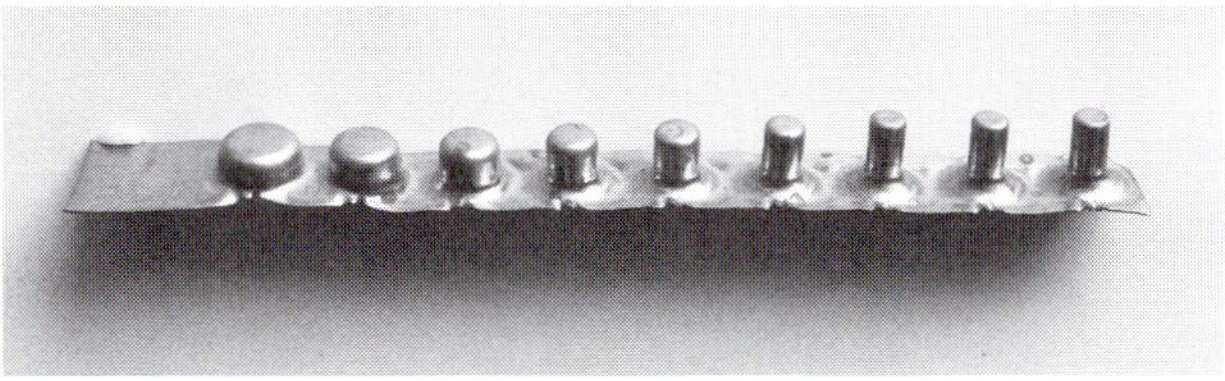

アワーグラス方式の順送り加工

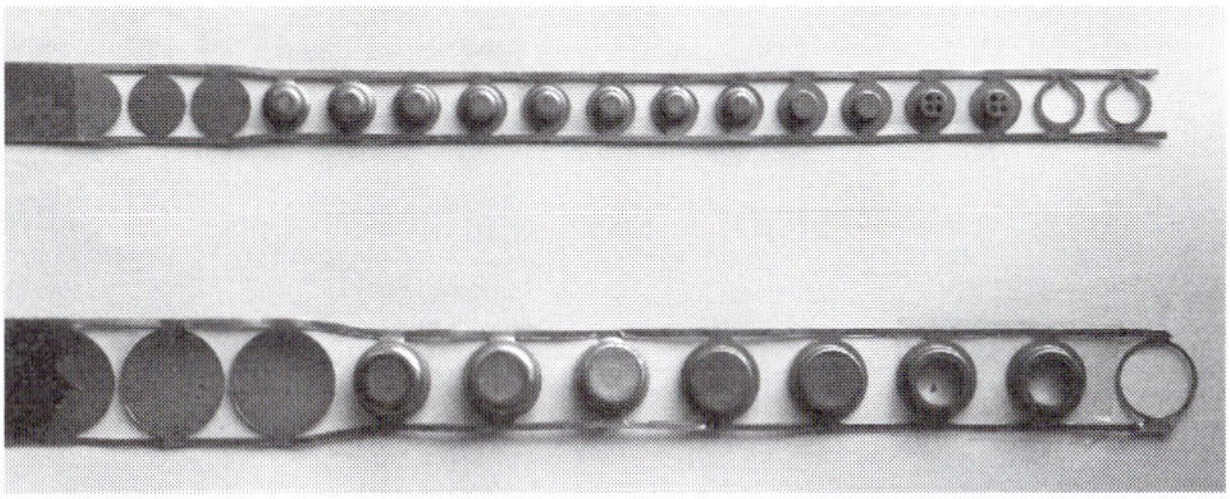

ランススリット方式の順送り加工

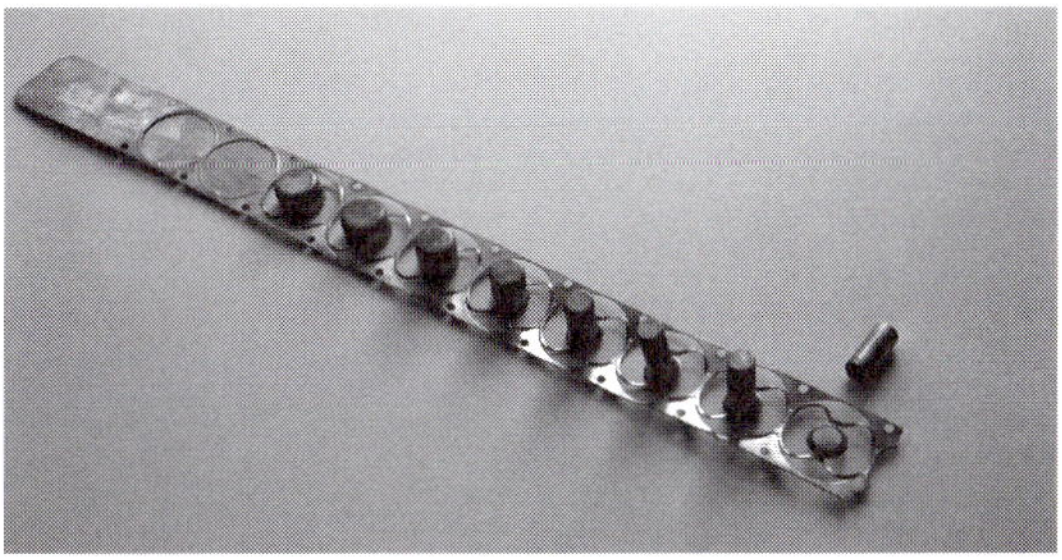

多数個取りの順送り加工

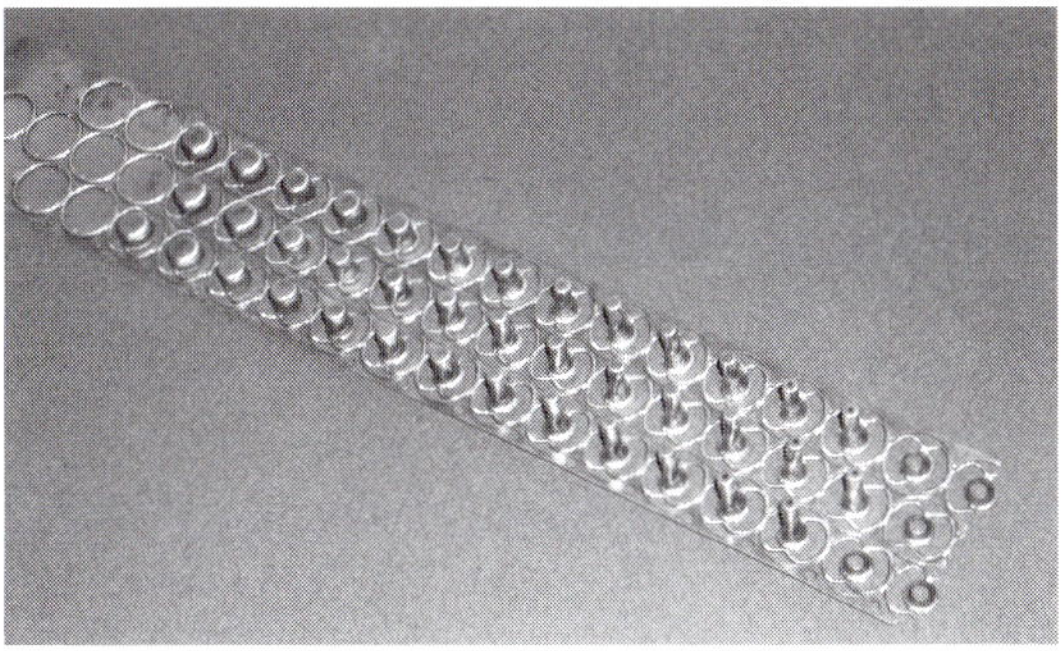

44 成形加工例

成形加工には工夫がいる

成形加工は絞りとも少し違い加工を見誤ると大変苦労することがある加工法です。

自動車部品の成形例では、上の写真が製品です。この形状を単純に加工しようとすると、しわなどの発生で加工はかなり難しくなります。このようなときには製品の形状を問題のないように補正して加工します。上の写真は補正して加工した形状です。その後、不要な部分をトリミングで切り取り、製品を完成させます。補正は問題なく加工できるようにすることですが、材料歩留まりも考えあまり無駄を出さないようにします。

家電製品の例はエンボス（ビード）加工とフランジ成形を組み合わせた製品例です。エンボス形状は左右対称となっており、加工時の材料移動バランスがよく面ひずみが出にくいよい形状となっています。フランジ成形はU曲げと組み合わせた形になっています。まず、板のうちにフランジ部を成形して、その後にU曲げを行い製品は完成しています。

二つの写真を注意して見ると、ブランクの形状と完成した製品の形状に違いがあるのがわかります。この違いは成形したときに発生する材料の移動によって起こる形状変化を読んでブランク形状を作っているのです。

この変化を金型設計段階で読むことは現状では難しく、仮ブランクを作り加工して変化を見て、ブランクに修正を加えて再加工することを繰り返して適正なブランク形状を求めることが普通です。しかし最近では成形シミュレーションの発達によってこの段階でのトライ回数は減少傾向にあります。

成形加工では製品形状によって圧縮要素が働いたり、伸び要素が働くなどの変化の中で形状が作られていきます。その間に材料の板厚変化や面のひずみといったものが発生し、その対策に苦労する加工です。

要点BOX

- ●製品形状から問題ない加工形状を作る
- ●プレス加工を考えた製品設計を望む
- ●成形での変化を読んでブランクを作る

成形品加工例

自動車部品の成形

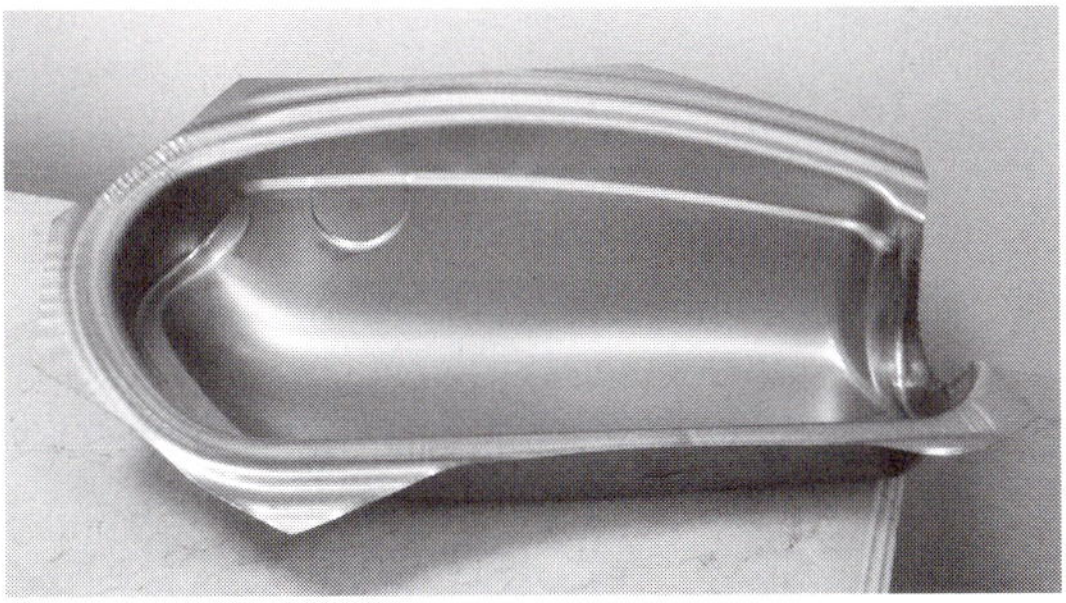

余肉をつけての
成形

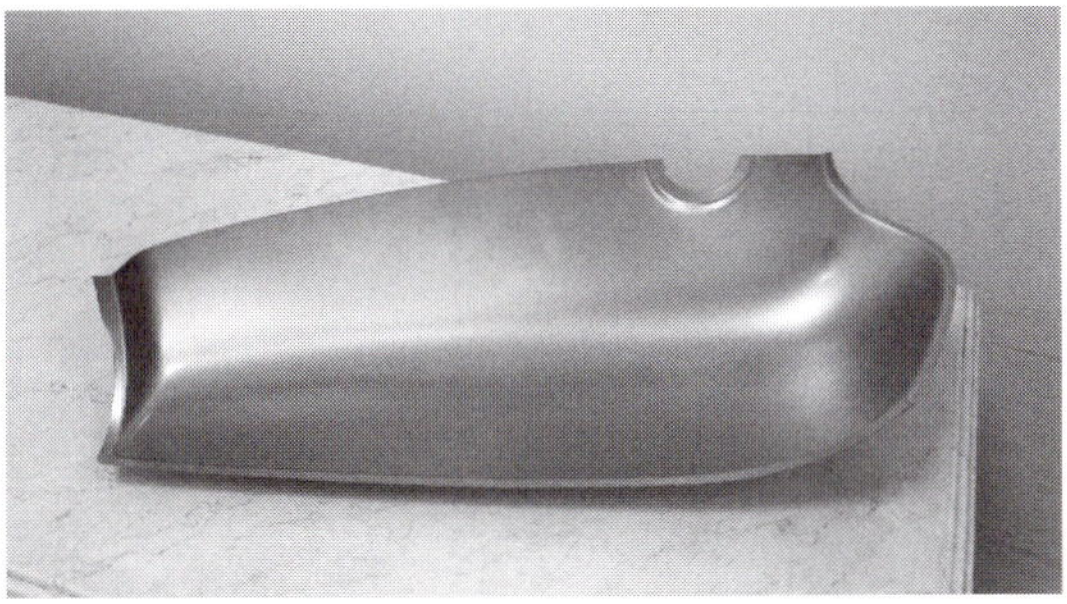

余肉部分を
トリミング

家電製品の成形

予備成形

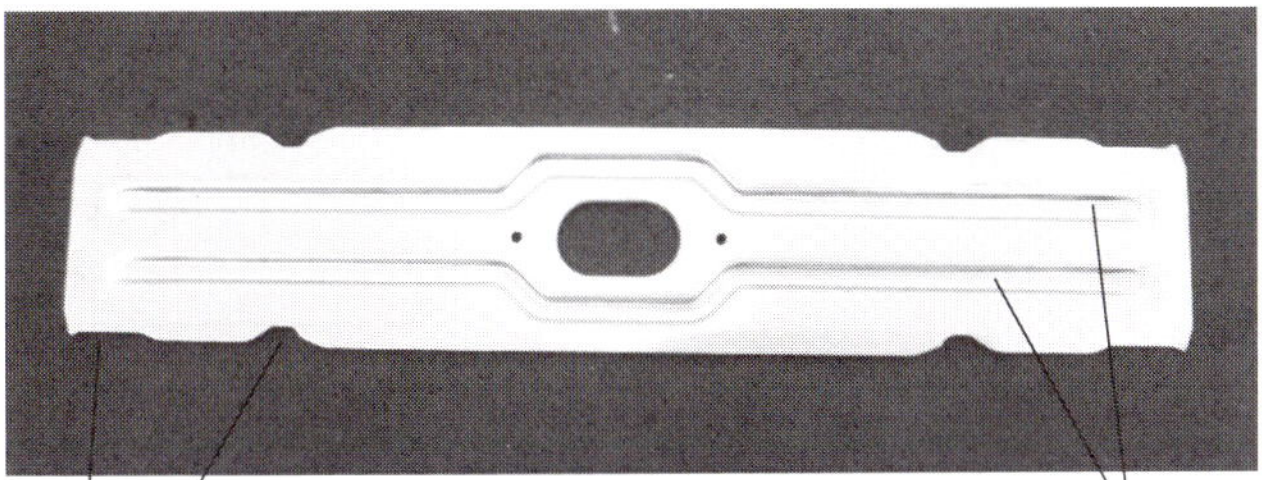

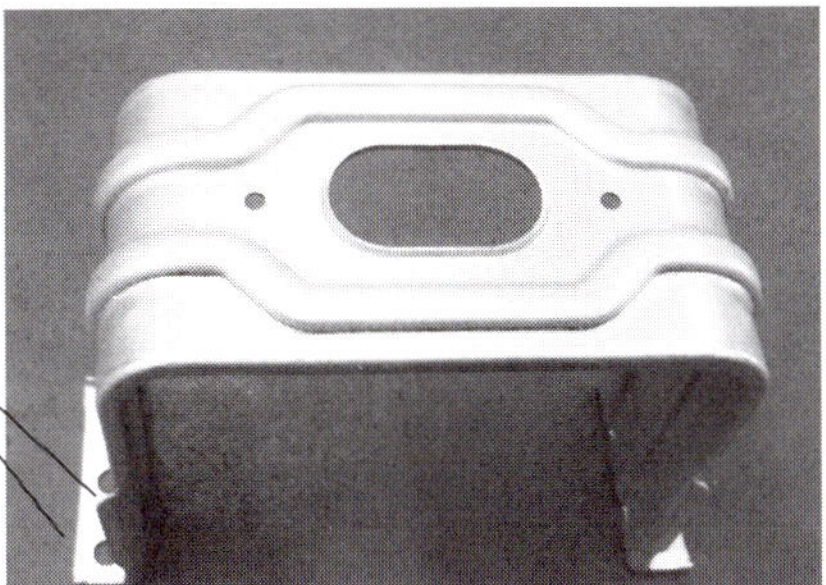

バランスのよいビード

変形を読んだブランク

成形

Column

道具からシステムへ

プレス加工はパンチ、ダイの形状を材料に転写して形状を作ります。

短編小説に「鏨師（たがねし）」平岩弓枝著というものがあります。これは鏨を使って刀に銘を彫ることを扱ったものですが、鏨師はかざり職人とも呼ばれ、かんざしなどの飾りを打ち出して作る人を言います。金属の板を鏨でたたいて模様を作ることを打ち出し加工また手工板金と呼びます。

今では試作品や工芸品などの一品生産に活用されています。予断ですが、この打ち出し加工で、錫を加工して作られた酒器で冷酒を飲むとまろやかになってうまいです。

打ち出し加工はプレス加工のルーツです。打ち出し加工はよいものを作ることができますが、同じものをたくさん作るには不向きです。

そこで考えられてきたものが金型です。金型では鏨との加工量が違い大きな加工力が必要となります。そのため人力での加工に限界があり、動力で動くプレス機械（クランク式のプレス機械が作られたのが20世紀の初め）が発達してプレス加工が発展してきました。

鏨から金型への変化は形状加工に必要なユニット、材料の位置決め、プレス機械への取りつけなどを金型としてシステム化した形と見ることもできます。

初期の金型は工程ごとに金型を作り、人が作業する単発加工でした。金型はその後、順送り型に変化し生産性を高めました。量産向きに材料はコイル化され、さらに効率は高まりました。

順送り金型とコイル材の組み合わせ、材料の自動送りができると人のかかわりが減少し生産性が高まり、大量生産に適したプレス加工システムができます。この段階になると自動加工を監視するセンサーが使われるようになり、プレス加工システムの完成度は高まりました。

鏨という道具から金型を使った加工システムへとプレス加工は変化を遂げ現在がありますが、歴史的には若い生産手段と言えます。

第5章

プレスで使う金型にはどんなものがあるの?

45 プレス金型の構造はどうなっているの

プレス金型の機能と役割について

プレス金型はプレス加工する道具として作られます。金型は上型と下型と呼ぶ、大きな二つのブロックに分かれます。上型はプレス機械のスライド部分に取りつけられ往復上下運動をします。下型はプレス機械のボルスタ部分に取りつけられ、固定された形となります。

プレス加工は工具(パンチ、ダイ)形状の材料への転写です。したがってパンチ、ダイの関係が正しく作られ、保たれていることが必要です。普通はパンチが上型にダイが下型に配置されます。加工の内容によってはダイを上型、パンチを下型に配置する構造とすることもあります。これを逆配置構造と呼びます。

加工する材料はダイの上に置かれます。パンチ、ダイとの関係位置を保つため材料の位置決めがダイ上にあります。

加工した製品やスクラップが容易に金型外に取り出せる構造にもなっています。

このような基本的なもののほかに小さなパンチが単独で型内に取りつけできないときにはプレートを用意して、そこに固定した後に、金型内に組み込むなども行われます。このときに使うプレートをパンチプレートと呼びます。このほかにバッキングプレート、パンチホルダ、ダイホルダなどと呼ばれる部品も使われて金型は構成されています。ホルダは上型または下型全体を保持する部品です。

金型のプレス機械への取りつけ、金型の運搬保管、金型の分解・組立を容易にするため上型、下型間にガイドポスト・ブシュを設けた構造とすることが多くなっています。ガイドポスト、ブシュはパンチとダイの関係を保つ目的で使用されます。このような構造とすることで経験の少ない人でも金型を容易に扱えるようにしています。

要点BOX
- ●金型は上型と下型に分かれる
- ●パンチとダイの関係を正しく保つ
- ●材料の位置決め、製品、スクラップの排出が容易

プレス金型の構造とプレス機械との関係

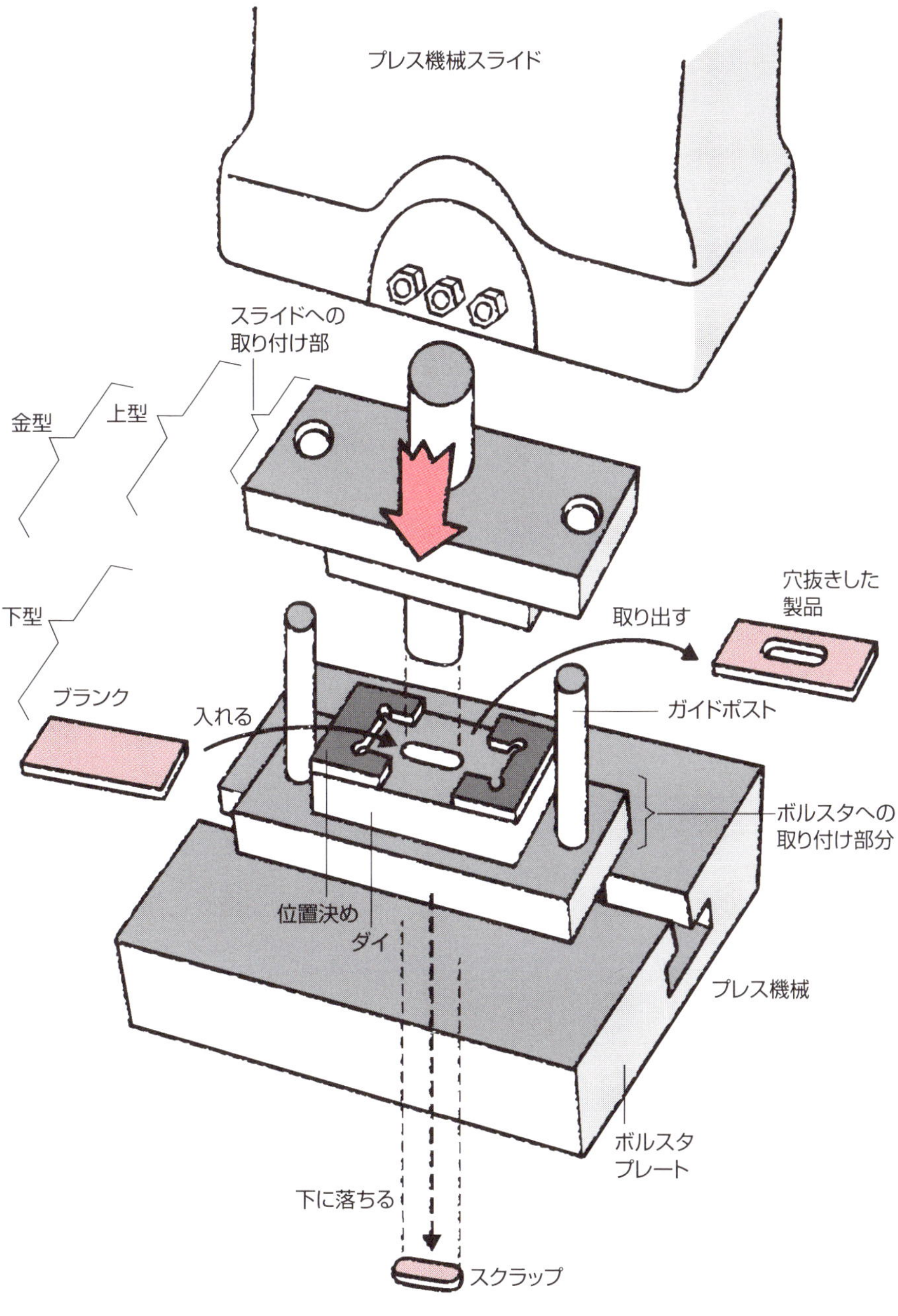

46 金型構成部品とその役割

金型を構成する部品の名称と役割について説明する

パンチは材料に押しつけ形状を転写する工具です。加工したい製品形状と同じ形に作ります。ダイはパンチの受け側となる工具です。パンチ同様製品形状と同じ形に作ります。

このパンチ、ダイがプレス金型で最も大事な部品で、一対の工具と呼ばれることもあります。

ストリッパはパンチについた材料を剥ぎ取る目的で使います。ダイに固定された固定ストリッパ、パンチ側にあり可動し、材料を押さえる機能を付加したものの2タイプが代表的なストリッパの形です。材料押さえを主目的に使うときにはパッドと呼ぶこともあります。

パンチプレートはパンチ単独では取りつけが困難な小さなパンチを保持し、取りつけるものです。

バッキングプレートは小さなパンチにかかる軸圧によってホルダがへこんでしまわないようにするために使用します。

パンチホルダは上型全体を保持し、剛性を保ち、上型をプレス機械スライドに取りつけるためのものです。

ダイホルダは下型全体を保持し、剛性を保ち下型をプレス機械のボルスタプレートに取りつけるためのものです。

ネスト、ストックガイド、ガイドレール、リフタ、パイロットは材料の位置決め部品です。

ノックアウトはダイ内にあり、ダイ内の製品をダイ外に排出する目的とストリッパ同様に材料押さえをかねるものとがあります。材料押さえを主目的としたときにはパッドと呼ぶこともあります。

そのほかに、ダイ面から材料を浮かせることに使うリフタやストリッパ面やパンチ面に着いた材料を剥がすキッカーと呼ばれる部品などもあります。

要点BOX

- ●パンチ、ダイは最も大事な金型部品
- ●ストリッパはパンチについた材料をはらう
- ●金型部品に無駄なものはない

主な金型構成部品（抜き型の例）

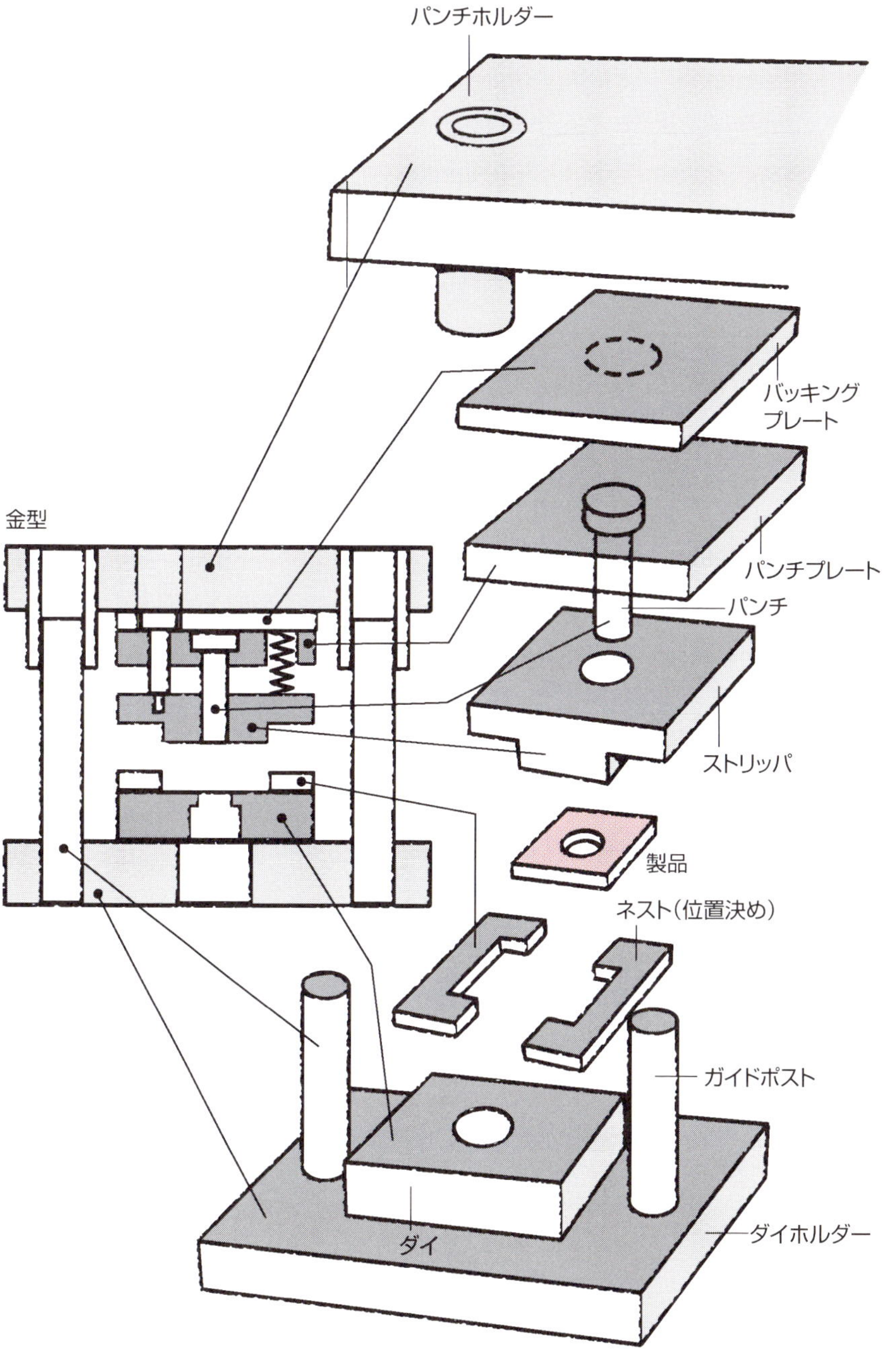

47 単能型

製品の構成要素ごとに作る金型

プレス製品はひとつの工程でできるものは少なくいくつかの工程を経て完成することが多いです。その工程はブランク、穴、曲げといったような内容に分けられます。その分けられた内容ごとに作る金型を一つの要素のみの加工となることから、単能型と呼びます。作られた個々の金型は、要素名を冠してブランク抜型、穴抜き型、曲げ型と呼ばれます。

プレス加工には、プレス加工の種類(要素)などと呼ばれる分類があります。たとえば、抜きであれば外形抜き(ブランク抜き)、穴抜き、切欠き、分断、切断などがあり、曲げでは、V曲げ、L曲げ、U曲げ、Z曲げなどがあります。このように整理された項目ごとに金型が存在します。その金型が単能型です。

プレス加工を考えるとき、製品を要素に分けることは単能型を意識しているといえ、要素に分けることができれば工程数はかかるかも知れませんが、加工が可能となります。

この単能型は要素加工に必要な基本内容を備えて作られています。このことから、プレス金型を学ぶときの入門となるものでもあります。

金型は転写工具ですから、加工する形状と同じ形のパンチ、ダイを必要とします。パンチ、ダイの間にはクリアランスと呼ぶ隙間がつけられています。さらに加工の際に材料押さえなどが必要なものには、その付属機能が付加され要素加工に必要な内容を備えます。この内容は要素加工に必要な構造と呼ぶことができます。単に加工構造と呼ぶこともできます。この加工構造にプレス機械へ取りつけるための部分(ホルダやガイドポスト、ブシュ)を付加し、単能型は形を成しています。

プレス加工で何らかの形状加工を考えたとき、その出来上がり形状を作るためにはどのような構造を作れば加工できるかを必ず考えます。ここで出来上がった構造を金型としてまとめたものが単能型です。

要点BOX

- ●ひとつの目的に作る金型
- ●要素加工に必要な基本内容を備えている
- ●プレス金型を学ぶ入門となるもの

ひとつの用途を目的に作られた金型を単能型と呼ぶ

L曲げ型

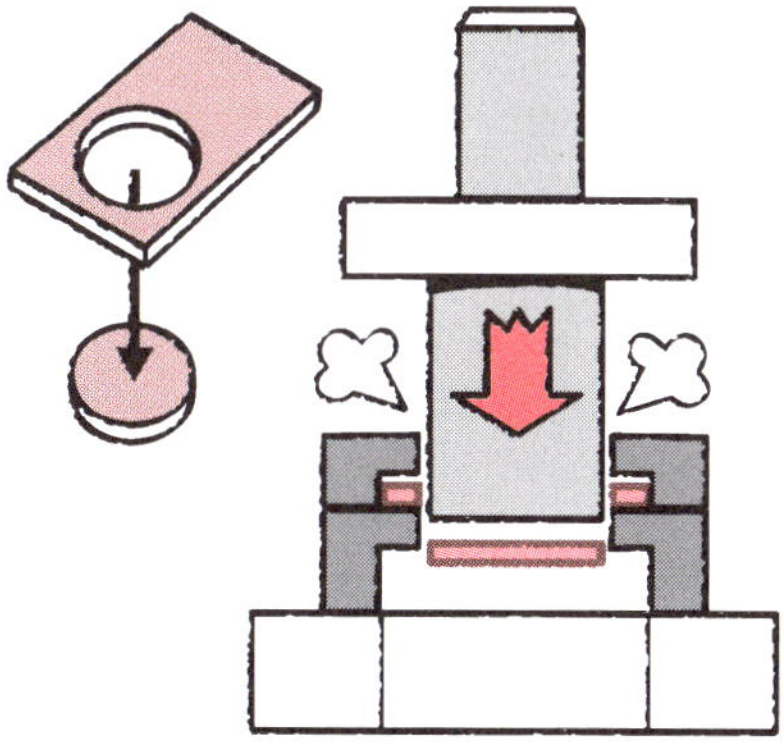

ブランク抜き型

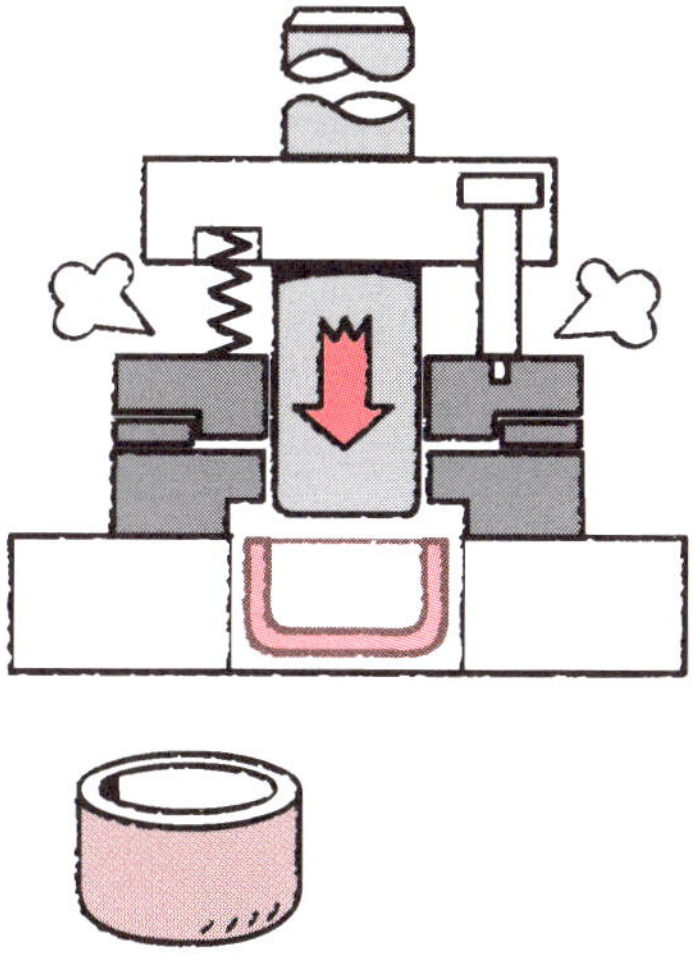

絞り型

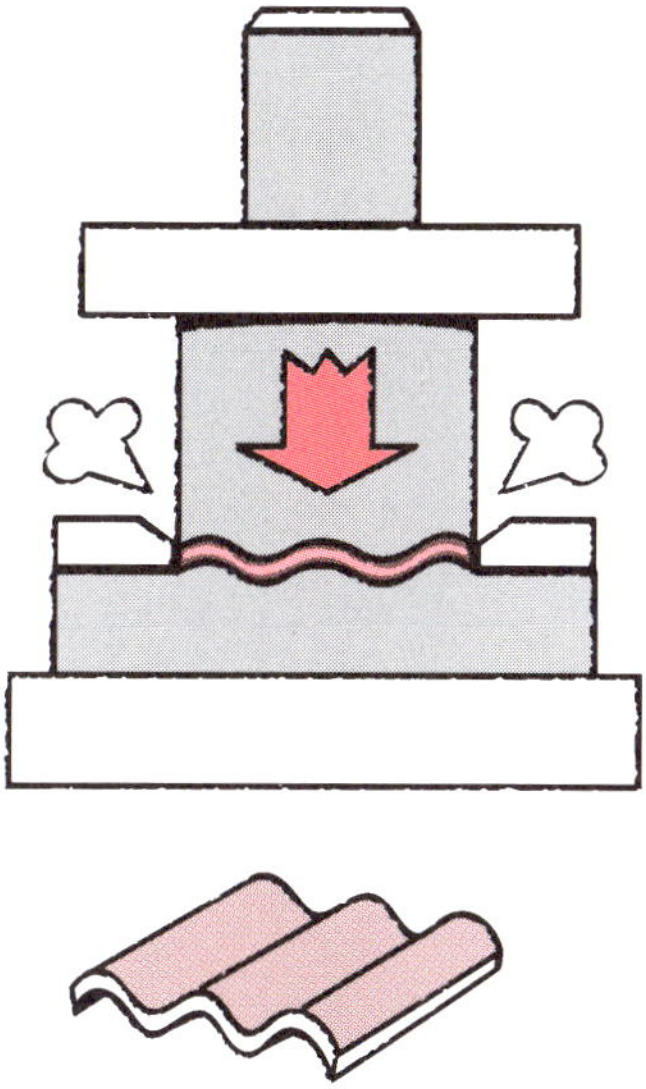

成形型

48 複合型

製品の構成要素、複数を同時に加工できる金型

製品加工に必要な最小単位に区分したものを単能加工と呼び、そこで使われる金型を単能型と呼びます。その例としては、ブランク、穴、曲げの工程がわかりやすいものです。単能型として、ブランク抜型、穴抜型、曲げ型として3工程で加工することになりますが、何とか工程を短縮して加工コストを下げたいと考えるのは自然な発想です。そこで、ブランクと穴を同時に加工できれば、2工程となり1工程短縮できることになります。その発想のもとに、加工に必要な構造が成立すれば加工可となるわけです。

このような発想から作られる金型を複合型と呼び、その加工を複合加工と呼びます。その代表的なものが、ブランクと穴を同時に加工する総抜き型です。総抜き加工は工程短縮のほかに、外形と穴の関係精度が高い、反りが小さいといった面もあります。このほかに、ブランク抜きと絞りを組み合わせた抜き絞り型や穴抜きとバーリングを組み合わせた、穴抜きバーリング型や抜きと曲げを組み合わせた切り曲げ型といったものもあります。

抜き絞り型では、ブランク抜き、絞り、穴抜きの3工程を加工できる複合型も考えられます。

複合型は良い面ばかりではなく、金型構造が弱く破損を起こしやすいとか金型のメンテナンスが行いにくいといった悪い面もあります。たとえば、抜き絞り型ではブランク抜きのパンチと絞りのダイが一つの部品で作られています。この部品を抜き絞りパンチと呼びますが、抜き部が摩耗して抜き絞りパンチを研削すると、絞りR部も一緒に削られてしまい、メンテナンスの都度、絞りRを作り直す手間がかかります。また、複合加工では、抜き絞りパンチのように二つの機能をひとつの部品に盛り込みますが、部品強度が弱くなる欠点もあります。

要点BOX

- ●複数要素をプレス1ストロークで加工する金型
- ●工程短縮を目的に使われることが多い
- ●金型のメンテナンスが難しくなるものもある

複合工程を1ストロークで加工する

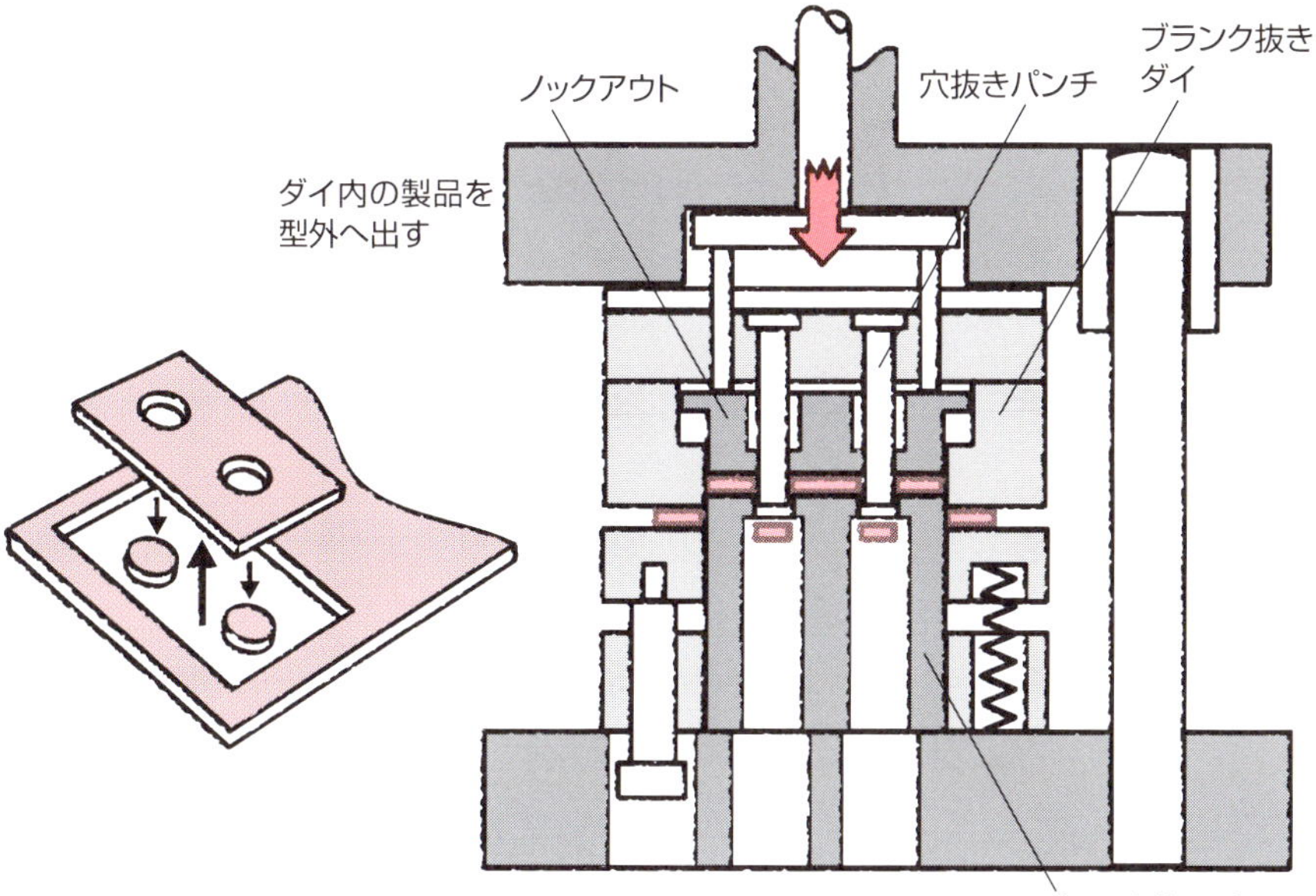

総抜き型

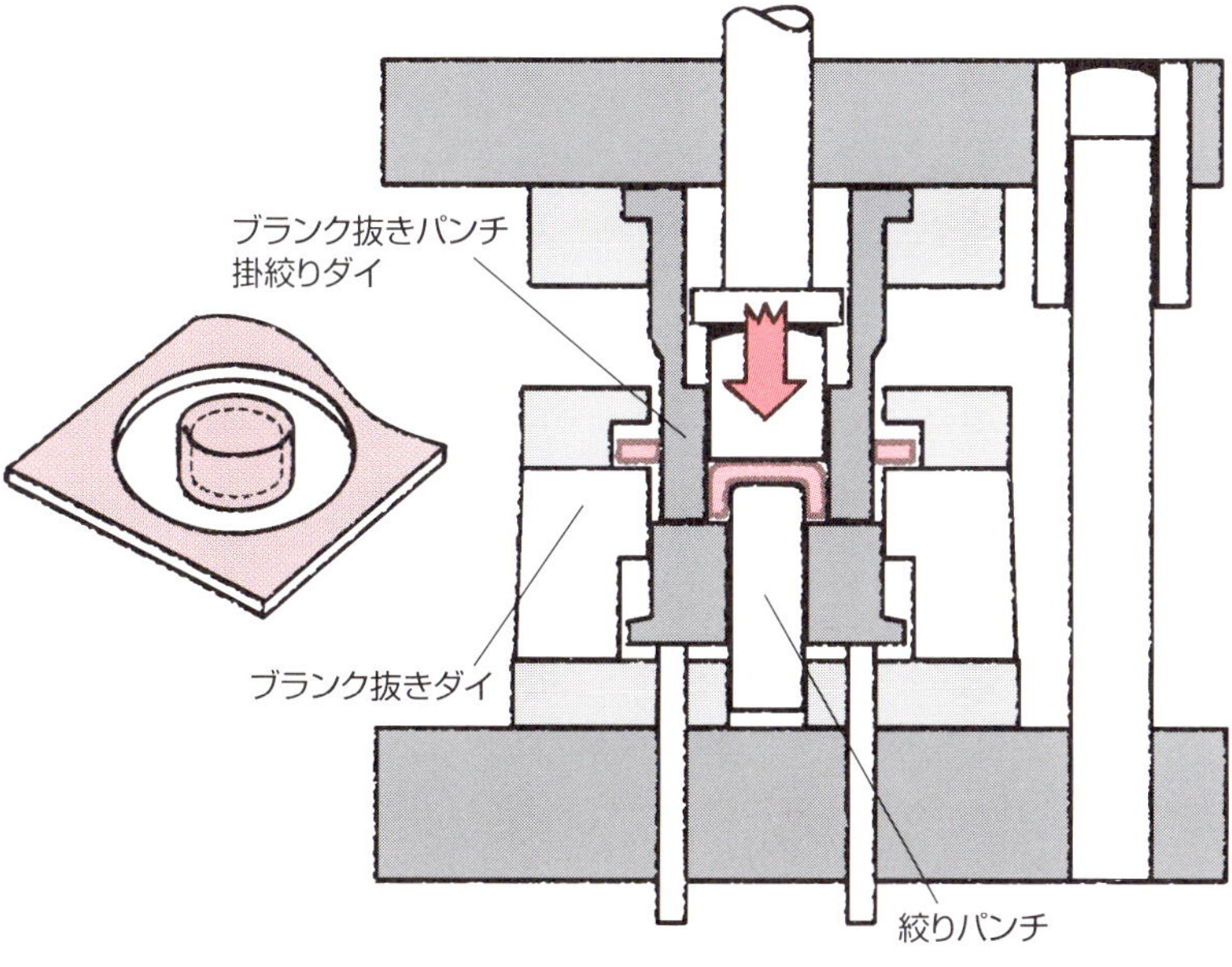

抜き絞り型

49 順送り型

材料を移動させながら加工する金型

製品を構成する構成要素を加工する構造を横に等間隔に並べ、一つの金型を構成して、その間を材料(ブランク)を移動させせながら加工を進め、製品を完成させるように作られた金型を順送り金型と呼びます。

等間隔に横に並べられた加工構造を加工ステージと呼びます。ブランクを加工ステージ間移動させるためにはブランクとブランクをつないでおく必要があります(このつなぎ部分をキャリアと呼びます)。加工ステージ間の距離を送りピッチ(送り長さ)と呼びます。送り長さ分移動したブランクには誤差が生じます。その誤差を修正して正確に送りピッチに合わせる必要があり、パイロットと呼ぶ位置決め部品が金型内に設けられているのも順送り金型の特徴です。

順送り金型は加工ステージ数で金型の複雑さを見ます。ステージの数は数ステージから20を超えるものまであります。

順送り型は加工ステージを横に並べるために、大きな製品では金型が大きくなり金型製作が難しくなります。しかし、最近では大きな金型も作られるようになり2メートルを超えるようなものも珍しくなくなりました。

順送り型は製品を加工するのに必要な抜きや成形加工といったものすべてを金型内に取り込んでいます。そのため構造が複雑となり金型製作が難しくなります。

順送り型はコイル材を使っての自動加工が最も効果を高める使い方です。製品の加工がうまくできることと、材料送りが支障なくでき、製品やスクラップの取り出しが問題なく行えることを理想とします。

順送り型はプレス金型の中で設計製作や取り扱いに最も高度な技術を必要とする金型です。しかし、順送り加工の高い生産性の魅力から、この加工法の需要は増えているようです。

要点BOX

- ●加工する部位を加工ステージと呼ぶ
- ●加工ステージ間の距離を送りピッチと呼ぶ
- ●送り誤差修正にパイロットが必要

複雑構造となる順送り型

ストリップレイアウト（スケルトン）

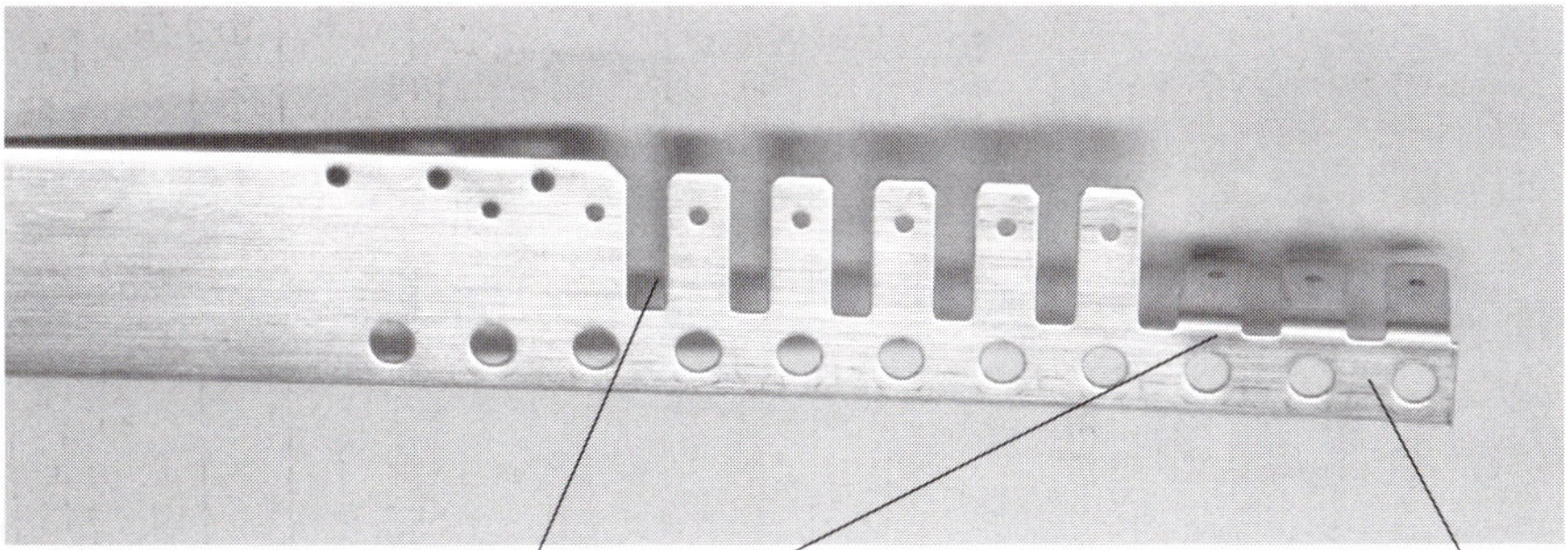

順送り型

下型　上型

Column

専門用語

仕事のうえでの専門用語はどの分野にもあります。その仕事に携わって専門用語がわかるようになると仕事もわかってくるといわれます。

プレス加工にも専門用語が当然のこととしてあります。まず覚える言葉はパンチ、ダイでしょう。パンチはほかにポンチ、雄型（おがた）、針、矢などといった呼び方があります。

ダイも雌型（めがた）、臼などと呼ばれたりします。ダイはもう少し複雑で、パンチの受け側となる形状そのものを指す場合とダイを構成するプレートを指す場合があります。また、金型そのものをダイと呼びます。金型は上型と下型に分かれますが、下型をダイと呼ぶこともあります。話しの前後の関係からダイを区別しなければならないときがあります。

さらに、プレス用の金型はダイですが、プラスチック用の金型はモールドでダイということばは使いません。溶けた材料を扱うからかなと思うと、鋳造ではキャスティングダイ（鋳造型）とダイを使っていまして、ややこしいです。

抜き加工で発生するバリは「かえり」と呼ばれることもあります。かえりは品質上問題のない大きさのバリ、かえりが成長して問題となったときバリと区別していました。プレス企業が海外展開するようになると困り、今ではよくても、悪くてもすべてバリとなってきました。

金型をプレス機械に取りつけるとき、高さ調整のためや製品、スクラップ落としのスペースを確保するときに使う平行ブロックというものがあります。この部品を関東ではようかん（羊羹からきています）と呼ぶことが多く、西の地方では「ゲタ」と呼ぶことが多いです。最近ではゲタが多く使われるようになっているようです。

金型の同じ部品を違う呼び方で表現することがあります。これは二つの働きを持った部品、たとえば、排出と材料押さえの働きをするものについて、排出を優先して考えたときノックアウトと呼び、押さえを優先したときにはパッドと呼んだりします。このような点にもご注意を。

第6章

プレス機械以外に必要な設備は何?（プレス機械と周辺機器）

50 プレス機械

プレス機械の特徴と種類

プレス機械はプレス金型に運動と加工に必要な力を与えるものです。

力の発生方法としては機械式と液圧式に大別することができるといえます。

液圧式は液圧によってラムを駆動して、運動と加圧力を金型に伝えます。その加圧力は上死点から下死点まで所定の加圧力を発生します。絞りや成形加工に多く使われています。

機械式はモーターで大きな質量を持つフライホイールを回転させ、慣性エネルギーを蓄え、そのエネルギーの放出によって加工を行うものが多いですが、サーボモーターを使い、フライホイールなしで加工力を発生させるものもあります。

運動は回転運動をクランク機構を使って往復運動に変換してスライドを駆動するクランクプレスとクランク機構とリンク機構を組み合わせて往復運動を作るナックルプレスと呼ばれるものが主流です。

クランクプレスは汎用のプレス機械に最も多く採用されています。ナックルプレスは下死点付近でスライド速度がクランクプレスより遅くなることから、圧縮を必要とするような加工に適しています。

機械式のプレス機械では下死点上の位置によって加圧力が変化します。この点が液圧プレスとの大きな違いです。

プレス機械はその中で発生した力をフレームで受け、完結させる内容を持った機械です。そのフレーム構造には、横から見た形がアルファベットのCに似ているC形フレームと加工エリアの四隅に柱のあるストレートサイドフレームがあります。C形は使い勝手のよさを追求したもので、フレーム剛性は劣ります。ストレートサイドはその逆です。

機械精度は静的精度(JISがある)と動的精度(JISはない)があります。動的精度はプレス加工時の状態を知ろうとするものです。

要点BOX

- ●力の発生方法としては機械式と液圧式が主流
- ●機械式はフライホイールにエネルギーを溜める
- ●クランクプレスは最も多く使われている

機械プレスの駆動機構

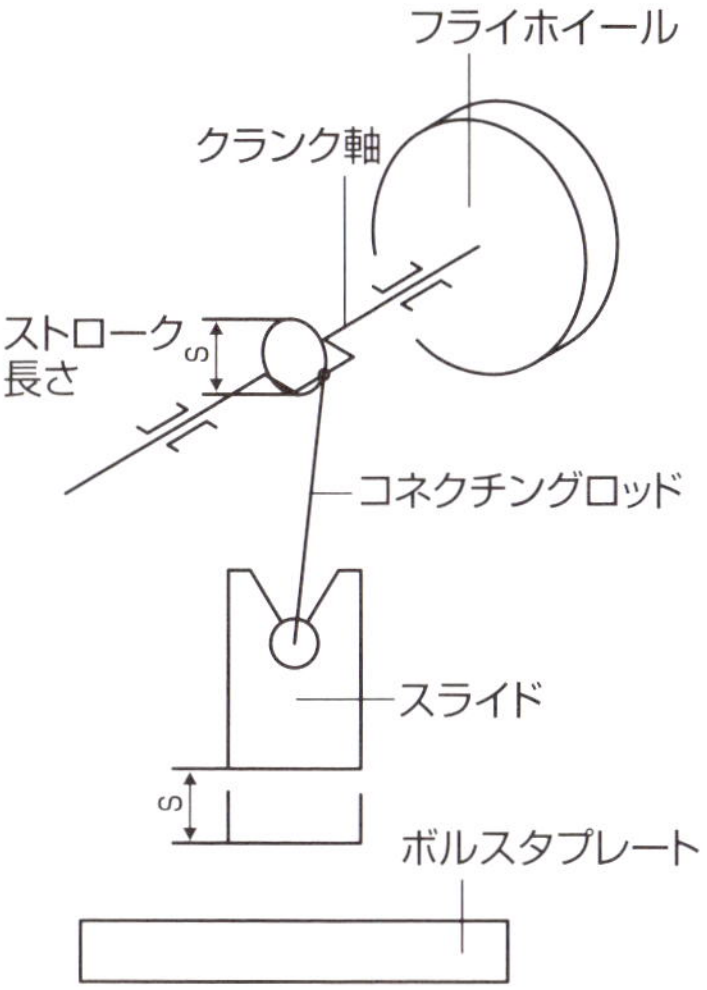

クランク駆動機構

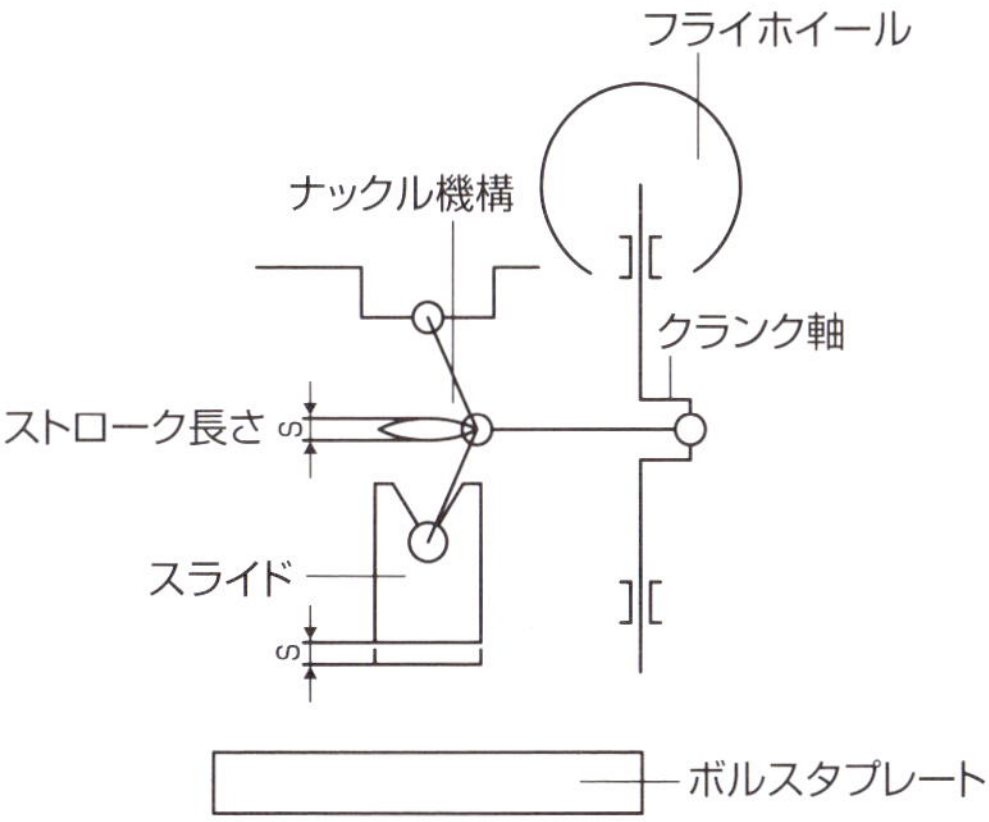

ナックル駆動機構

プレス機械のフレーム

C形フレーム

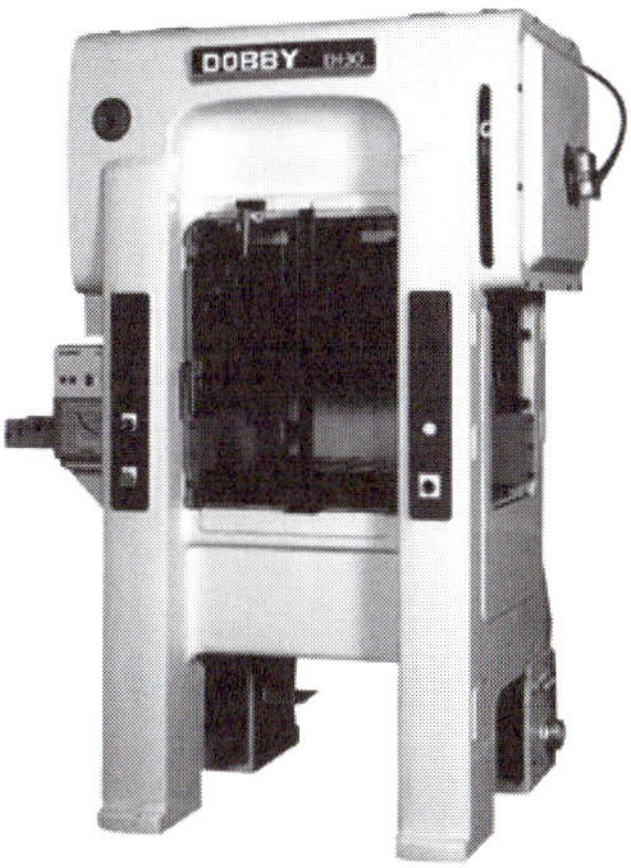

ストレートサイドフレーム

51 プレス機械の仕様

プレス機械を使ううえで大事なもの

機械プレス（プレス）の仕様について説明します。プレスの能力は三つのもので表されます。

圧力能力—そのプレスの最大加圧力を表しています。最大加圧力まで加圧は可能ですが、フレームにはひずみが発生し、金型寿命に影響を与えます。そのため、加圧力に余裕を持たせて金型寿命とのバランスをとり使用することが多いです。

トルク能力—下死点上の位置で発生できる加圧力を表しています。下死点上の高い位置から加工が始まるものでは加工力との関係に注意が必要となるものです。

仕事能力—スライドが1ストロークの間に放出できるエネルギーです。連続加工を行うときに注意が必要となるものです。

そのほかに、ダイハイト、スライド面積、ボルスタ面積といった金型取りつけに関係する項目があります。ダイハイトは、そのプレス機械に取りつけ可能な高さを示すものです。

毎分ストローク数（spm）、ストローク長さは製品の加工内容によって使い分けられるものです。人が作業する単発加工か自動加工か、自動加工はトランスファー加工か順送り加工かなどによって必要なストローク数が変わります。ストローク長さは、抜き加工では短く、絞り加工では長くなるといった使い分けとなります。

プレス機械は加工力を受けることによって、フレームや駆動機構部分にわずかですがひずみを生じます。その加工力が能力内のものであっても生じます。圧力能力に対して余裕を持ってプレス機械を使うことが大事です。同様にボルスタ面積に対する加圧は、ボルスタ面積の左右、前後長さの2／3の長さで作る面積に圧力能力を分散させ均等に力が働くものとして設計されています。したがって、圧力能力に近い荷重を狭い面積にかけることも禁物です。

要点BOX
- プレスの3能力
- ダイハイトは金型取りつけ高さ
- ストローク数、ストローク長さで使い分ける

プレス機械の仕様

TP-60

型式 / 項目		TP-60		
		汎用仕様	高速仕様	絞り仕様
能力	(ton)	60		
能力発生点	(下死点上·mm)	7.9	3.3	5.6
ストローク長さ	(mm)	120	90	160
ストローク数	(S·P·M)	80	80〜150	55
許容断続ストローク数	(S·P·M)	54	56〜75	40
フライホイールエネルギー	(kgf-m)	3163	746〜2327	3129
シャットハイト	(mm)	370	385	415
ダイハイト	(mm)	290	275	335
スライド調節量	(mm)	70		
スライド下面寸法	(左右×前後·mm)	500×400		
ボルスタ寸法	(左右×前後×厚さ·mm)	900×550×80	900×550×110	900×550×80
ベッド落し穴寸法	(左右×前後×直径·mm)	420×300×φ315		
オープンバック	(mm)	570		
停止時間 急停止時間	(ms)	170	185	165
停止時間 最大停止時間	(ms)	190	205	185
オーバーラン監視装置の設定位置	(度)	15		
光線式安全装置	(検定プレス)	SEII−24	SEII−24	SEII−32
主電動機	(kW×P)	5.5×4		
使用空気圧力	(kgf/cm²)	5.7		
作業面高さ	(mm)	850	880	850
機械重量	(kgf)	5300		5400

(アマダトルクパックプレス)

52 材料送り装置

材料の形により送り装置も変化する

プレス加工で使用する材料送り装置は自動加工を目的として使用します。

プレス加工で使われる材料の形にはコイル材、定尺材、切り板があります。

コイル材は製品幅に合わせて作られた帯状の材料を巻いたものです。定尺材はそのまま使うことはなく、必要な幅に切断して使用します。切断された材料を単尺材またはシート材と呼びます。切り板は製品の大きさに作られた専用の板です。

送り装置は材料の形に合わせて使い分けされます。コイル材用の送り装置を使うことで効率よくプレス加工することができます。順送り加工およびブランク抜き、総抜き、抜き絞りといったものが主な加工対象となります。

送り装置の構造は、ロールの間に材料を挟み、ロールを送り長さに合わせて間欠回転させて送るロールフィーダとグリッパで材料を挟み、送り長さ分、前進、後退させて送るグリッパフィーダが代表的なものです。シート材の送りもロールまたはグリッパフィーダを使用しますが、材料長さに制約があるので、半分は押し送り、半分は引き送りとなります。そのため、送り装置は2台必要となります。

切り板は大きな製品のブランクのイメージですが、小さな製品を対象としたブランクも含めてブランク搬送装置と考えたとき、単能型、複合型などを並べて、その間を搬送する送り装置となります。ひとつのプレス機械の中に並べた金型間を搬送する装置をトランスファフィーダと呼び、大きな金型を1プレス機械にセットし、工程数並べたものをプレスラインと呼びます。プレス機械間を搬送する送り装置をロボットフィーダと呼んでいます。

それぞれの送り装置には送り限界があり、プレス機械のspmは制限を受けます。最も高速加工対応が可能な送り装置はコイル材用の送り装置です。

要点BOX
- ●コイル材送りは、ロール、グリッパフィーダ
- ●シート材送りでは2台の送り装置が必要
- ●ブランク材の送り装置はトランスファフィーダ

材料送り装置

グリッパーフィーダ（引き送りの例）

ロールフィーダ

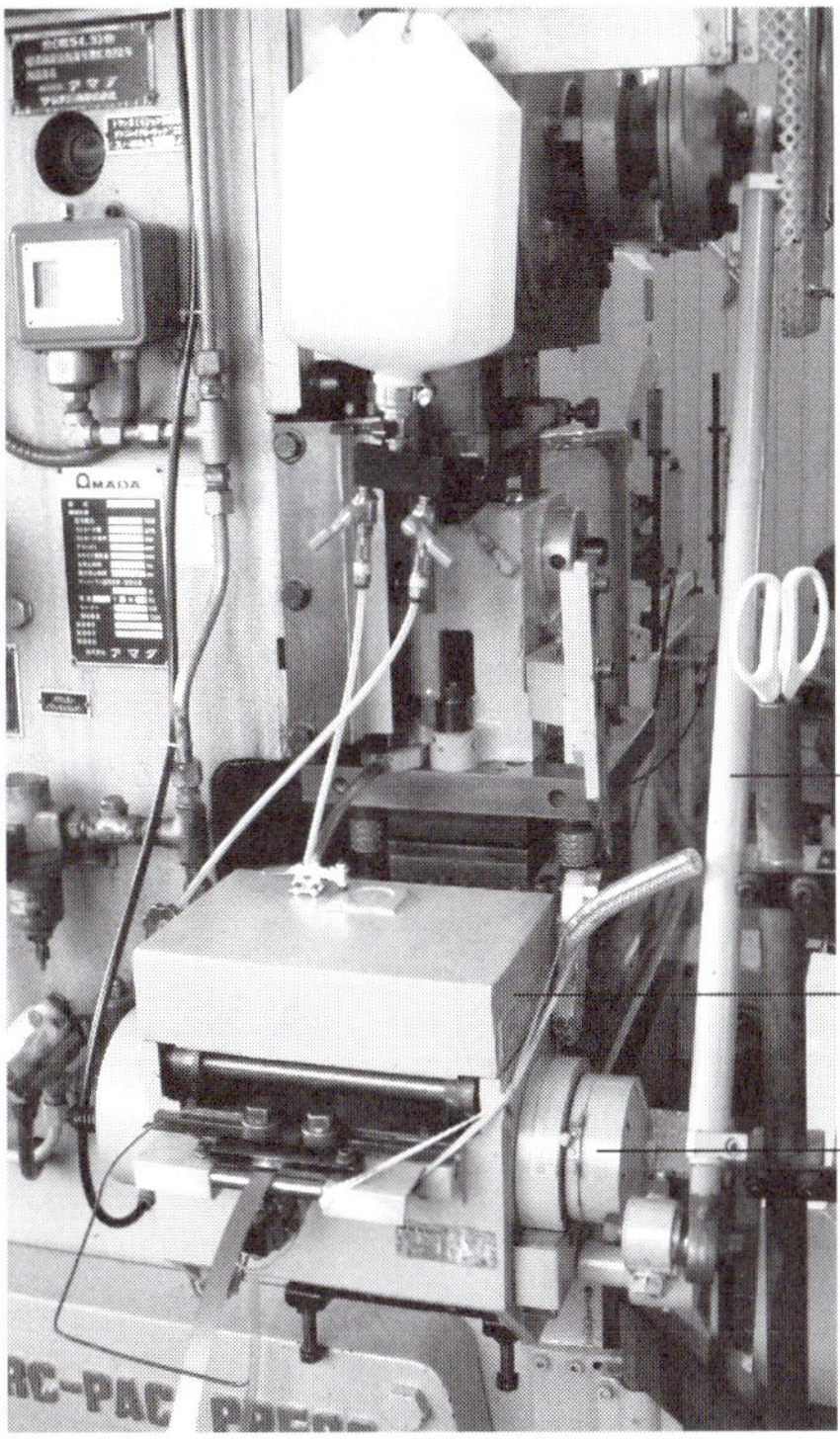

53 材料の給送装置（アンコイラ）

コイル材を巻きほぐす装置

コイル材を使ってプレス加工するときには巻きほぐす必要があります。そのための装置を材料給送装置またはアンコイラと呼びます。

アンコイラは巻きほぐした材料のたるみ（これをループと呼ぶ）を管理して、巻きほぐしを行います。これをループコントロールと呼びます。したがって、アンコイラは巻きほぐし機構とループコントロールを備えた装置となります。

小型のアンコイラをリールスタンドと呼びます。コイル重量が100キログラム程度までの材料に適用します。

コイル内径を保持し、コイル重量が大きなものに適用するアンコイラをマンドレルと呼びます。

コイル外形を保持するものをコイルクレードルと呼びます。

コイル材を水平に置くタイプのものもあります。

ループコントロールはダウンループが、最も普及しているタイプです。自然な材料のたるみを利用したもので、距離を取る欠点があります。そのほかにアップループ、S字ループと呼ぶコントロール方法もあります。これらはプレス機械までの距離を配慮したものです。

高速プレス加工になると、ループにばたつきが発生して材料送り誤差や加工ミスの原因となることがあります。S字ループはこの点にも配慮したループコントロールでもあります。

ループのたるみ検出方法には、バー式か電気的検出があります。バー式を薄板材に使うとバー部分で材料に折れ曲がりが発生することがあります。薄板材には電気的な検出のほうが適しています。

薄板材料のアンコイラにループ検出バーを使用するとバーの重量で材料に折れ曲がりが発生することがあります。バーにはバランスウエイトがあり、調節可能ですが、電気的検出がよいです。

要点BOX
- ●軽量コイル材にはリールスタンド
- ●大きなコイル材ではマンドレルタイプ
- ●ループコントロールと組み合わせて使う

材料給送装置の例

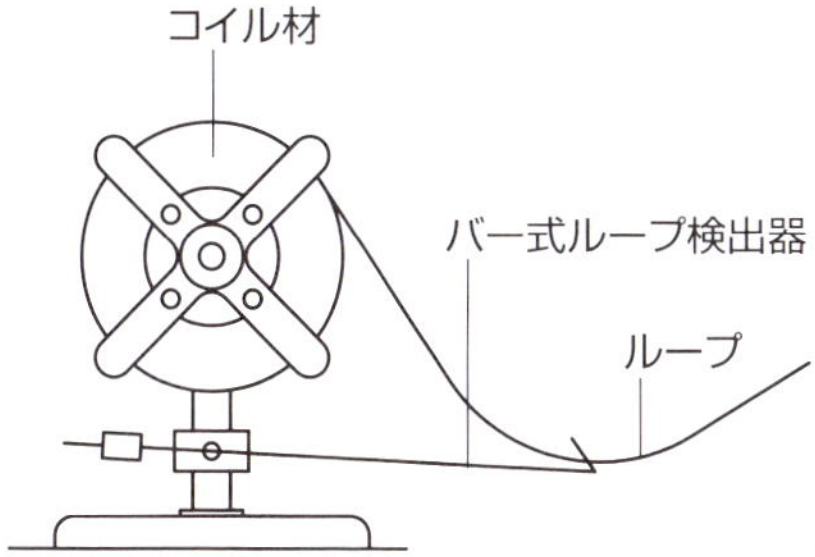

リールスタンド

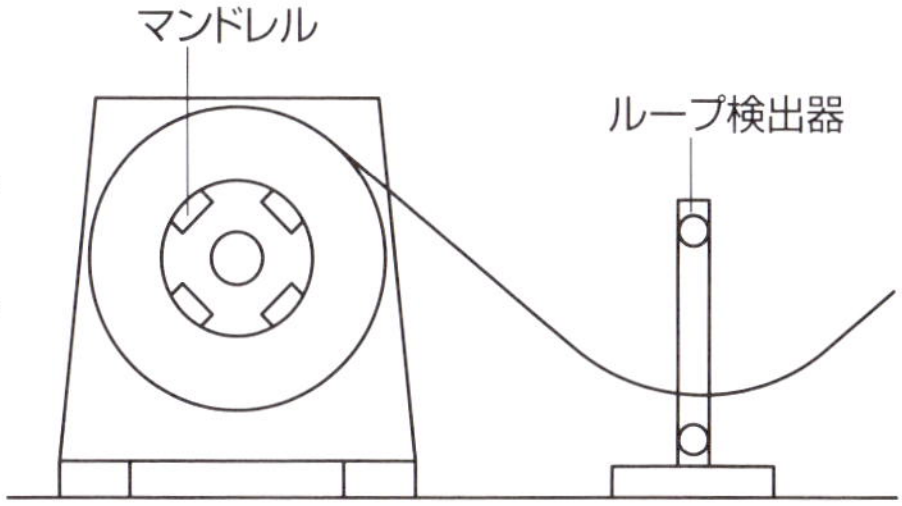

マンドレルタイプアンコイラ

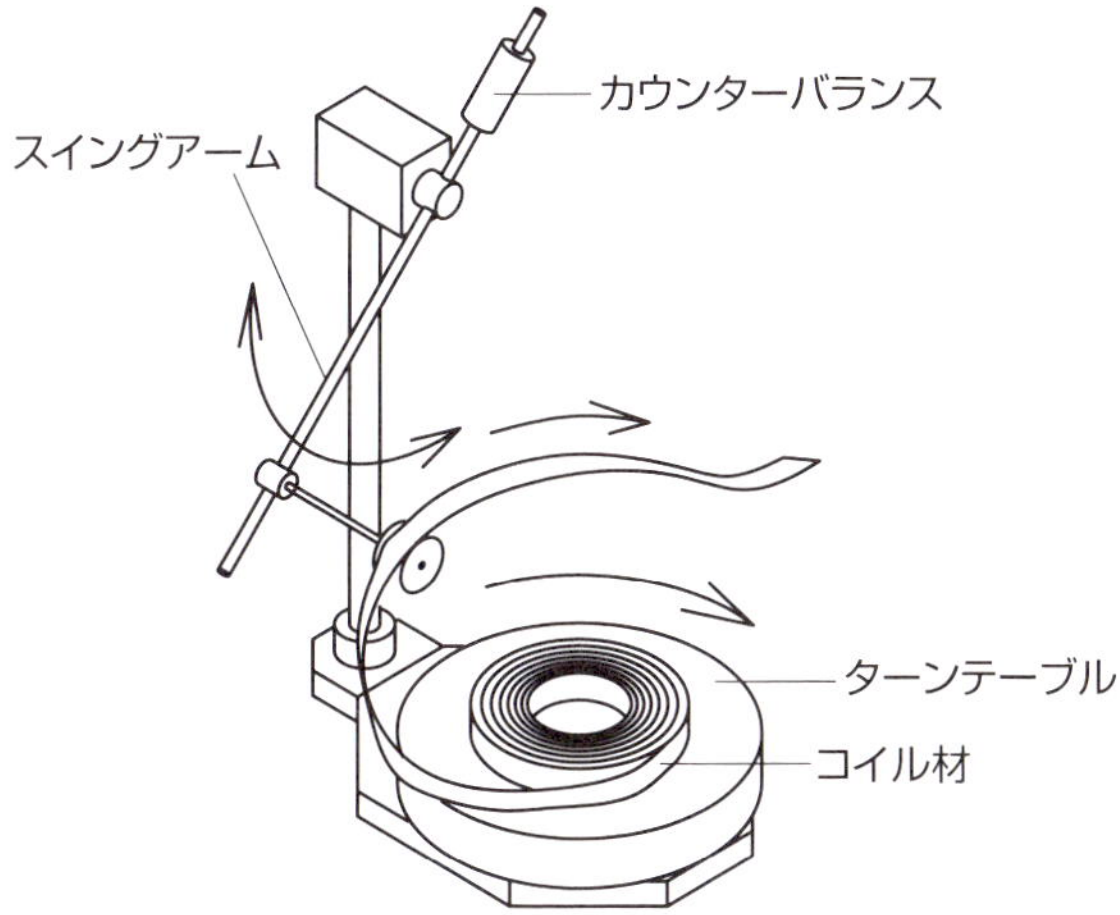

水平置き式アンコイラ

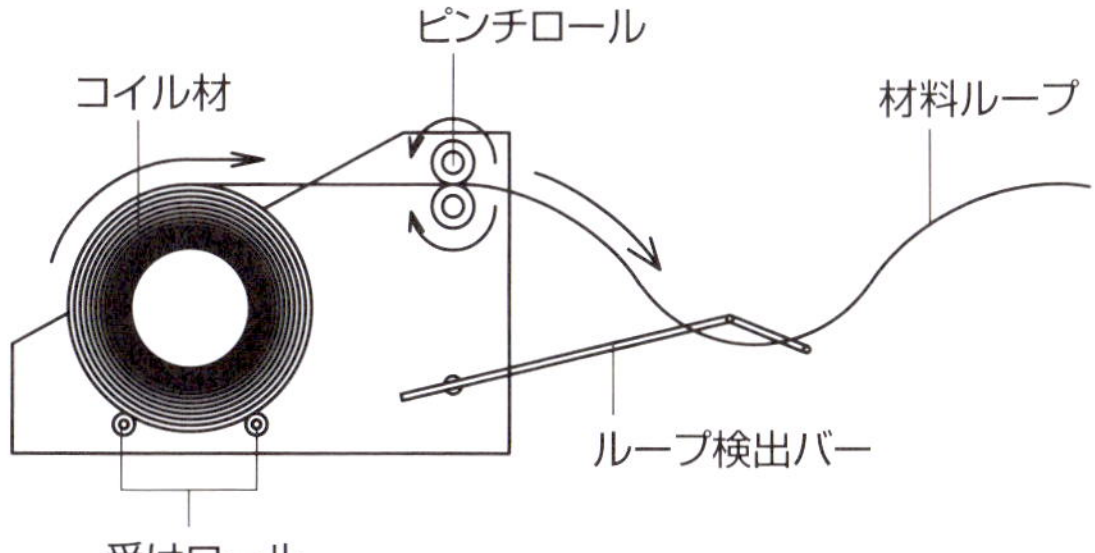

コイルクレードル

54 材料レベラー

材料のゆがみを取る装置

材料レベラー（レベラー）は材料内部のひずみを取り除いてそりなどのない平板な状態を得るものです。

レベラーはロールを用いて材料を板厚方向に交互に曲げ変形を与えて材料内部のひずみを取り除きます。曲げ変形を与えるために、ロールを材料に押しつける量を「押し込み量」といいます。押し込みを与えたままでは材料に曲げ変形が残りますから、徐々に押し込みを軽減していき、平らな材料とします。この方法としてはロールがセットされているホルダー全体をわずかに傾けることで実現します。この傾け角を「スイング角」と呼びます。

レベラーはロールを使って押し込み量とスイング角で材料をコントロールしてひずみのない材料を作り出す装置です。

このとき、ロールの数が材料の矯正に大きく関係します。ロールの数が多く、径が小さいほど材料矯正には適しています。しかし、ロール径が細くなると材料に押しつけたとき曲がってしまいうまく機能しなくなるので、材料板厚と材料幅の関係から決められているようです。動作時にロールが曲がらないようにロールの後ろにバックアップロールを置いて対策しているものもあります。

ロール本数は矯正内容によって変化します。コイル材の巻きぐせを矯正して平らな材料とする程度であれば、5または7本程度のロール数でも問題ありませんが、材料内部のひずみまで除去したいようなときには、ロール数を増やして、21本程度とするものもあります。

プレス加工で用いるレベラーの多くはコイルの巻癖を取る程度で内部ひずみまで取ることは少ないです。材料はプレス加工すると反りが出る傾向があり、それを読んでレベラーでは加工反りとバランスを取るように調整することもあります。

要点BOX

- ●ロールの押し込み量とスイング角
- ●ロール数が多いほど矯正レベルは高まる
- ●コイルぐせを取る程度では5～7本ロールで可

材料レベラー

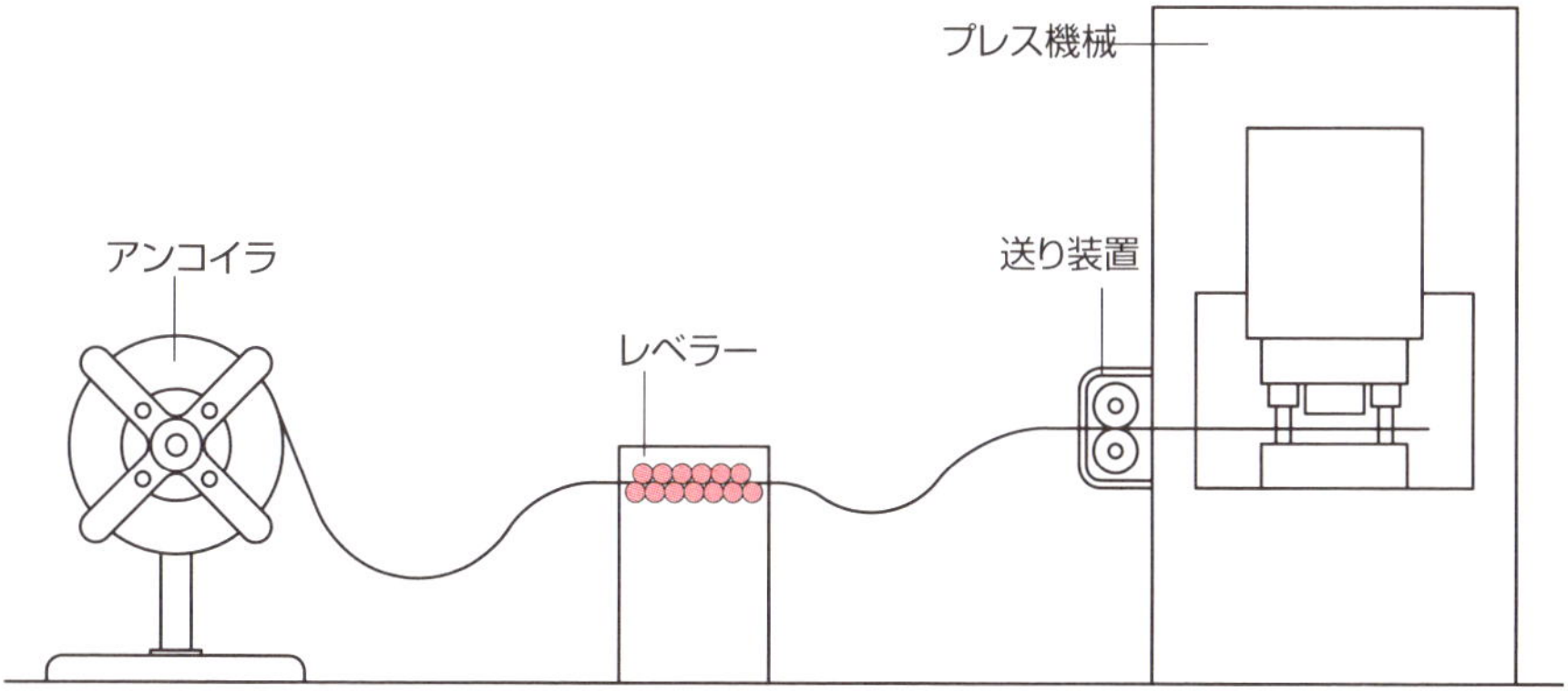

独立型レベラー

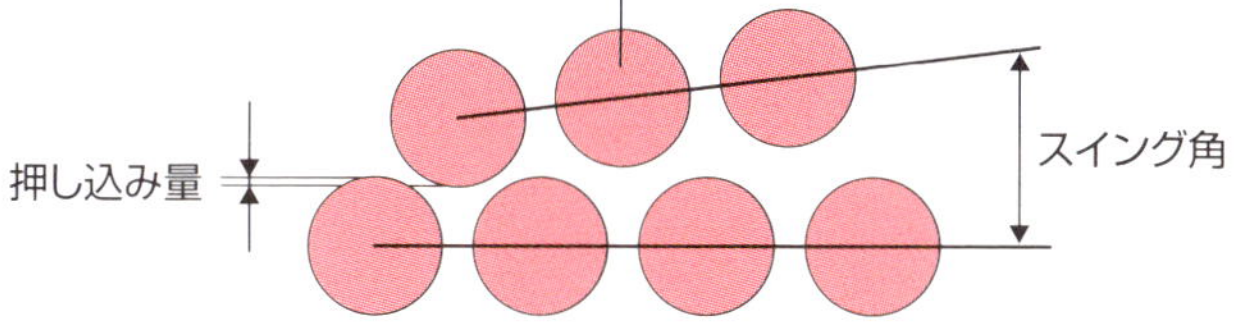

レベラーの調節方法

55 ダイクッション

プレス機械の補助圧力装置

プレス加工では、プレス機械の上下運動を利用して加工に必要な動きと加圧力を得ます。しかし、プレス機械スライドの上からの加圧力だけでは加工が難しいものも出てきます。このようなときは通常、金型内にスプリングを入れて、そのスプリングの力を補助圧力として活用しますが、さらに強い補助圧力を必要とする場合や金型外部から補助圧力をコントロールしたいときがあります。

このような目的で用いられる補助圧力装置をダイクッションと呼び、多く使用されています。ダイクッションはプレス機械のボルスタプレート下に取りつけられています。その駆動力は空気圧を利用しているものが多いです。大きなエアーシリンダーがボルスタプレートの下にあるイメージです。

ダイクッションは絞り加工のしわ押さえ力として使われることが最も多いと思います。そのため、絞り型はパンチが下、ダイが上の配置となる逆配置構造を採用しているものが多くなっています。

ダイクッションの利用方法は、絞り金型のしわ押さえとなるブランクホルダとダイクッション面をクッションピンでつなぎ、ダイクッションの圧力を伝えます。絞り加工の状態を見て、ダイクッションにつながる空気圧を調整して適正な加圧力となるようにします。

ダイクッションには受圧面に均等に圧力がかかるようにクッションピンを配置します。片側のみにクッションピンが偏るとダイクッションを壊すことがあります。

ダイクッションは絞りや成形加工の材料押さえ（しわ押さえ）として使われることが多いですが、均一な材料押さえとすることが大切です。そのためには、クッションピンの長さを揃えること、およびダイクッションのクッションピンの当たり面に凹みがないように管理することが必要です。

要点BOX
- ●補助圧力装置
- ●空圧式のダイクッションが主流
- ●絞り加工のしわ押さえ圧力によく利用される

ダイクッション機能イメージ

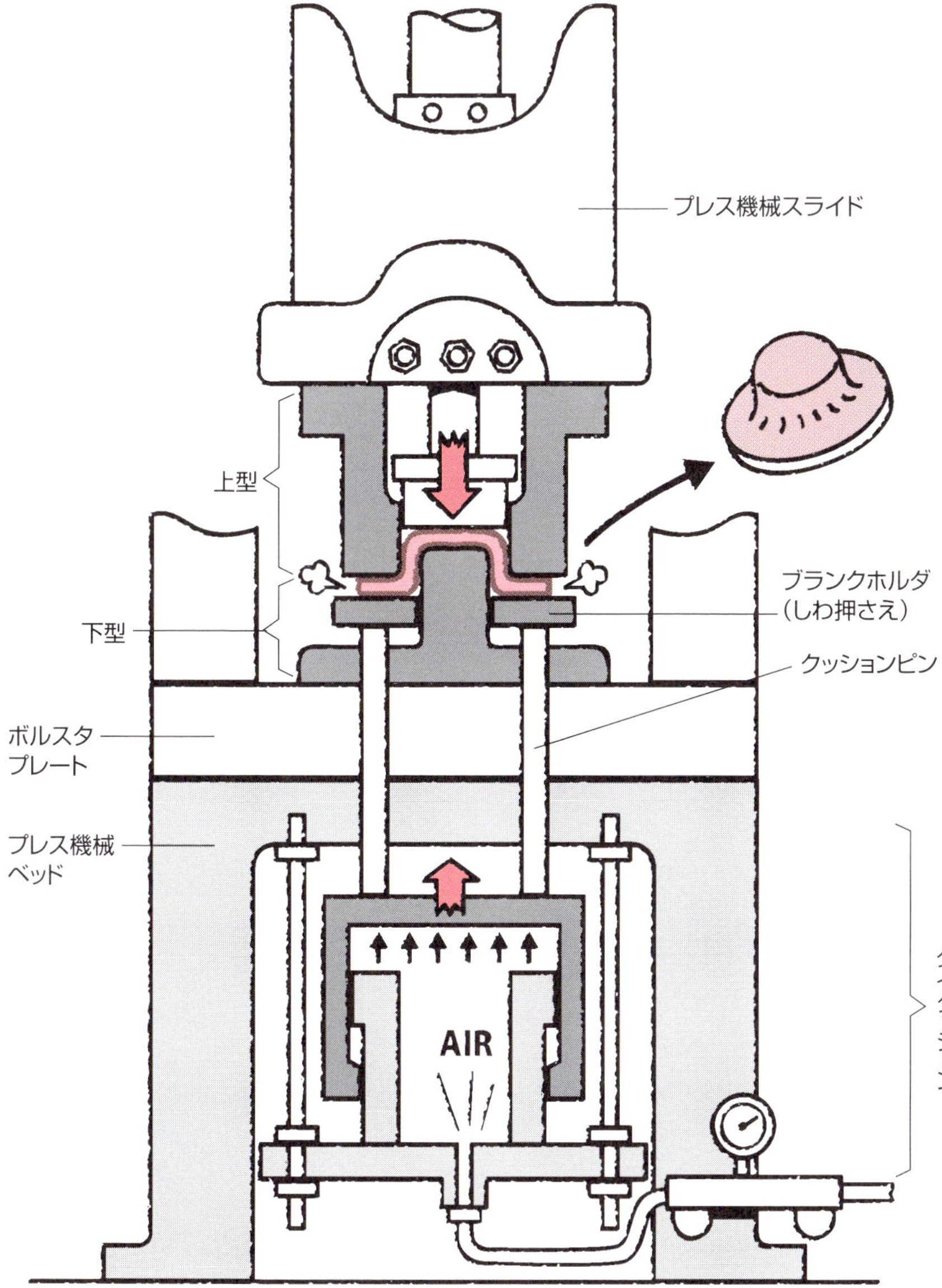

56 ノックアウト機構

逆配置構造の上型に入り込んだ製品を型外に排出する機構

絞り型は作業のしやすさやしわ押さえなどの関係から、パンチが下、ダイが上の逆配置構造を採用してプレス加工することが多いです。

この構造では加工された製品は上型のダイ内に入り込みます。

ダイ内に入り込んだ製品を排出する機構をノックアウト機構と呼びます。

金型にもプレス機械のノックアウト機構を利用するための構造を必要とします。逆配置構造の金型では、ダイが上型となるためダイ内にノックアウトを設けますが、金型外部からノックアウトを駆動できるようにノックアウトピンを金型外部まで伸ばします。ノックアウトピンはプレス機械のノックアウトバー（かんざし）に接するようにして、ダイ内のノックアウトと連動して動くようにします。プレス機械スライドが下死点に達して加工が完了したとき、ダイ内に製品が入り込み、ノックアウトを押し上げています。このとき、ノックアウトに連動するすべての部品が押し上げられており、この状態でスライドは上昇に転じます。ノックアウトバーも一緒に上昇しますが、上死点手前でプレス機械フレームにあるストッパに突き当たります。ノックアウトバーはこの位置で停止しますが、スライドはさらに上昇し、上死点に到達します。この間、停止したノックアウトバーに連なる部品も停止しますが、上型全体は上昇するので、製品はダイから外れ、排出されます。

排出された製品は圧縮空気で飛ばされ回収されることが多いです。このとき、製品がどこかにぶつかり跳ね返って型内に戻り、トラブルとなることがまれにあります。飛ばす方向や回収ダクトの工夫が併せて必要になります。この部分が適正に処理されれば、単発加工ではブランクを型内に入れるだけで作業でき作業効率はよいものとなります。

要点BOX

- ●上型ダイに入り込んだ製品の排出
- ●現場ではかんざしと呼ぶことが多い
- ●上死点手前で排出される

プレス機械のノックアウト機構

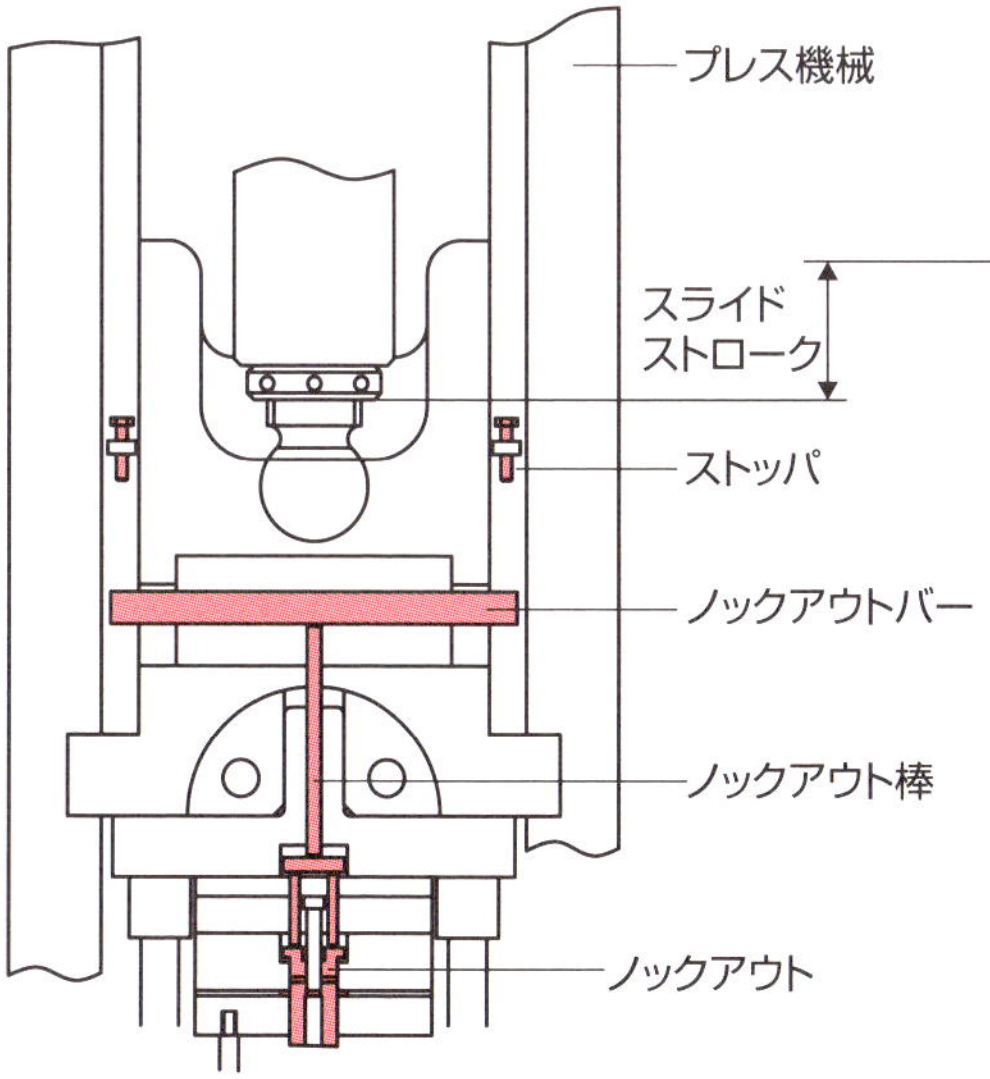

(a) 加工完了（下死点）

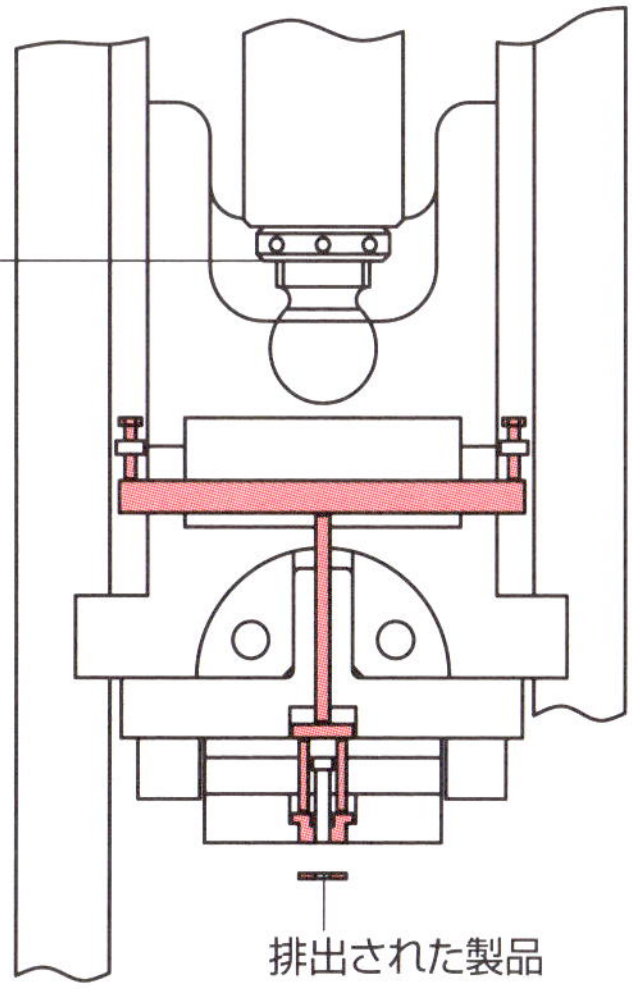

(b) 製品排出（上死点）

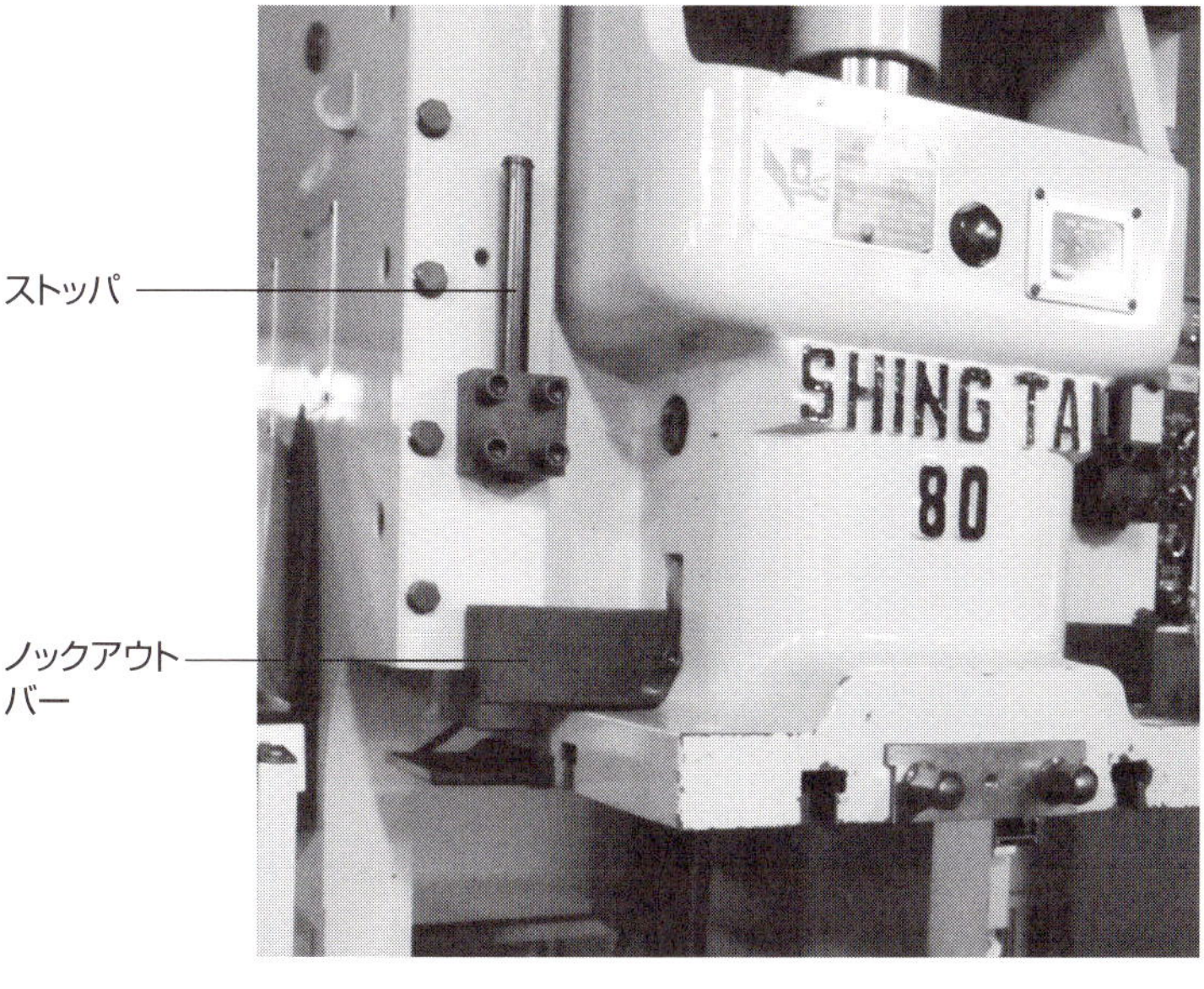

Column

励み励まされ

プレス製品（製品）はいろいろな商品の中に部品として組み込まれているものが多く、直接目にできるものは少ないです。

しかし、その形状は多種多様で、どのような手順で作られているのか判断に苦しむものも多くあります。

難しい形状の製品図を渡されて、製品設計者を恨むこともありますが、知恵を絞り、工夫して製品が出来上がったときがプレス加工に携わるものの喜びであり、次への励みとなっています。

既存の製品でも「安くしろ」「品質を上げろ」の大きな声もあり、改善活動を通じて今まで無理と思われたことが変わることもあります。これもまたやればできると次への励みとなります。

プレス加工の外から見るとほんの些細などうでもよさそうに思えるような形状の作り方や品質に悩み、よい方法を工夫しています。それがプレス加工の現実ではないでしょうか。その努力が他者に負けない製品を作り出しているように思います。

プレス加工の基本技術はそれほど多くはありません。その中で多くの人をうならせる製品を作り出しているのは、基本技術に知恵を働かせて加工方法を考える発想にあるように思います。日常の小さな成果に喜び、それが励みとなって次へのチャレンジ心が刺激されて動かされています。

このようにして作った製品をお客様へ渡したとき、よい製品を作ってくれた、ありがとうの一言に励まされ、日々の疲れを忘れることもあります。

プレス加工に携わった当初は右も左も分からず不安の中でうろうろしていた人が、何年か経つと、職場の中で違和感なく溶け込み立ち働き、さまざまな提案をするように変わってきます。

これは日常の中での励み、励まされによって生まれてくることのように感じています。

第7章

プレス金型を使って製品を作る作業を知りたい（プレス作業）

57 プレス作業とは

プレス作業は、準備、本作業、後片づけで成立している

プレス作業とは、金型を使い製品を効率よく加工する作業です。

プレス作業の最初は、段取りと呼ばれる工程です。プレス機械に金型を取りつけるとともに、作業に必要な材料や加工油、製品回収容器などの準備を行う作業があります。

次に本作業です。材料を金型に入れ、加工した製品を回収することを行います。

次が後片づけです。使用した金型を取り外し、スクラップが発生するものではスクラップを処理し、次の作業に支障のない状態にプレス機械を戻します。

この3段階がプレス作業です。1分間に何個できると話すのは本作業の内容ですが、製品加工時間は、段取り開始から後片づけが完了するまでの時間です。

少量生産の場合、本作業時間より段取り、後片づけ時間のほうが長くかかってしまうものもあります。少量生産の場合は金型段取りのシングル化（10分未満での段取り）も重要になり、金型製作と金型段取りを研究して製品加工時間の短縮を図ることが大切となります。

多量生産になると全体に占める段取り、後片づけ時間の比率は小さくなります。多量生産では本作業の時間あたり出来高を高めることがポイントとなります。と同時に、長寿命化も合わせて必要です。

中間的な製品では段取り、後片づけ時間の短縮と本作業の時間あたり出来高のアップを研究します。どの内容であっても、本作業でのチョコ停はないようにします。生産途中で一時的な停止は作業効率を落とすばかりでなく製品の品質へ影響することもあります。チョコ停は材料の型内への入れそこないや加工後の製品の取り出しなどの部分によるものが比較的多くあります。後は、かす上がりなどの不具合が考えられます。

要点BOX
- ●プレス作業は3段階
- ●少量生産では段取り時間短縮を研究
- ●本作業のチョコ停はないように

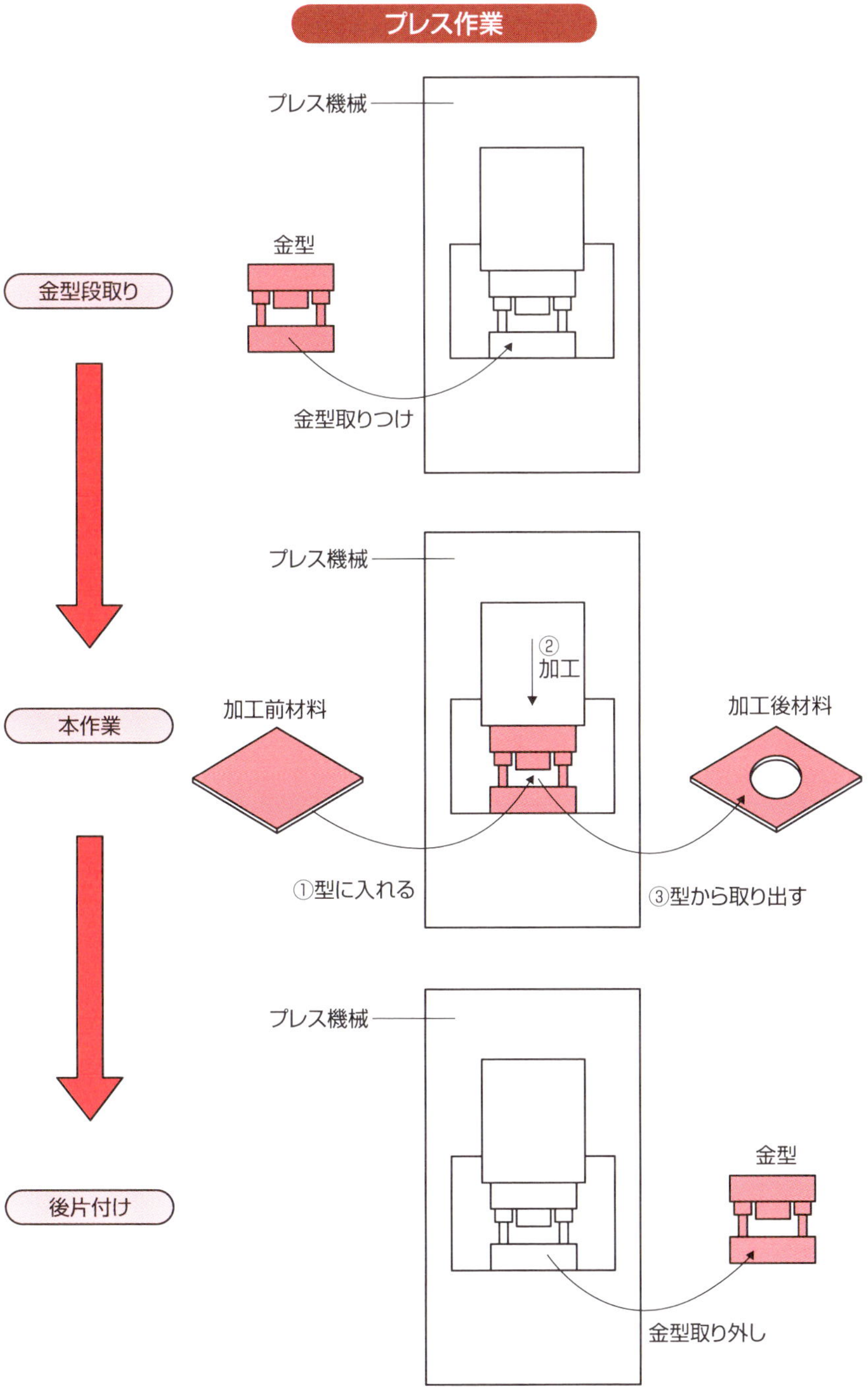

プレス作業
金型段取り
本作業
後片付け
プレス機械
金型
金型取りつけ
プレス機械
②加工
加工前材料
加工後材料
①型に入れる
③型から取り出す
プレス機械
金型
金型取り外し

58 単工程加工と順送り加工

工程ごとに加工を進める方法と材料から一気に作る方法

プレス加工用の金型には、単能型、複合型および順送り型があります。

プレス製品加工は単能型のみ、または複合型のみで完了することは少なく、いくつかの組み合わせで加工することが多いです。たとえば単能型のブランク抜き、穴抜き、曲げといったものや複合型の抜き絞り、単能型の再絞り、トリミングの組み合わせで加工するといったものです。このような形で加工する方法を「単工程加工」と呼びます。複合加工は工程を短縮していますが、全工程の中の1工程との認識に立ちます。

順送り加工は基本的には材料から製品を一気に加工するものと考えます。順送り加工では、金型内の加工ステージ数が多くても、1工程で製品を完成させるものです。

このように見ると、順送り加工は非常にすばらしい加工法に見えますが、材料歩留まりなどの関係から見ると単工程加工のほうが優れている場合も多くあります。また、金型製作も難しく、高価となるため少量生産には適さない場合が多いです。

順送り型の製作が難しいゆえに、全工程を順送り加工で行わずに、作りやすい途中まで順送り加工を取り入れ、残りを単工程で加工する組み合わせ加工も存在します。

単工程加工と順送り加工の優劣というものはつけにくく、生産数や製品の形状からの判断で決められるものです。生産数が多いものは概念として順送り加工が適していますが、複雑形状の絞り製品では単工程加工で金型を作りトランスファー加工するほうが、工程設定の容易さ、材料歩留まりの有利さ、金型の保守管理の容易さといった面からの比較で有利と思えるものも出てきます。製品の品質、コストに見合っているものが最適といえます。

要点BOX
- ●単工程は工程別の金型を使い加工する
- ●順送り加工は、ひとつの金型の中で製品を作る
- ●材料歩留まりでは単工程加工のほうが優れている

単工程加工

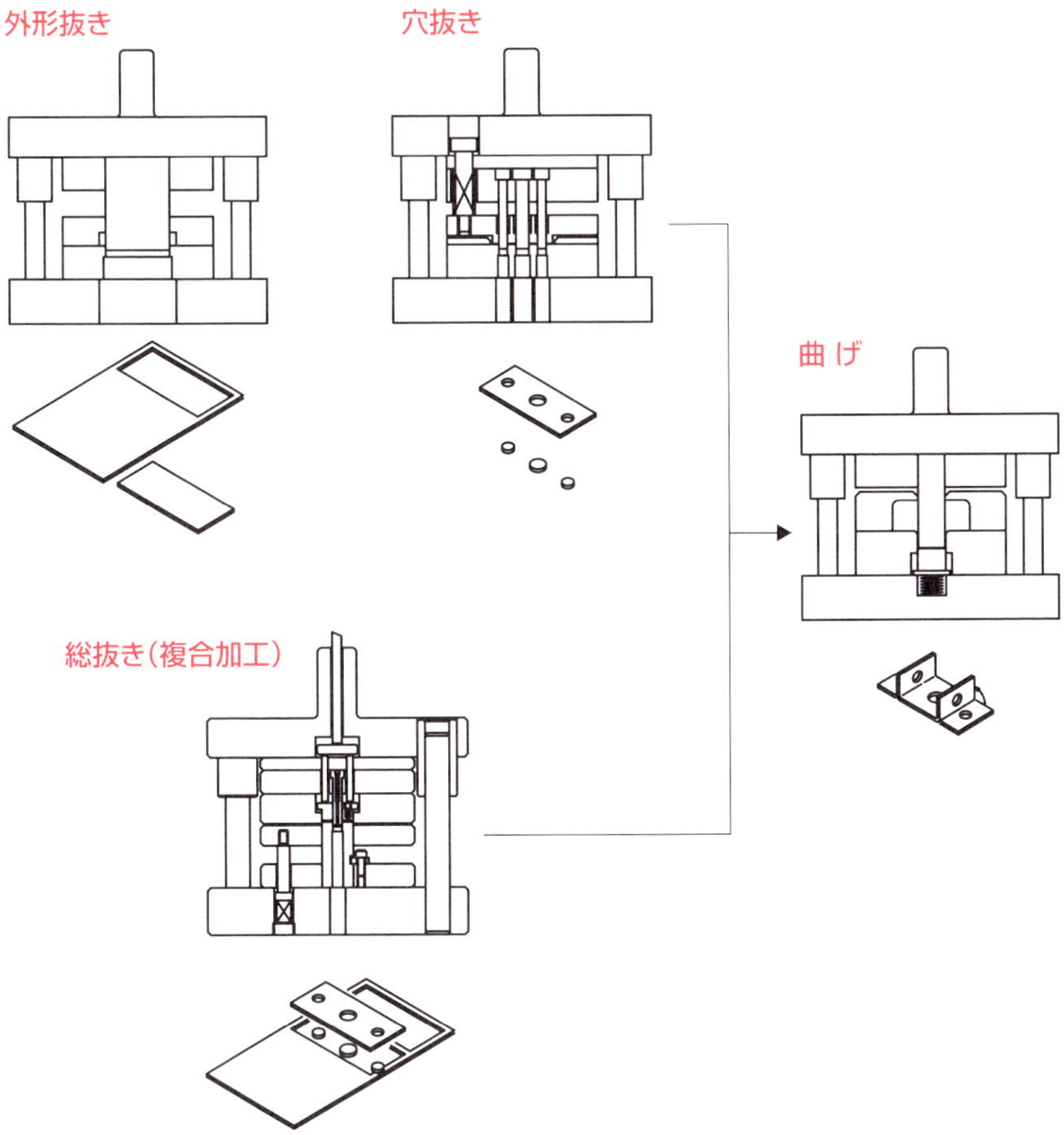

順送加工

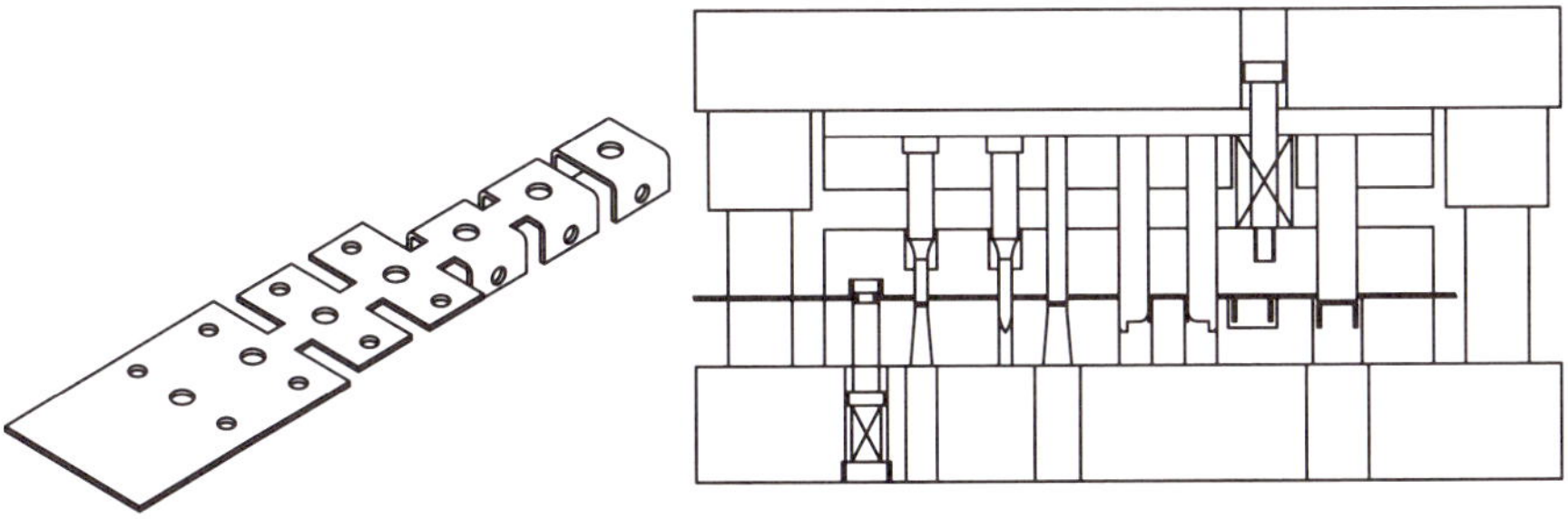

59 単発加工と自動加工

人が作業する加工と自動加工

単発加工は単工程用の金型をプレス機械に取りつけ人が作業するものを指します。同様に、順送り型を用いて人が手送りする作業も単発加工となります。

自動加工は、コイル材を用いて送り装置で順送り型内に材料を送り込み加工するものが自動加工のわかりやすい姿です。単工程加工であっても、コイル材やシート材を用いて自動送りで加工できれば自動加工となります。単工程金型を並べて、その間をブランクを自動で搬送、位置決めできれば、単工程加工の自動化となります。

1台のプレス機械の中に金型を並べて、ブランク(含む半製品)を金型間、搬送、位置決めする自動化法をトランスファー加工と呼びます。この加工専用のプレス機械もありトランスファープレスと呼ばれます。比較的小さな製品の加工を行います。

大きな製品加工は単工程にならざるを得ません。このような製品では、1金型1プレス機械として、工程数分並べます(実際にはプレス機械台数に制約を受けます)。このような形をプレスラインと呼びます。ブランク(含む半製品)を、このプレス間、搬送、位置決めして加工する自動化をロボットラインと呼びます。

単発加工用、自動加工用の金型は加工の基本内容にそれぞれの加工に適した改良(主に位置決めに関する部分が多い)を加え作業の最適化を実現します。

単発加工は大きな製品や複雑形状をした製品、生産数が少ないものに多く採用されています。単純に考えると加工が難しいものは単発加工で作り、問題が発生したときに対処しやすくする考え方が根底にあるように思います。コストや効率はとりあえず置いておきましょう。問題がなくなった段階で効率のことを考えましょう、といった発想です。自動加工は生産数も多く効率を優先に考えていくものといえます。

要点BOX
- ●単発加工は人が作業を行う
- ●送り装置などを使い加工するのが自動加工
- ●金型は加工内容に合わせて改良される

単発加工と自動加工

単発加工（人が加工に関与する）

自動加工（加工に人が関与しない）

自動加工している金型

60 コイル材を使った自動加工

最も効率のよいプレス加工が行える

コイル材での自動加工は、コイル材を取りつけるアンコイラ、材料送り装置、プレス機械の構成でプレス加工されます。この構成に材料レベラーがアンコイラと材料送り装置の間にセットされる形もあります。

順送り金型を用いての加工が最も効率よくプレス加工を行うことができます。

加工速度は大きな厚板材の加工では数十spmくらいから端子などの高速順送り加工では数千spmまでの加工が行われています。

細かな内容を解説すると、コイル材は製品加工に必要な幅に切断した帯材を巻き取ったものです。その形には一条巻とゲートル巻（糸巻にまかれた糸のように巻かれたもの）と呼ぶ形のものがあります。プレス作業では材料交換なしで連続加工できることが最も効率がよく、プレス機械を止める、動かすことによって生じる微妙な変化が製品品質に与える影響も少なく、良好な製品を得ることができます。ただし、連続生産に耐える信頼性の高い金型が必要です。同時にプレス機械、材料送り装置についても同じことが言えます。また、連続加工中に発生するトラブルの可能性に対しても配慮し、ミス検出などの配慮も怠りなく施しておくことが求められます。コイル材の自動加工で見落とされやすいものが、順送り加工でのスクラップの処理と製品の回収です。これは金型製作時に配慮の不足から来ることが多いものですが、製品回収がうまくいかずチョコ停をたびたび起こしたりするようなことがあります。スクラップについても金型の下に溜まってしまい、時々、プレスを止めて処理するようなことはせっかくの効率よいシステムを台無しにします。中、少量生産にコイル材を採用すると、1コイルを消化する前に必要生産数に達してしまい効率を悪くすることがあります。材料幅を標準化し複数製品に使えるようにする工夫などが必要な場合もあります。

要点BOX
- ●最も効率のよいプレス加工手段
- ●高速順送り加工も可能
- ●ミス検出の配慮も必要

コイル材の自動加工用設備構成

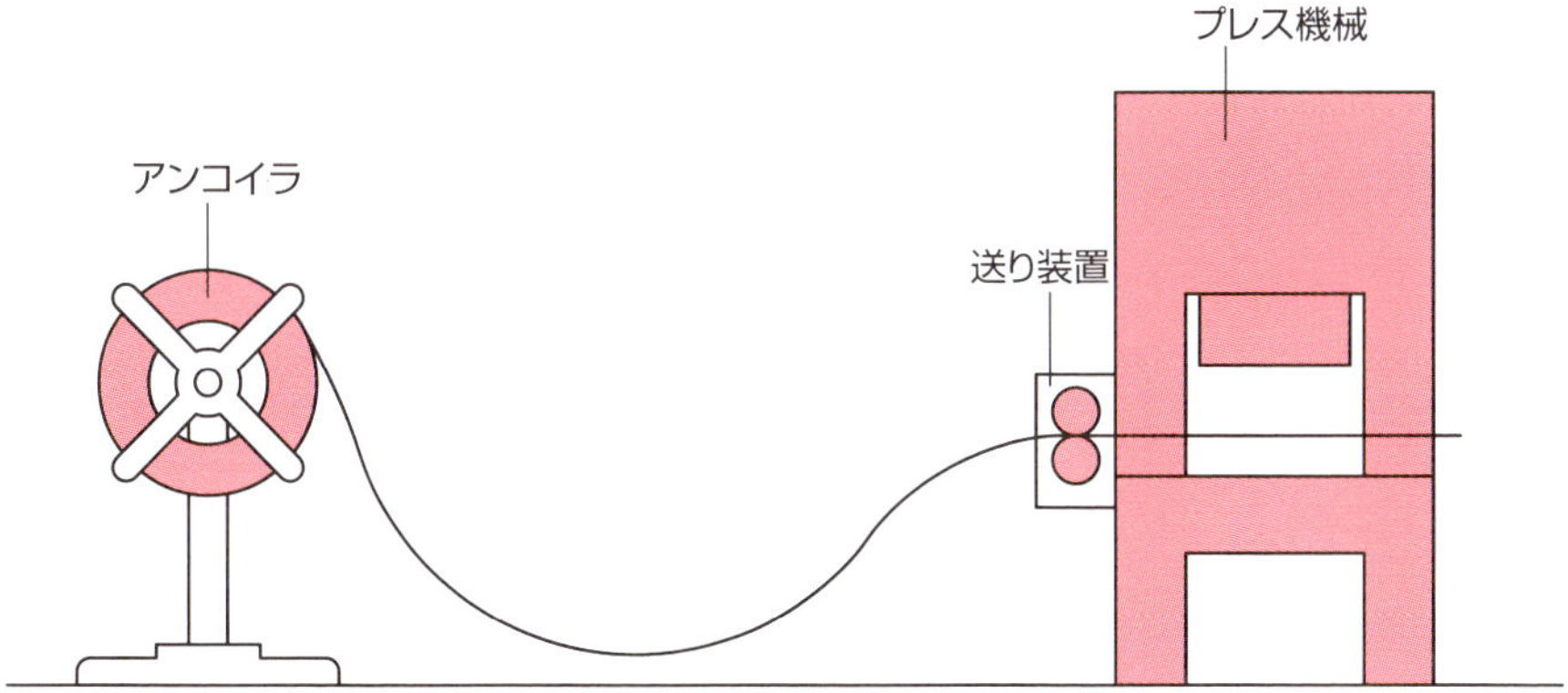

コイル材からの自動加工できる主なもの

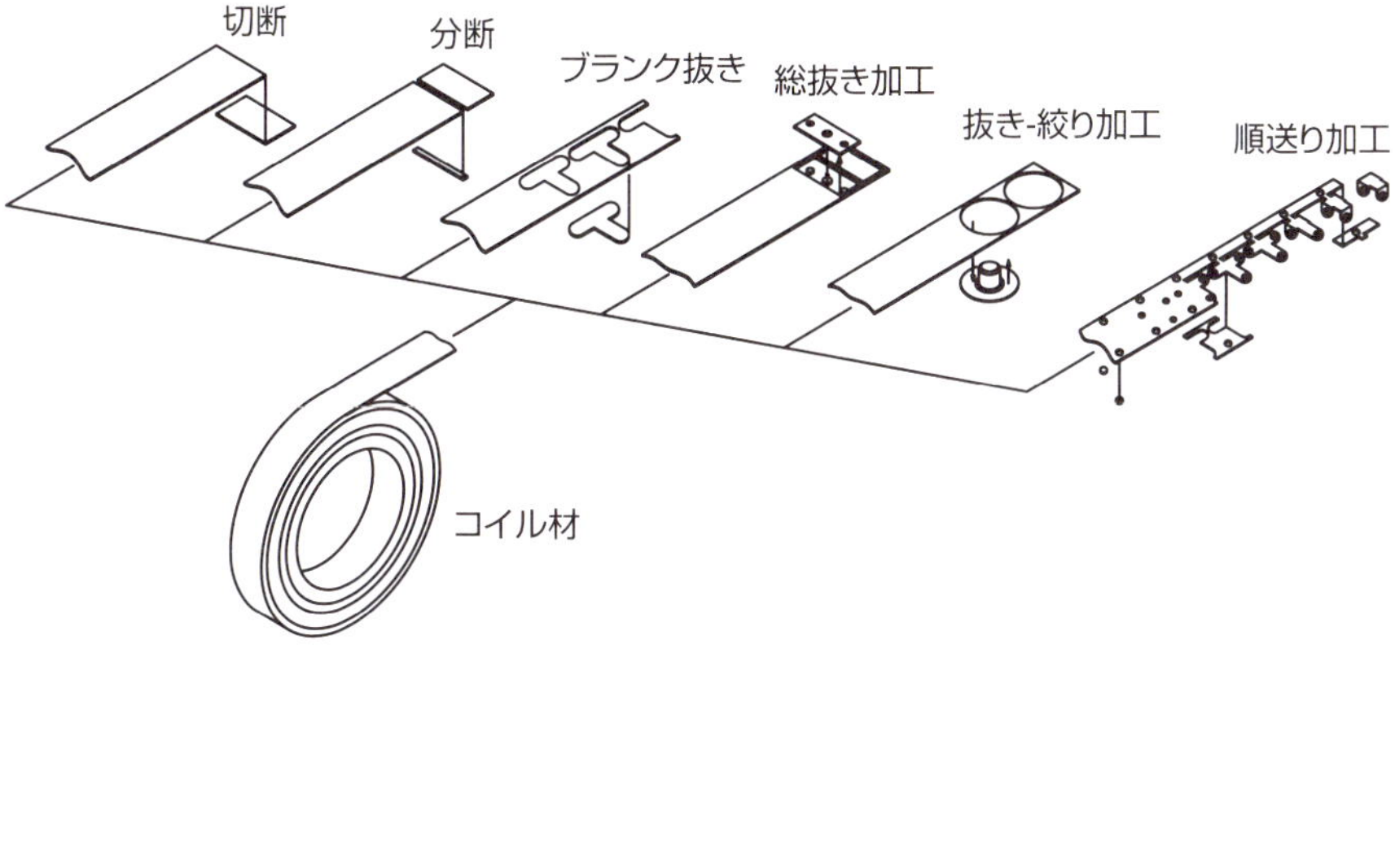

61 シート材の自動加工

短尺材（シート材）の自動加工

塗装鋼板や印刷された材料はコイル材にすることが難しく短尺材（シート材）となることが多いです。シート材はこのようなものばかりではありませんが多く使われています。

シート材の自動加工を行うにはかなり手間がかかります。

シート材の自動加工では、シート材を積み上げるストッカ、ストッカに積み上げた材料を一枚ずつ分離する分離装置、その材料を送り装置まで運ぶ搬送機および送り装置が必要となります。

送り装置はシート材が一定の長さのため最初は押し送りで、途中から引っ張り送りに切り替えて作業する必要から、二台の送り装置を必要とします。

ストッカに置かれた材料は使っていくことでレベルが下がりますから、材料搬送機の動作レベルに少しずつ持ち上げていく必要があります。また、搬送機が二枚の材料を持っていかないように、確実に一枚ずつにすることも必要です。一枚ずつ剥がすのは油などがついて意外と難しいものです。

搬送機は材料を送り装置まで運びます。

送り装置に入れられた材料は、送り装置によって材料先端を加工スタート位置まで送り、その後は、一定の送り長さで材料送りを行い、送りが所定回数終わったら、押しから引っ張りに送りを切り替え、再度、所定の送りを材料終わりまで繰り返します。その後、引っ張り送り装置は加工の終わった材料を排出して、次の作業に備えます。

このように、シート材の自動加工は意外と手間のかかる面倒なものです。そのため、加工スピードはあまり上がらず、100spm程度まではないでしょうか。

シート材の自動加工はシステムが複雑となり、保守管理も難しいため汎用システムは少なく専用機が多いです。

要点BOX
- ●シート材の自動加工は手間がかかる
- ●システムが複雑
- ●加工スピードはあまり上がらない

シート材の自動加工

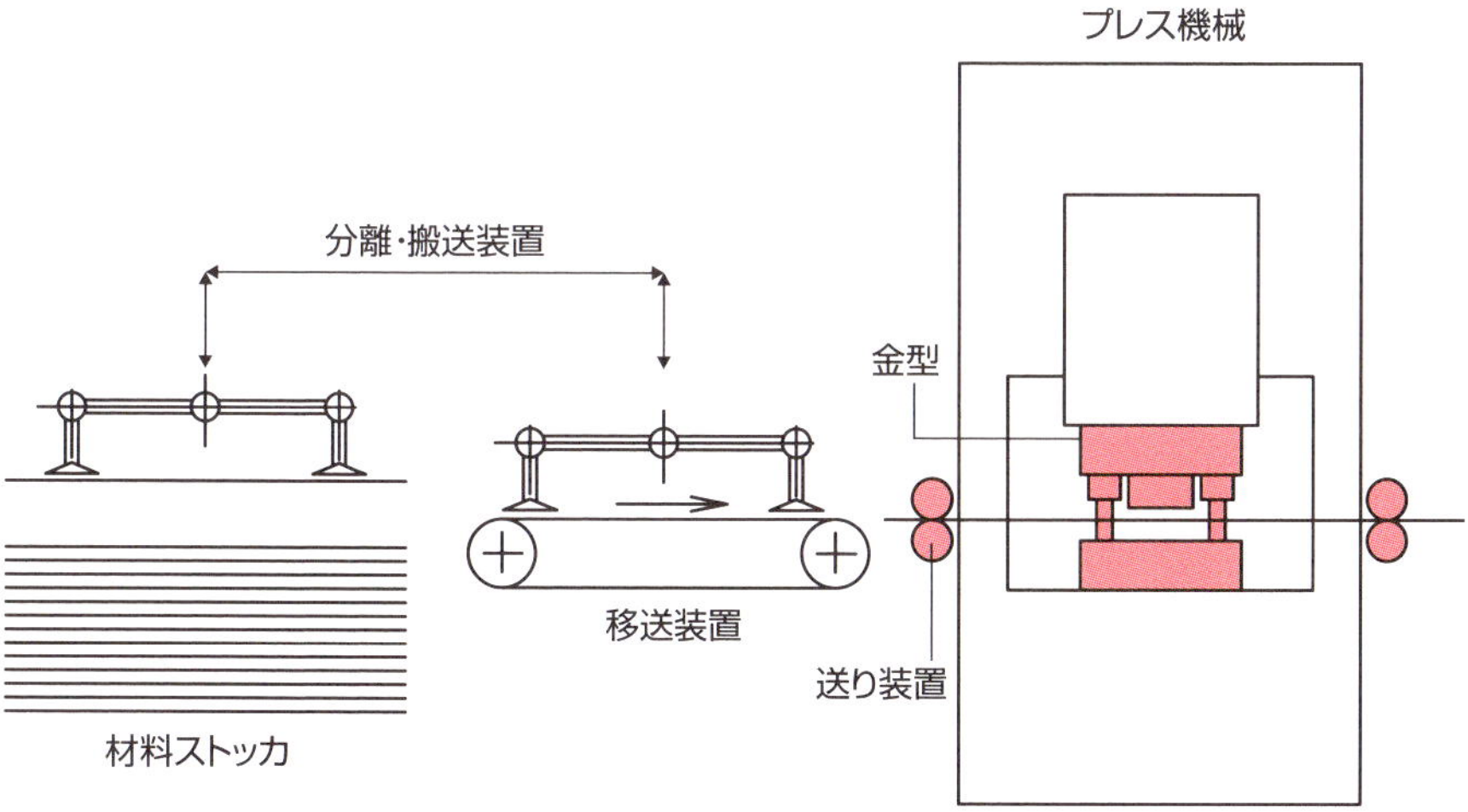

シート材からの主な加工

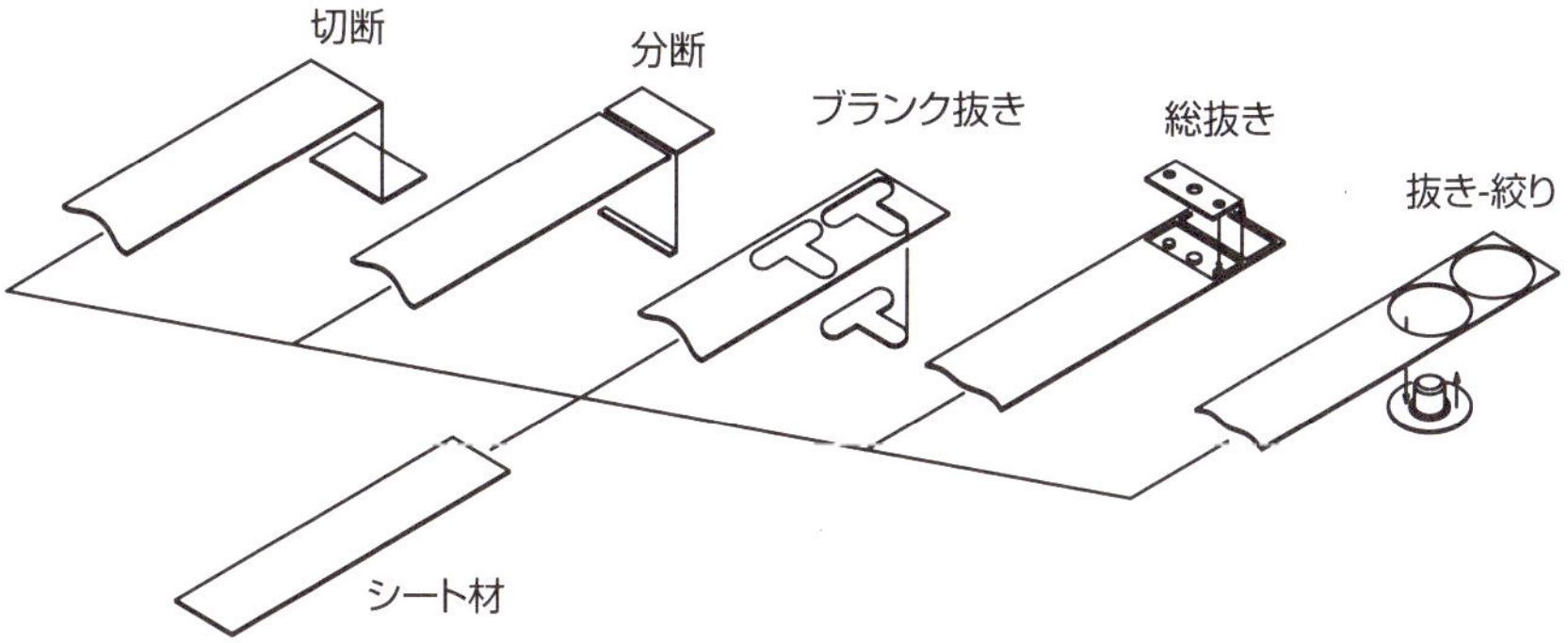

62 ブランク材を使った自動加工

一つひとつ運んで行う自動加工

ブランク抜きされたものや切り板材のように分離された材料を使っての自動加工はトランスファー加工とかロボットライン加工と呼ばれています。単工程金型を並べてその間をブランクをつかんで搬送し、位置決めする自動化法です。

1台のプレス機械の中に単工程金型を並べて自動化したものをトランスファー加工と呼び、プレス機械間を搬送するものをロボットラインと呼んでいます。どちらもブランク（半製品を含む。以下同じ）を吸盤やマグネットで吸着するか、機械的につかんで搬送します。

このときのつかみ具をフィンガー、移送する部分をフィードバーと呼び、全工程に対応する長さを必要とします。フィンガーは工程数必要でフィードバーに取りつけられます。

搬送の方法には、フィードバーが直線的に工程間を動き、ブランクを滑らせて送る一次元送りトランスファー、フィードバーが工程間運動とブランクをつかみにいき、置いた後に逃げる開閉動作を行い、ブランクを滑らせて送る二次元送りトランスファーおよびフィードバーが工程間運動と開閉動作を行い、工程間運動の際には上方に上がり、障害物を乗り越えて搬送できる三次元送りトランスファーの三種類があります。一番多く使用されているのが二次元送りトランスファーです。

トランスファー加工のスピードは数spmから数百spmまでです。

以上の説明は、フィードバーを持ったトランスファーの自動化法ですが、大きな製品になると、プレス間に多関節ロボットを配した自動化法もあります。

ロボットラインと呼ぶときには、この多関節ロボットを使った方法を指すものですが、プレスラインの搬送の適当な呼び名が難しく、これらをロボットラインと呼ぶことが多いです。

要点BOX
- ●小さな製品の加工は、トランスファー加工が主流
- ●トランスファー加工は二次元加工が主流
- ●中程度の大きさではプレスライン加工

ブランクからの加工

小さな製品

トランスファー加工

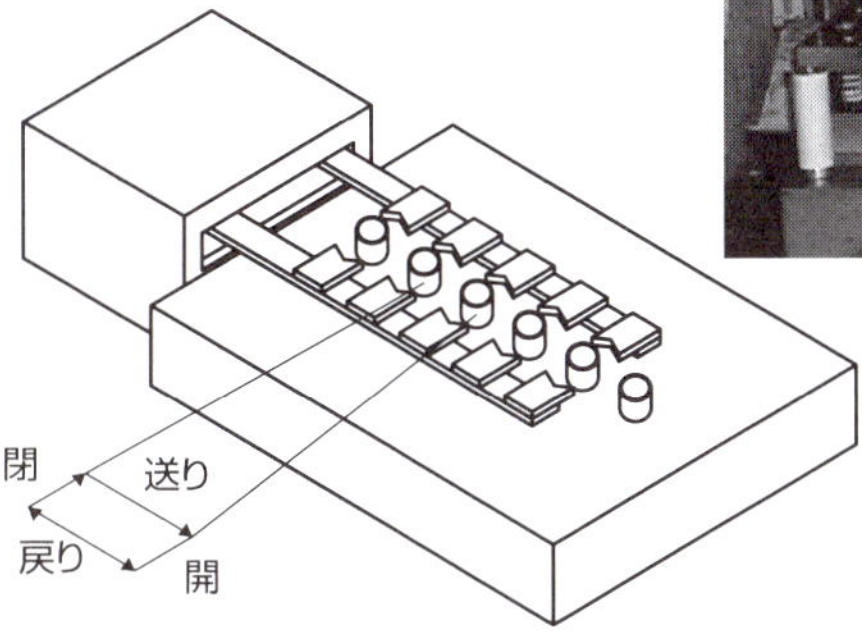

プレスライン加工

大きな製品加工

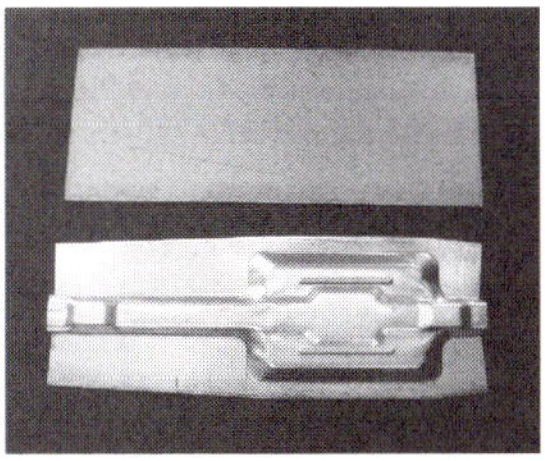

63 製品回収

プレス加工した製品の型内からの回収

プレス加工では加工された製品の回収は大事な事柄です。せっかくうまくできた製品を回収のときに変形させてしまうこともあります。または製品の回収がうまくいかず、時々加工を中断しなければならないようなことを起こすこともあります。そのほかに金型外に排出したはずの製品が金型内に戻り、金型を壊してしまうことを起こしたりします。このようなことは金型設計、製作段階での注意不足や無理に工程を短縮したことによって起こることが多いのです。製品の回収方法と注意点を示します。

抜き落としと呼ばれるダイを通過させて製品を回収する方法が問題も少なくよい方法です。この場合に、ボルスタプレートに落とし用の穴があるものが理想です。ダイクッション仕様のようなプレス機械ではボルスタプレートに穴がありません。このようなときには金型のダイホルダー下に製品を回収するための空間を作ります（この空間を作る板を現場では「ゲタ」と呼んでいます）。この空間の大きさは金型のダイハイトとの関係で決まります。ここにコンベアなどを置いて、回収しますが、製品の大きさと空間の関係に配慮しないと製品がどこかに引っかかってトラブルを起こすことがあります。

ダイ上に製品が残るものでは、単発加工では作業者が加工後に回収するかエアーなどを使って排出するかに分かれます。プレス作業の効率を考えると作業はブランクを型内に入れるだけにして作業性を高めたいものです。

自動加工では、エアーで吹き飛ばす、シュート上を滑らせ回収することが多いですが、吹き飛ばした製品が撥ね返ることがないように注意し、シュートでは油などでうまく滑らないことがないように工夫することが必要です。金型製作段階では製品を作ることに神経が集中して、製品の回収がおろそかになり、後で困ることが多いです。

要点BOX
- ●製品回収時に変形させてしまうことがある
- ●ダイを通過させて回収するのが最も容易
- ●吹き飛ばした製品が跳ね返らないように注意

製品回収の例

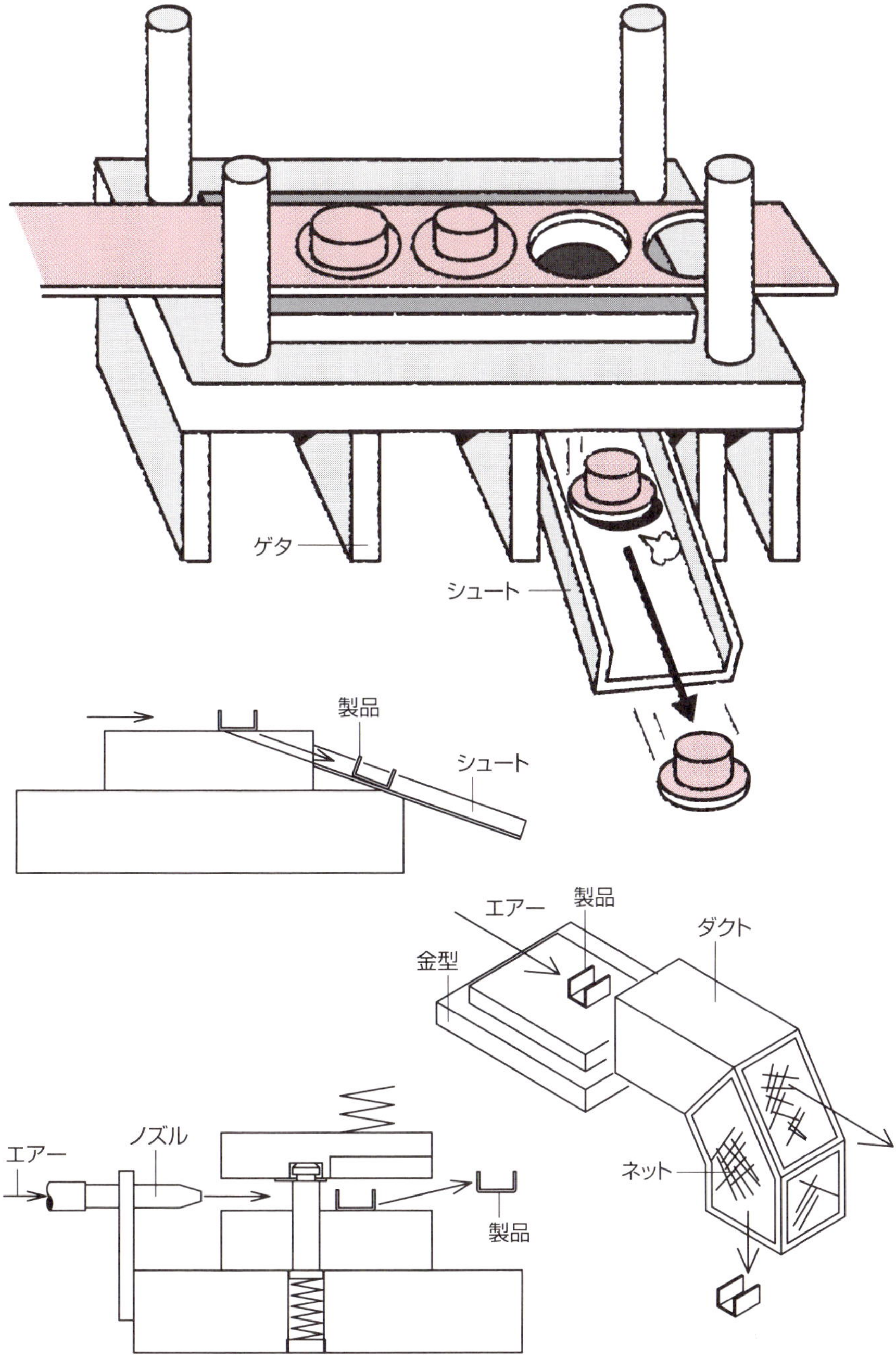

ゲタ
シュート
製品
シュート
エアー
製品
ダクト
金型
ネット
エアー
ノズル
製品

64 スクラップ処理

スクラップ処理は意外と面倒なもの

抜きを伴うプレス加工ではスクラップが発生します。スクラップは基本的には金型内を通過して外に排出されるようにしますが、うまく排出されずに金型内に詰まり金型を壊す「かす詰まり」やかすが下に落ちずにダイ上に舞い上がり金型を壊す「かす上がり」といったトラブルを起こすことがあります。

スクラップも製品の回収同様にダイを通過して下に落と方法が基本です。この際にボルスタプレートに穴がないものは空間を作り、この部分にシュートやコンベアを取りつけて処理します。このときに細く長いスクラップは空間内で引っかかりやすくなるため、スクラップの大きさを制限して金型を作るようにします。円形の穴抜きスクラップは転がり、狭い部分に入り込み処理を難しくします。下に落とすスクラップ処理はボルスタプレートに穴があり、そこを通過させて落とすのがよいのですが、シュートやコンベアを使って回収処理するものは難しいものがあります。トランスファ加工での成形品はトリミング工程がありますが、金型間隔が決められているため、その空間でスクラップを処理しなければならない難しさがあります。

プレス加工の作業改善を行っていくと、金型段取りなどは比較的早く改善が進み満足感を得ることができますが、最後に残るのがスクラップの処理となることが多いように思います。スクラップ処理にコストをかけたくないとの思いがあるのかもしれませんが、そればかりでなく、丸穴の小さなスクラップをうまく処理するのが意外と難しく清掃後にも残ってしまいことが多いです。その証拠として、プレス機械のボルスタプレートを見たときに丸穴スクラップの跡とおぼしき圧痕がよく見られます。

スクラップを出さない加工が理想ですがなかなかそうはいきません。順送り加工では抜き形状を金型設計者が決められることが多いですが、スクラップ処理までを念頭に決められるとよいのですが。

要点BOX

- ●スクラップの処理は意外と難しい
- ●かす詰まり、かす上がりに注意
- ●丸穴抜きのスクラップ処理が難しい

スクラップ処理の例

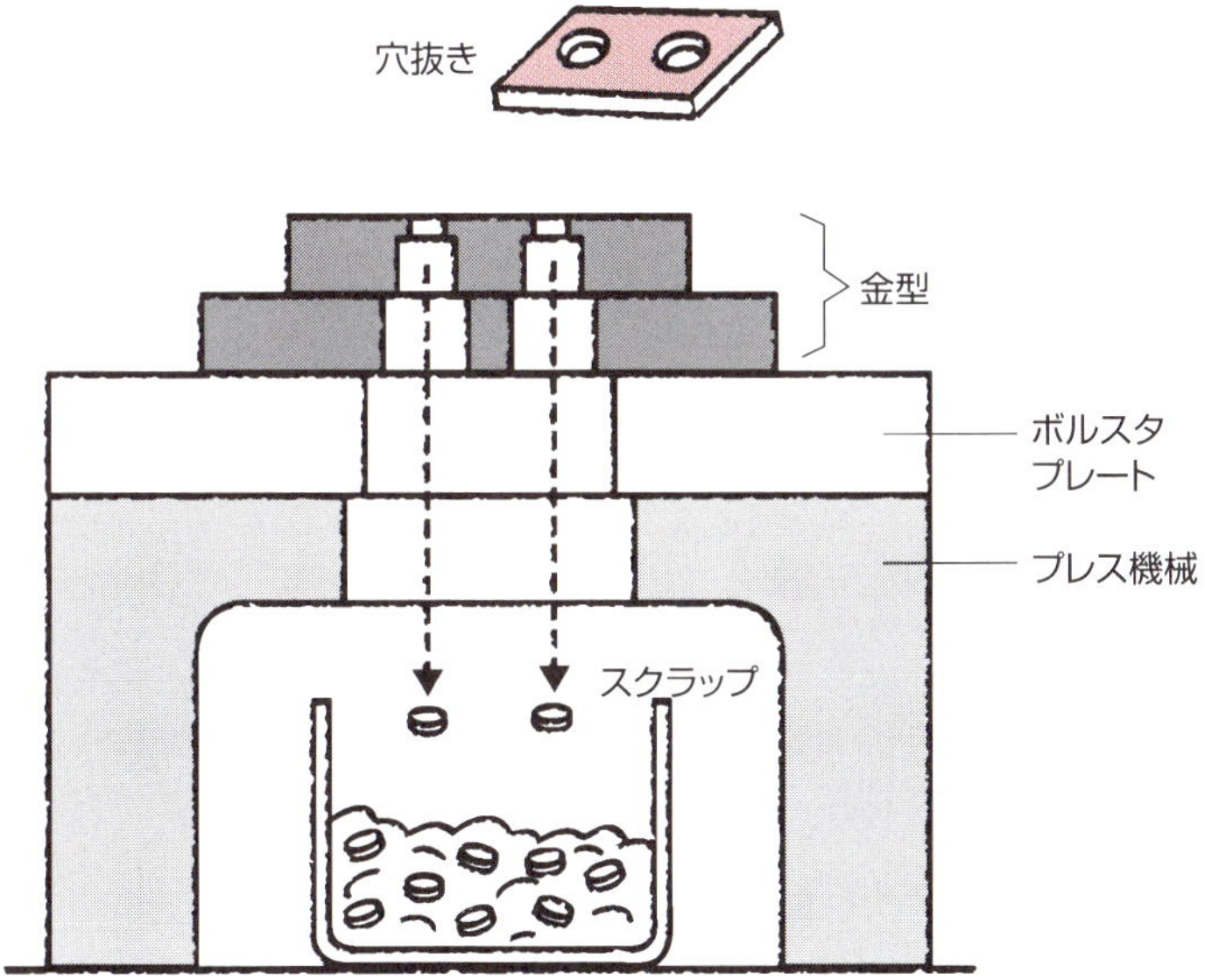

ダイを通過して下に落とす

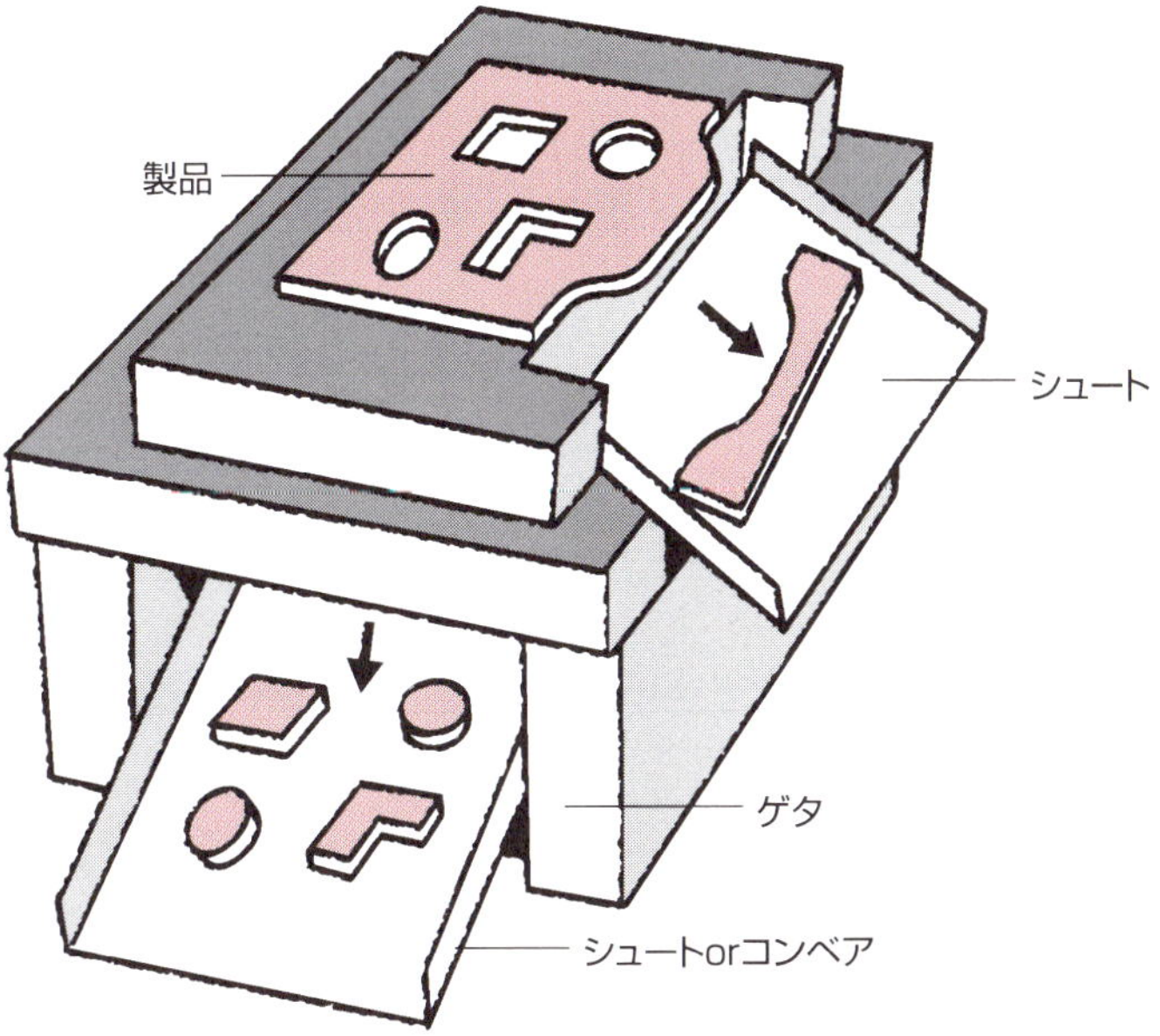

65 プレス作業と安全

どのようなものにも完全はない

プレス加工では金属を加工します。小さなものでも意外と大きな力が働いています。指や手が挟まれれば、簡単に潰れます。不用意に金型内に手を入れることはしないことです。

プレス機械は作業の安全を守るためのいくつかの安全装置を備えています。光線式安全装置は危険領域に身体の一部が入ったとき、プレス機械が動作しないようになっています。両手操作押しボタンは広い間隔を持ち、片手では二つの押しボタンを押せないようになっています。両手で操作ボタンを押すことになるので危険領域に身体の一部が入ることはありません。一般的なプレス機械は、この二つの安全装置で保護されていることが多いです。

多くのプレス機械は、電気信号によって空気圧回路を操作してプレス機械を動かしています。空気圧回路には電磁弁が使われていますが、そこにはデュアルバルブと呼ばれる複動式の電磁弁が使われ、片方がもし壊れても安全に動作するように考えられています。

プレス機械には材料送り装置やアンコイラといった自動化機器が取りつけられているものもあります。この間を材料が移動します。自動化機器の回転部分や移動する材料で怪我をすることも考えられます。このような設備との安全距離を定めガードすることも行われています。

このような配慮があっても注意が必要です。絶対ということはありません。

金型取りつけ、取り外しおよび材料交換の際などにも注意が必要です。

床にこぼれた加工油で滑ることもあります。気がついたら清掃する。こぼれないような工夫をすることも心がけます。特に複数の人で作業するときには気をつけましょう。

要点BOX

- ●小さなものでも意外と大きな力がかかっている
- ●安全に絶対はないので、常に注意をはらって安全を確保する

プレス機械の安全装置

両手押しボタン　　　光線式安全装置

66 プレス作業での異常の検出

プレス作業時の加工不具合検出と対策

プレス作業での異常の検出は主に自動加工の際に異常を見過ごすと不良品を作る、金型を壊すといった問題発生対策として行います。

自動加工で一番多いのは材料の送りミスで加工が正しく行われず、金型を壊すことです。送りミスとは金型内に設置された最終位置決めのパイロットや位置決め装置での矯正範囲を超えた送り誤差を生じた状態をいい、この状態を検出してプレス機械を止めるものが送りミス検出です。トランスファ加工などでは搬送する半製品を確実につかんでいるかを検出するものなども送りミス検出に含まれます。

製品の排出検出は加工した製品が金型外に取り出されたかを確認するものです。センサーとしては光線を利用した通過センサーが多く利用されています。

コイル材の加工では材料ループを適性状態に保つようにするループ検出や材料がなくなったことを検出する材料エンド検出などもあります。

スクラップに関する内容としては、抜きかすが下型を通過して落ちずに下型上に飛び出してしまうかす上がりを検出するものや逆に抜きかすが下型の中に詰まってしまうことを検出する、かす詰まり検出があります。

かす上がり検出は難しく、ひとつの方法を常に採用していればよいというものではなく、抜きかす形状合わせて適した方法を採用する必要があります。製品検査として、加工した製品をカメラで捉え、正常なものと比較して状態を監視するものもあります。

自動化は生産性を高めますが、このような面での対応が安定を支えています。

金型や送り装置の信頼性を高めることが異常の対策としては最も必要です。ここでいう異常の検出とは、万が一のトラブルを監視することが理想です。検出装置があるから適当でよいとの発想はあってはならないことです。

要点BOX

- ●送りミス検出
- ●製品、スクラップ排出
- ●画像を使い製品を検査することもある

送りミス検出

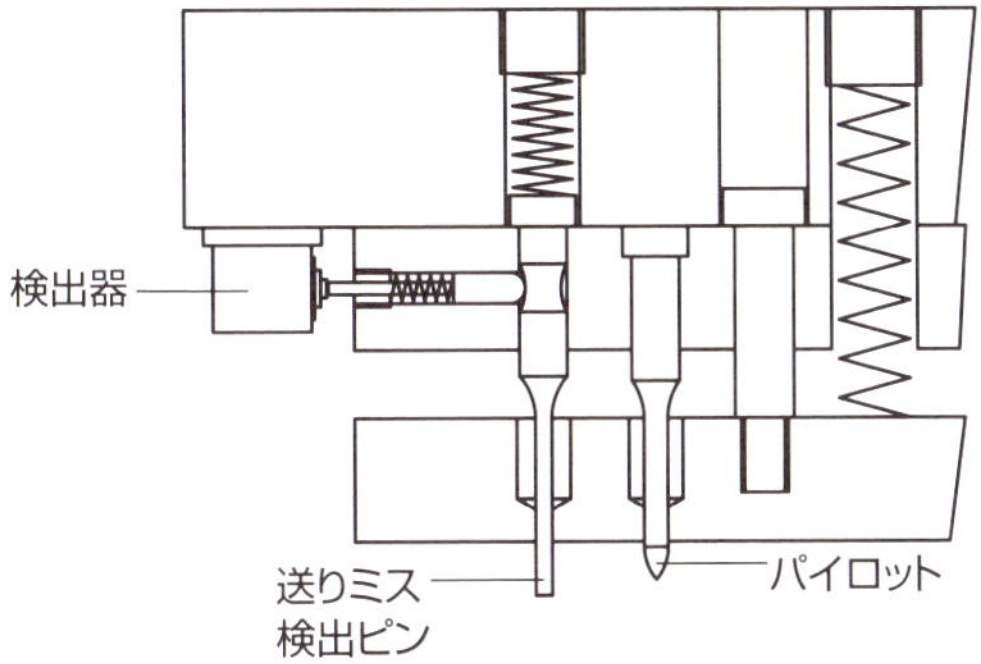

製品排出検出

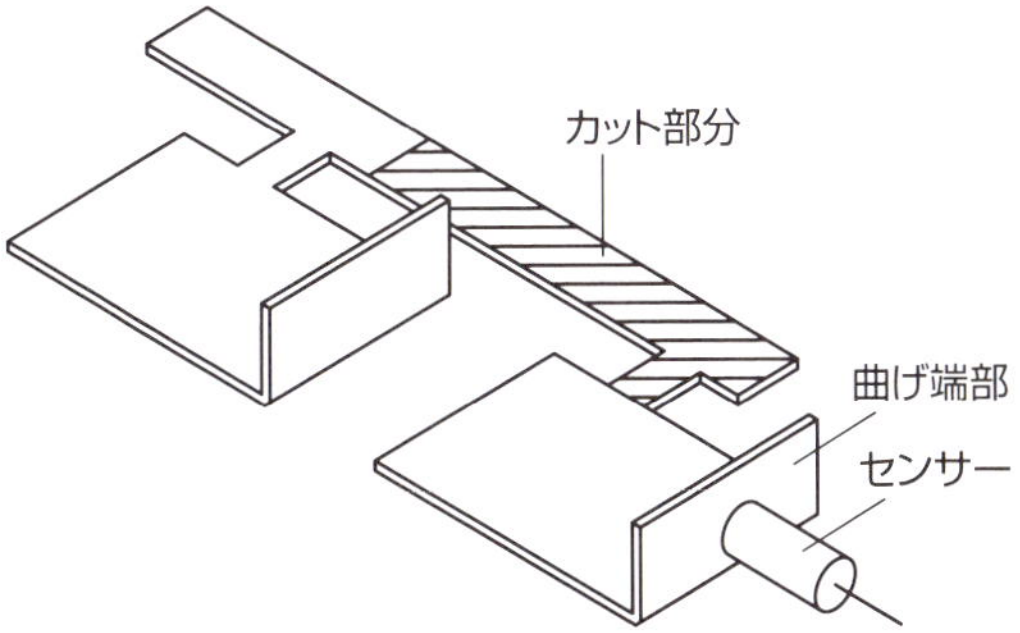

かす上がり検出

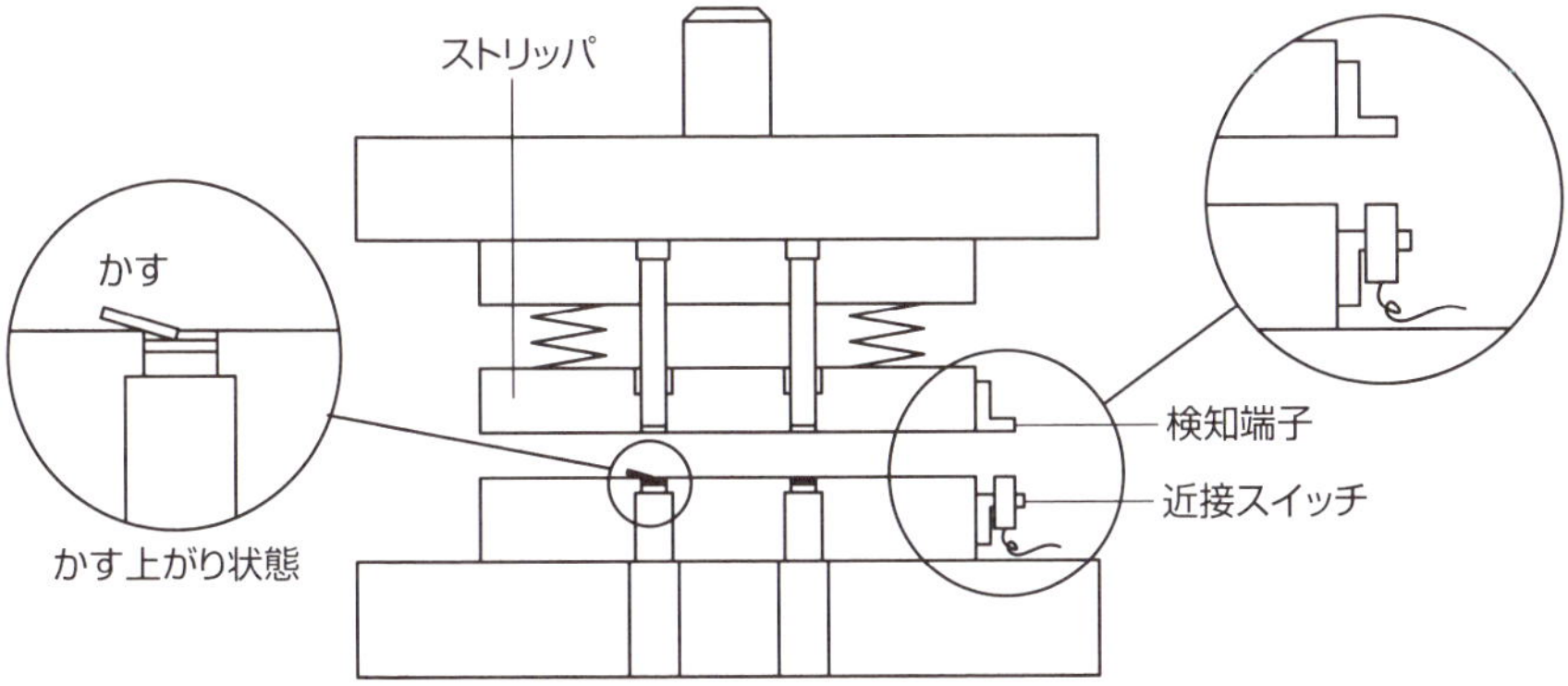

Column

プレス金型

1950年代のプレス金型製作はヤスリで形状を作るのが中心であったと思います。金型製作の企業や職場にはヤスリ加工の名人がたくさんいました。金型を見ると作った人がわかる時代でした。

1960年代になると放電加工機が、少し遅れてワイヤーカット放電加工機が出現して金型製作は少しずつ変わっていき、今ではワイヤーカット放電加工機が主流となり、ヤスリでの加工は少なくなりました。

抜き型加工からはヤスリ加工はほとんどなくなりましたが、成形加工のパンチやダイの肩の丸め加工などには残っていました。しかし、形状の再現性や作業効率からコンピュータ制御の工作機械（マシニングセンタ、NCフライス盤など）での加工の進展がワイヤーカット放電加工機の進展と並行して進んでおり、現在では数値管理された状態で多くのプレス金型部品は加工されています。

この金型加工の変化は金型部品の形状を作ってから焼入れをしますから、焼入れした材料を加工するに変化しており、金型の磨き作業も少なくなろうとしています。金型製作は工作機械の進歩とCADを用いた設計によって数値情報の扱いが非常に行いやすくなり大きく変化しました。この金型製作の変化がアジアの新興国の発展に大きく寄与していると考えています。

金属の板材から製品の形状をどう作るかを工程設計と呼びます。金型の要となる内容でこの設計如何で金型の評価が変わります。この部分についても成形シミュレーションが進歩してきており、その活用によって解析が行われるようになってきています。

プレス加工は多くの研究や経験則によって情報の数値化が進んでいます。

反面、プレス加工の全体がわかる人が少なくなっている見逃せない点もあります。

【参考文献】

基本プレス金型実習テキスト　山口文雄、鰐淵 淳、小渡邦昭共著　日刊工業新聞社　２００３年
プレス部品設計の基本　山口 文雄著　日刊工業新聞社　２００８年
プレス金型設計の基本実務　山口 文雄著　技術評論社　２０１０年

マ

ラ

タ

ナ

ハ

索引

ア

カ

サ

今日からモノ知りシリーズ
トコトンやさしい
プレス加工の本

NDC 566.5

2012年7月19日　初版1刷発行
2022年4月22日　初版9刷発行

著　者　山口 文雄
発行者　井水 治博
発行所　日刊工業新聞社
東京都中央区日本橋小網町14-1
(郵便番号103-8548)
電話　書籍編集部　03(5644)7490
販売・管理部　03(5644)7410
FAX　03(5644)7400
振替口座　00190-2-186076
URL　https://pub.nikkan.co.jp/
e-mail　info@media.nikkan.co.jp
印刷・製本　新日本印刷(株)

●DESIGN STAFF
AD――――志岐滋行
表紙イラスト――――黒崎　玄
本文イラスト――――輪島正裕
ブック・デザイン――――奥田陽子
(志岐デザイン事務所)

●
落丁・乱丁本はお取り替えいたします。
2012 Printed in Japan
ISBN　978-4-526-06912-3 C3034

●著者
山口 文雄(やまぐち ふみお)

1946年、埼玉県生まれ、松原工業㈱、型研精工㈱を経て、1982年、山口設計事務所設立、現在に至る。

すみだ中小企業センター技術相談員。

この間、日本金属プレス工業協会「金型設計標準化委員会」「金型製作標準化委員会」などの委員を兼務する。

著書:「金属設計標準マニュアル」(共著)新技術センター、「プレス加工のトラブル対策」(共著)、「プレス成形技術・用語ハンドブック」(共著)、「小物プレス金型設計」、「基本プレス金型実習テキスト」(共著)、「プレス順送金型の設計」、「プレス金型設計・製造のトラブル対策」(共著)、「図解 プレス金型設計―単工程加工用金型編」
以上　日刊工業新聞社